工程造价全过程管理 系列丛书

项目可行性研究与投资估算、概算

第2版

主　编　郭晓平
副主编　唐俊燕　李红芳
参　编　杨连喜　张秋月　杨晓方　张　一

中国电力出版社
CHINA ELECTRIC POWER PRESS

内 容 提 要

本书共分为三部分：第一部分讲的是工程项目投资可行性研究及其经济评价，主要包括工程项目投资造价控制概述及项目决策，工程项目可行性研究，工程项目可行性研究的主要内容及其经济评价，工程项目可行性研究报告模板及案例等内容；第二部分讲的是工程项目投资估算，主要包括工程项目投资估算简介，工程项目投资估算编制的依据、范围及步骤，工程项目投资估算编制的内容，工程项目投资估算编制的指标及其分析，工程项目投资估算的审核及案例等内容；第三部分讲的是工程项目投资概算，主要包括工程项目投资概算简介，工程项目投资概算的编制依据、内容及步骤，工程项目投资概算编制的指标及其分析，工程项目投资概算的审核等内容。

本书以简明实用为主，在每个构成部分中列举造价控制经验及问题处理实例加以说明，且沿用当前最新建筑规划及相关经济文件编写，适用于建设方管理者、造价咨询单位以及刚毕业欲加入造价行业的人员等。

图书在版编目（CIP）数据

项目可行性研究与投资估算、概算/郭晓平主编 . —2 版 . —北京：中国电力出版社，2024.1
（工程造价全过程管理系列丛书）
ISBN 978 - 7 - 5198 - 8113 - 9

Ⅰ.①项⋯　Ⅱ.①郭⋯　Ⅲ.①建筑造价管理　Ⅳ.①TU723.3

中国国家版本馆 CIP 数据核字（2023）第 174687 号

出版发行：中国电力出版社
地　　　址：北京市东城区北京站西街 19 号（邮政编码 100005）
网　　　址：http://www.cepp.sgcc.com.cn
责任编辑：王晓蕾（010 - 63412610）
责任校对：黄　蓓　李　楠
装帧设计：张俊霞
责任印制：杨晓东

印　　　刷：三河市航远印刷有限公司
版　　　次：2016 年 1 月第一版　2024 年 1 月第二版
印　　　次：2024 年 1 月北京第一次印刷
开　　　本：787 毫米×1092 毫米　16 开本
印　　　张：15.75
字　　　数：368 千字
定　　　价：58.00 元

前　言

　　本丛书第一版的编写遵循了造价行业客观规律，重视造价各个阶段的核心工作内容和要点，从环节监督与控制的视角，以问题为导向，本着从根本上消除造价缺陷与隐患，帮助造价人员高效顺利完成工程项目造价工作的理念，针对工程项目的每一个阶段需要根据不同情况来做造价的分析和研究，同时对如何精准地计算、编制以及控制工程造价做了分类和非常详细的讲解和说明。

　　本丛书自 2015 年第一次正式出版后，随着其在各大相关网站和平台的销售，渐渐被广大造价专业人士所认可和喜爱，京东和当当更是长期将此书列为建筑畅销书，这也从侧面反映了本书内容的专业性和应用价值。

　　自第一版出版以来，由于需求读者甚多，出版社已经进行了多次重印。

　　时隔 8 年，时代和行业新技术以及相关规则和制度都有了不少更新和发展，因此，我们收集和汇总了行业最新的相关资料和行业造价人员的建设性建议，以及一些热心读者的反馈意见，从整体上调整了本书的相关内容，更换了第一版中不合理的知识点，修改了因当初编写匆忙遗留的误谬之处，对本丛书做了第二版修订。

　　兼听则明，感谢行业专家对本丛书的大力支持，使得本丛书的内容有更好的针对性和实践性；感谢广大热心读者的真诚意见和建议，使得我们能够认识到第一版丛书中的不足之处，并得以在修订时进行更正，提升了书的质量。

编　者

第一版前言

工程造价控制管理是一项系统工程，需要进行全过程、全方位的管理和控制，即在投资决策阶段、设计阶段、建设项目发包阶段、建设实施阶段和竣工结算阶段，把工程预期开支或实际开支的费用控制在批准的限额内，以保证项目管理目标的实现。造价控制是工程项目管理的重要组成部分，且是一个动态的控制过程。只有有效控制了工程造价，协调好质量、进度和安全等关系，才能取得较好的投资效益和社会效益。

为了有效控制工程建设各个环节的工程造价，做到有的放矢，应对不同的阶段采取不同的控制手段和方法，使工程造价更趋真实、合理，并有效防止概算超估算、预算超概算、结算超预算现象的发生。具体来说，对应各个阶段的造价工作主要包括工程估算、设计概算、施工图预算、承包合同价、竣工结算价、竣工决算等。

其中，投资估算阶段，投资估算应由建设单位提出，事实上，由于建设单位投资估算和造价专业性不强，对工艺流程及方案缺乏认真的研究，而且工程尚在模型阶段，易造成计价漏项，如果再没有动态的方案比优，那么估算数据是难以准确的；设计阶段，工程项目的设计费虽然是总投资的 1%，但是对工程造价的实际影响却占了 80% 之多，往往是业主或是设计单位，未真正做到标准设计和限额设计，存在重进度和设计费用指标，而轻工程成本控制指标的问题；在招投标阶段，编制标价时，常常存在没有对施工图准确解读，造成施工图预算造价失真的情况，由此为以后工程索赔埋下了伏笔；施工实施阶段，对工程项目的投资影响相对较小，但却是建筑产品的形成阶段，是投资支出最多的阶段，也是矛盾和问题的多发阶段，合作单位常常是重一次性合同价管理，而轻项目全过程造价管理跟踪，从而引发造价争议；工程结算时则主要涉及漏项、无价材料的询价等问题。

由此可知，造价全过程管理是一项不确定性很强的工作。由于造价贯穿于工程管理的始终，任何环节出了问题都会给工程造价留下隐患，影响工程项目功能和使用价值，甚至会酿成严重的造价事故，只有遵循客观规律，重视各个环节的造价监督与控制，从根本上消除造价缺陷与隐患，才能确保整个工程项目顺利高效地进行。

对于造价相关人员来讲，每一个阶段都需要根据不同情况来分析、研究，以精准地计算、编制以及控制工程造价。实际工作中，无论是建设单位还是施工单位，亦或是造价咨询单位的造价人，除了按照必要规范和文件进行编制以外，也应该参考经验性的指导资料来辅助工作，而参考书籍是很好的途径。从图书市场上研究和分析，能把造价工作拆分做细的造价资料还是比较少的，从差异中求发展，如果将建设工程造价内容按阶段划分，分别去讲述和研究，应该对造价管理有针对性的作用，也会提升实际工程建设的经济效益。

本丛书正是根据此需求来编写的，对于建设单位、施工单位、设计单位及咨询单位从事工程造价工作的人员认真细致地做好相关工作具有很重要的参考价值。

本书在编写过程中得到了众多业内人士的大力支持和帮助，在此表示衷心的感谢。

由于时间紧迫，加之水平有限，编写过程中还存在不足之处，望请广大读者朋友批评指正。

编　者

目　　录

第一部分　工程项目投资可行性研究

第二部分　工程项目投资估算

第三部分　工程项目投资概算

第一部分 工程项目投资可行性研究

第一章 工程项目投资造价控制概述及项目决策

第一节 工程项目投资造价控制基本要求及现状

一、工程项目造价控制的基本要求

（1）拟建项目建议书和可行性研究。投资估算——根据所掌握的资料，选择合适的方法编制拟建项目的总造价，即投资估算造价。对于非生产性项目（如住宅小区、桥梁等），总造价就是该项目的建设总造价；对于生产性项目（如生产产品、供给能源等），项目的总投资估算造价则为项目的建设造价与该项目生产所需的流动资金投资额的总和。

（2）初步设计。设计概算——需编制拟建项目的总概算造价，包括各单位工程施工图预算造价和单项工程综合预算造价。

（3）施工图设计。施工图预算——编制拟建项目中各单位工程施工图预算价和单项工程综合预算价，还要编制拟建项目的总预算价。

（4）拟建项目招投标。合同价——根据招标文件内容，以合同形式确定建筑安装工程的承发包合同价。

（5）工程实施阶段。结算价——按照承包商实际完成的工程量与合同规定的结算时间和结算方式及时结算工程价款。

（6）工程竣工阶段。竣工决算价——投资方应全面汇总工程项目在建造过程中实际花费的全部费用，即编制建设项目的竣工决算价。

二、我国工程造价管理现状

我国工程造价管理现状分析见表1-1。

表 1-1　　　　　　　　　　我国工程造价管理现状分析

特点	内　容
有变化，但没有形成成熟的管理体制	（1）随着社会主义市场经济体系的建立和发展，我国基本建设管理模式发生了很大的变化。如投资渠道的多元化、投资主体的多元化、投资决策的分权化以及建设项目的招投标等变化，都有利地促进了建设市场的健康发展。 （2）多年来，对我国现行工程造价管理的改革却涉及不深，至今仍然没有构成成熟的建设市场，没有建成符合市场要求的工程造价管理体制

续表

项　目	内　容
造价管理模式依然是计划经济范畴的定额管理模式	多年来，我国工程造价管理的核心是定额，是以一种类似政府定价的形式存在，并直接决定了工程造价的计价形成。尽管在建设市场经济体制改革中，定额的性质和作用已经发生了很大变化。但由于多方面原因，目前定额仍然是作为定价性文件执行的。所以，我国现行造价管理模式依然是定额管理而不是价格管理
缺乏市场价格机制	（1）在建设市场经济体制改革中，虽然对费用定额提出了几项"竞争性"成本，但却限定了范围和幅度。这种通过定额配价，实行"量价合一、固定取费"的政府指令性计价模式，是一种对工程实施"半管制"的价格管理机制。这不仅不利于企业间竞争，也不利于施工企业内部潜力的挖掘和积极性的发挥。 （2）我国的建筑工程招投标依然是以计划价格为基础，它不能真实地反映市场供求关系，也不可能达到价值规律自发调节建设市场供求关系的目的
市场竞争无序	（1）为了向一般国有大中型企业倾斜，编制的定额水平相对偏高，虽然在一定程度上保护了国有大中型企业，但由于工程价格存在较大的获利空间，从而使新的供给不断扩大。 （2）配套措施不健全，实际上就鼓励了投资者优先选择低价的乡镇企业承接工程，加剧了建设市场的膨胀和无序竞争
不符合国际经济一体化要求管理模式	（1）目前，在国际经济一体化的要求下，工程造价管理也必须逐步向国际惯例接轨。 （2）政府还是用定额方式控制着人工、材料、机械和各种取费的价格水平，这种从定额中放价的管理模式与国际惯例的统一工程量计算和市场定价的管理模式，极不相宜

三、造价管理改革方向

1. 转变政府在工程造价管理中的职能

（1）政府应逐渐减少用定额对微观经济活动的干预，甚至不插手微观经济活动。而法律法规才是一个国家市场准入的门槛，也是政府进行行业管理的重要手段。政府部门的主要工作应该是规范建设市场，对工程造价管理实现行之有效的政府间接宏观控制。而作为隶属政府部门的造价管理机构的主要工作则应该是定期发布各类建筑产品的造价资料，以及人工、材料、机械台班的单价信息和价格指数等，引导承包方的市场行为，为投资方控制工程造价提供参考依据，制定适应市场需求的工程量计算规则和计价方法，对工程造价进行宏观管理。

（2）政府更应该在工程造价逐渐步入正轨的同时，建立完善的工程造价管理法律法规体系。组织力量尽快了解各国的法律法规体系，分析比较国内建设领域的法律法规与发达国家的差距，建立健全符合我国实际的、与世界贸易组织规则相衔接的建设行业的法律法规体系，努力缩小与国际工程造价管理的差距。

2. 建立以市场形成价格为主的价格体系

（1）我国工程造价管理改革的最终目标是要形成市场经济的计价模式。这就要求工程造价管理机构做到"控制量、放开价，政府宏观指导，企业自主报价，最终由市场竞争形成价格"。

中华人民共和国住房和城乡建设部于 2003 年 2 月 17 日发布了《建设工程工程量清单计价规范》（GB 50500—2003），根据使用情况及市场反馈，于 2008 年、2013 年又进行了修订。新规范进一步推动了全国统一价格信息网的建设。通过工程价格信息网可以方便、快捷地了解所需材料的价格，能更好地反映工程的市场价格。

（2）工程造价中的利润和各项费用计取问题。我国工程造价是由直接费、间接费、利润和税金组成的。按国际惯例，间接费、利润和税金分摊在各分项工程的综合单价中。在我国，工程造价中的利润和各项费用计取，是依据造价管理部门规定的取费标准、利润率和税率来计算的。计算基础是直接费，而直接费又是依据单位估价表进行计算的。这样的工程造价带有浓厚的计划经济色彩。这种计价模式使身为市场竞争主体的企业不能成为真正的定价主体，而真正的定价主体依然隶属于政府的造价管理部门。因此，按照国际惯例，政府不仅要开放各种工程价格，还应开放各企业的利润率和费率，让利润和取费也由市场来决定。

随着经济体制改革的不断完善和已加入 WTO 的现实状况，表明原来的那一套工程造价管理体制已不能适应市场经济和国际经济一体化的需要。我国工程造价管理必须建立以市场形成价格为主的价格机制。

3. 完善、改革现行工程造价管理模式

改革当前"半管制"的价格管理机制。实行量价分离，在具有中国特色的"定额"管理中，保留消耗标准部分，舍去价格部分。使消耗量成为国家统一标准，使价格成为市场信息，对定额实行管量不管价的原则，实行工程量计算规则统一化、工程量计算方法标准化和工程造价确定市场化。

4. 工程造价管理必须引入信息化技术

在信息技术的快速推动下，工程造价管理也必须跟上时代的步伐。必须迅速地开发出能较好地满足量价分离、综合单价法报价以及工程量清单等改革的要求，并能与国际接轨的新一代工程造价软件，以替代目前社会上流行的套价软件，为用户提供一个理想的工程造价管理平台，能够方便地处理现代工程造价管理中遇到的各种问题，减轻劳动强度，提高工作效率，促进工程造价管理的科学化、规范化和国际化。

第二节　工程项目及其决策

一、项目

项目是一个特殊的将被完成的有限任务，它是在一定时间内满足一系列特定目标的多项相关工作的总称。

项目是指一系列独特、复杂并相互关联的活动，这些活动有着一个明确的目标或目的，必须在特定的时间、预算、资源限定内，依据规范完成。项目参数包括项目范围、质量、成本、时间和资源。

项目的定义有三层含义：第一，项目是一项有待完成的任务且有特定的环境与要求；

第二，在一定的组织机构内，利用有限资源在规定的时间内完成任务；第三，任务要满足一定性能、质量、数量、技术指标等要求。三层含义对应项目的三重约束——时间、费用和性能。项目的目标就是满足客户、管理层和供应商在时间、费用和性能（质量）上的不同要求。

项目侧重于过程，它是一个动态的概念。项目的约束条件包括资源、时间、质量、安全。项目的要素包括约束条件、明确目标、一次性。

二、建设项目

建设项目也称基本建设工程项目，指在一个总体设计或初步设计范围内，由一个或几个相互有内在联系的单项工程所组成，经济上统一核算，行政上统一管理的建设单位。一般以一个企业或联合企业、事业单位或独立工程作为一个建设项目。

凡属于一个总体设计中的主体工程和相应的附属配套工程、综合利用工程、环境保护工程、供水供电工程以及水库的干渠配套工程等，都统作为一个建设项目；凡是不属于一个总体设计，经济上分别核算，工艺流程上没有直接联系的几个独立工程，应分别列为几个建设项目。

建设项目应满足的要求：在技术上，满足一个总体设计或初步设计范围内；在构成上，由一个或几个互相关联的单位工程所组成的；在建设中，在经济上实行统一核算，在行政上统一管理。

建设项目的基本特征有以下几个方面。

（1）联系性。在一个总体设计或初步设计范围内，由一个或若干个相互有内在联系的单项工程所组成，统一核算、统一管理。

（2）程序性。要遵循必要的建设程序和特定的建设过程。建设项目从提出设想直到竣工、投入使用，均有一个有序的全过程。

（3）限额性。具有投资限额，即只有达到一定限额投资的才作为建设项目，不满限额标准的称为零星固定资产购置。

（4）时间性。建设项目从设想到投入使用是有时间限制的。

（5）前提性。在一定的约束条件下，以形成固定资产为特定目标。约束条件有时间、资源、质量、技术水平或使用效益目标。

（6）一次性。按照特定任务，具有一次性的组织形式。比如，投资的一次性投入，建设地点的一次性固定，设计单一，施工单件。

三、建设项目生命周期

联合国工业发展组织从资金投入—产出循环的角度，将项目周期划分为三个时期：投资前时期、投资时期和生产时期。

世界银行从贷款流转、使用与管理的角度，将项目周期细化为六个工作阶段。包括项目立项、项目准备、项目评估、谈判与董事会批准、项目执行和监督以及项目后评价。欧盟从投资决策机制的角度，把项目周期分为规划、选项、评估、融资、实施、后评价六个阶段。这六个阶段的划分依据是：发展战略文件、预可行性研究、可行性研究、项目融资建议书、工程进度及监测报告、总结评价报告和专题报告。

工程咨询将在决策过程的各个阶段中，为投资人项目管理提供服务。

（1）前期阶段。政府投资项目从项目策划起，到批准可行性研究报告为止。这个阶段的主要工作有：编制项目建议书或初步可行性研究报告和可行性研究报告，咨询评估，最终决策项目和方案。企业投资项目从项目策划到项目申请报告核准止，主要工作有项目规划、勘察、进行机会研究和可行性研究、编制项目申请报告、咨询评估等。

（2）准备阶段。从项目可行性研究报告或项目申请报告批准、核准起，到项目正式开工建设为止。主要工作有：工程设计、筹资融资、对外谈判、招标投标、签订合同、征地拆迁及移民安置、施工准备（场地平整、通路、通水、通电）。

（3）实施阶段。从投资项目的主体工程破土动工起，到工程竣工交付运营止。主要工作有：建筑工程施工、设备采购安装、工程监理、合同管理、生产准备、试生产考核、竣工验收等。

（4）运营阶段。从项目竣工验收交付使用起，到运营一定时期（非经营性项目）或回收全部投资（经营性项目）为止。

四、建设项目投资决策

1. 决策的概念

决策是指人们为了实现未来预定目标，根据客观条件提出各种备选方案，借助一定的科学手段和方法，依据一定的价值标准，从若干个可行性方案中选择一个最优方案并组织实施的全过程。

2. 决策的特点

决策一般具有下列特点。

（1）决策的前提：要有明确的目的。

（2）决策的条件：有若干个可行方案可供选择。

（3）决策的重点：方案的比较分析。

（4）决策的结果：选择一个满意方案。

（5）决策的实质：主观判断过程。

3. 决策过程

一般来说，决策过程大致包括以下几个步骤，如图1-1所示。

4. 工程项目投资决策及分析

（1）固定资产投资。固定资产投资是指用于建设和形成固定资产的投资，即用于建立新的固定资产或更新改造原有固定资产的投资行为。

1）固定资产投资额。固定资产投资额是指在一定时期内以货币形式表现的建造和购置固

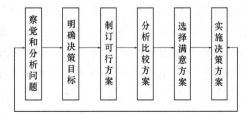

图1-1　决策过程

定资产的工作量。它反映的是固定资产投资规模、速度和投资比例关系的综合性指标，又是观察工程进度、检查投资计划和考核投资效果的重要依据。

固定资产投资额是根据工程的实际进度按预算价格计算的工作量，不包括没有用到工程实体上的建筑材料、工程预付款和没有进行安装的设备价值。

2）投资价格指数。投资价格指数是反映固定资产投资额价格变动趋势和程度的相对数。固定资产投资额是由建筑安装工程投资完成额，设备、工器具购置投资完成额和其他费用投资完成额三部分构成的。编制固定资产投资价格指数应先编制上述三部分投资的价格指数，然后采用加权算数平均法求出固定资产投资价格总指数。

（2）全社会固定资产投资。投资活动的经济主体，简称为投资主体或投资者。投资主体可以是有权代表国家投资的政府部门、机构，也可以是企业、事业或个人。投资活动是为了获得一定的投资效益。投资效益可以体现在经济效益上，如经营性投资项目；也可以体现在社会效益和环境效益上，如公益性投资项目。

固定资产投资是社会固定资产再生产的主要手段。通过建造和购置固定资产的活动，政府不断采用先进的技术装备，建立新兴部门，进一步调整经济结构和生产力的地区分布，增强经济实力，为改善人民物质文化生活创造物质条件。这对我国的社会主义现代化建设具有重要意义。

1）国家预算内资金。中央财政和地方财政中由国家统筹安排的基本建设拨款和更新改造拨款，以及中央财政安排的专项拨款中用于基本建设的资金和基本建设拨款改贷款的资金等。

2）国内贷款。报告期内企、事业单位向银行及非银行金融机构借入的用于固定资产投资的各种国内借款，包括银行利用自有资金及吸收的存款发放的贷款、上级主管部门拨入的国内贷款、国家专项贷款、地方财政专项资金安排的贷款、国内储备贷款、周转贷款等。

3）利用外资。报告期内收到的用于固定资产投资的国外资金，包括统借统还、自借自还的国外贷款，合资项目中的外资以及对外发行债券和股票等。国家统借统还的外资指由我国政府出面同外国政府、团体或金融组织签订贷款协议，并负责偿还本息的国外贷款。

4）自筹资金。建设单位在报告期内收到的，用于进行固定资产投资的上级主管部门、地方和企、事业单位自筹资金。

5）其他资金来源。报告期内收到的除以上各种拨款、固定资产投资按国民经济行业分建设项目归哪个行业，按其建成投产后的主要产品或主要用途及社会经济活动性质来确定。基本建设按建设项目划分国民经济行业，更新改造、国有单位其他固定资产投资及城镇集体投资根据整家企业、事业单位所属的行业来划分。一般情况下，一个建设项目或一家企业、事业单位只能属于一种国民经济行业。为了更准确地反映国民经济各行业之间的比例关系，联营企业（总厂）所属分厂属于不同行业的，原则上按分厂划分行业。

（3）基本建设投资。基本建设指企业、事业、行政单位以扩大生产能力或工程效益为主要目的的新建、扩建工程及有关工作。其综合范围为总投资 50 万元以上（含 50 万元）的基本建设项目。主要包括以下几个方面。

1) 列入中央和各级地方本年基本建设计划的建设项目以及虽未列入本年基本建设计划，但使用以前年度基建计划内结转投资（包括利用基建库存设备材料）在本年继续施工的建设项目。

2) 本年基本建设计划内投资与更新改造计划内投资结合安排的新建项目和新增生产能力（或工程效益）达到大中型项目标准的扩建项目以及为改变生产力布局而进行的全厂性迁建项目。

3) 国有单位既未列入基建计划，也未列入更新改造计划的总投资在 50 万元以上的新建、扩建、恢复项目和为改变生产力布局而进行的全厂性迁建项目以及行政、事业单位增建业务用房和行政单位增建生活福利设施的项目。

基本建设投资的资金来源主要是国家预算内基建拨款及专项拨款，部门、地方和企业自筹资金以及国内基本建设贷款等。

（4）更新改造投资。更新改造指企业、事业单位对原有设施进行固定资产更新和技术改造以及相应配套的工程和有关工作（不包括大修理和维护工程）。其综合范围为总投资 50 万元以上的更新改造项目。具体如下。

1) 列入中央和各级地方本年更新改造计划的投资单位（项目）和虽未列入本年更新改造计划，但使用上年更新改造计划内结转的投资在本年继续施工的项目。

2) 本年更新改造计划内投资与基本建设计划内投资结合安排的对企、事业单位原有设施进行技术改造或更新的项目和增建主要生产车间、分厂等其新增生产能力（或工程效益）未达到大中型项目标准的项目以及为城市环境保护和安全生产的需要进行的迁建工程。

3) 国有企、事业单位既未列入基建计划也未列入更新改造计划，总投资在 50 万元以上的属于改建或更新改造性质的项目以及为城市环境保护和安全生产的需要而进行的迁建工程。

（5）房地产开发投资。房地产开发公司、商品房建设公司及其他房地产开发法人单位和附属于其他法人单位，但实际从事房地产开发或经营的活动单位统一开发的，包括统一代建、拆迁还建的住宅、厂房、仓库、饭店、宾馆、度假村、写字楼、办公楼等房屋建筑物和配套的服务设施，土地开发工程（如道路、给水、排水、供电、供热、通信、平整场地等基础设施工程）的投资，不包括单纯的土地交易活动。

（6）其他固定资产投资。全社会固定资产投资中未列入基本建设、更新改造和房地产开发投资的建造和购置固定资产的活动。具体包括以下几个方面。

1) 国有单位按规定不纳入基本建设计划和更新改造计划管理的，计划总投资（或实际需要总投资）在 50 万元以上的，比如：用油田维护费和石油开发基金进行的油田维护和开发工程；煤炭、铁矿、森工等采掘采伐业用维简费进行的开拓延伸工程；交通部门用公路养路费对原有公路、桥梁进行改建的工程；商业部门用简易建筑费建造的仓库工程。

2) 城镇集体固定资产投资，指所有隶属城市、县城和经国务院及省、自治区、直辖市批准建制的镇领导的集体单位（乡镇企业局管理的除外）建造和购置固定资产计划总投资（或实际需要总投资）在 50 万元以上的项目。

3) 除上述以外的其他各种企、事业单位或个体建造和购置固定资产总投资在 50 万元以上的、未列入基本建设计划和更新改造计划的项目。

（7）固定资产投资项目。新建、扩建、改建或更新改造项目固定资产投资按照建设项目的建设性质不同，可分为新建、扩建、改建或更新改造、迁建、恢复建设等项目的投资。近年来，固定资产投资项目新建、扩建、改建的投资资金详见表1-2。

表1-2　　　　　　固定资产投资项目新建、扩建、改建的投资分析　　　　（单位：亿元）

年份	新建项目投资	扩建项目投资	改建项目投资
1981—1985	1591.87	1074.94	547.75
1986—1990	3418.15	2670	809.23
1991—1995	12 363.6	7500.82	2578.56
1996—2000	30 971.35	15 643.18	6443.72
2001—2005	48 344.97	26 888.94	10 379.26
2006	41 514.17	16 761.29	11 075.51
2007	51 963.05	19 705.4	14 136
2008	65 727.35	24 371.04	19 138.31
2009	89 993.2	30 303.8	27 171.9
2010	113 860.0	33 694.9	33 375.8

（8）投资项目周期。每个投资项目从开始到结束都经历一个活动过程，这个过程又划分为若干时期或阶段。通常，将这个发展过程称为项目周期。在国际上，由于各个国际组织、金融机构和一些国家的投资体制、运行模式和工作程序不同，对项目周期的阶段划分也不尽相同。

1）联合国工业发展组织投资项目周期划分。联合国工业发展组织从资金投入—产出循环的角度，将项目周期划分为三个时期，如图1-2所示。

图1-2　联合国工业发展组织投资项目周期划分

2）我国投资项目周期划分。我国的投资项目周期划分为立项决策阶段、设计及准备阶段、实施阶段和竣工验收交付使用阶段 4 个阶段，见表 1-3。

表 1-3　　　　　　　　　　　我国投资项目周期

周期阶段划分	工作类型与程序	阶段或工作间联系
立项决策阶段	（1）投资意向； （2）市场研究与投资机会分析； （3）项目建议及可行性研究； （4）决策立项	（1）前后阶段、前后工作一般应按顺序进行； （2）各阶段任务的性质和特点有较大的区别，但相互补充； （3）同一阶段内各工作性质相似，但可能有一定的交叉关系； （4）前一阶段或前一项工作都是下一阶段或下一项工作的基础和依据，下一阶段或下一项工作是前面的具体化或落实
设计及准备阶段	（1）设计任务书； （2）方案设计； （3）初步设计； （4）建设准备； （5）施工图设计	
实施阶段	（1）施工组织设计； （2）施工准备； （3）施工过程； （4）生产准备； （5）竣工验收	
竣工验收交付使用阶段	（1）投产使用与投资回收； （2）项目后评估	

（9）投资项目分析。

1）投资项目立项决策阶段。投资项目立项决策阶段投资影响因素分析见表 1-4。

表 1-4　　　　　　　　投资项目决策阶段投资影响因素分析

影响角度	类　　型	主要影响工作范围	影响幅度
投入影响	工作费用（Ⅰ）	投资机会分析费； 市场调查分析费； 可行性研究费； 决策费用	$I \leqslant x\%$
	项目要素费用（Ⅱ）	一般没有要素投入	$II = 0$
产出影响	产出对总投资影响（Ⅲ）	建设用地费； 建设项目资金成本； 项目材料费； 预备费； 法定税费等	$III = 60\% \sim 70\%$
	产出对项目使用功能影响（Ⅳ）	市场销售额度和产品价格； 技术水平、生产能力和规模； （项目运营成本和流动资金需求）	$IV = 70\% \sim 80\%$

2）投资项目设计及准备阶段。投资项目设计及准备阶段投资影响因素分析见表1-5。

表1-5　　　　　　　　　投资项目设计及准备阶段投资影响因素分析

影响角度	类　型	主要影响工作范围	影响幅度
投入影响	工作费用（Ⅰ）	方案设计费用； 初步设计费用； 施工图设计费用； （市场价格调查费用、技术考察费用）	Ⅰ=2%～10%
	项目要素费用（Ⅱ）	建设用地费用； 特殊材料准备预订费	Ⅱ=10%～20%
产出影响	产出对投资费用影响（Ⅲ）	项目材料设备费用与机械使用费； 项目施工人工费； 项目施工管理费； 预备费	Ⅲ=20%～30%
	产出对项目使用功能影响（Ⅳ）	技术水平、生产能力和规模； （项目运营成本和流动资金需求）	Ⅳ=10%～20%

3）投资项目实施阶段。投资项目实施阶段投资影响因素分析见表1-6。

表1-6　　　　　　　　　投资项目实施阶段投资影响因素分析

影响角度	类　型	主要影响工作范围	影响幅度
投入影响	工作费用（Ⅰ）	施工组织设计与施工准备费； 投标费用； 综合管理费用； 现场管理费	Ⅰ=10%～20%
	项目要素费用（Ⅱ）	项目施工管理费 项目施工材料费； 项目施工机械使用费	Ⅱ=50%～60%
产出影响	产出对投资费用影响（Ⅲ）	建筑施工管理费； 小部分材料费； 小部分人工费； 小部分机械使用费	Ⅲ=10%～15%
	产出对项目使用功能影响（Ⅳ）	生产质量与产品质量（项目运营成本和流动资金需求）	Ⅳ=5%～10%

（10）建设项目周期变化。建设项目周期投资影响因素如图1-3所示。

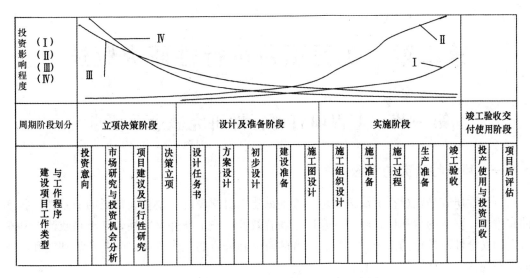

图 1-3　建设项目周期投资影响因素示意图

第二章 工程项目可行性研究概述

第一节 工程项目可行性研究概念及要求

一、可行性研究的概念

可行性研究是建设投资决策前综合论证欲建项目建设的必要性、市场的前景性、技术的先进性、财务的盈利性、经济的合理性和有效性、施工条件可能性，甚至是政治上和军事上的安全性所进行的系统、科学、综合的研究和分析的工作方法。财务的盈利性和经济的合理性是可行性研究的核心。

所有建设项目都可归并为两类：一类是建成后有经济收入，可以归还投资并取得利润；另一类是建成后无经济收入，如社会公共或福利事业项目，不便于经济评价。可行性研究主要针对建成后有经济收入的建设项目而言。从这个意义上讲，可行性研究具有典型的经济性。虽然，项目建成后的可行性研究主要进行经济性和技术性两方面的评价，但归根结底还是经济性问题，技术上的先进性和可行性都离不开经济上的合理性。经济上不合理，技术上再先进也不可取。当然，经济上的合理性又是建立在现代技术上的。

二、可行性研究的基本要求

（1）科学性。要求按客观规律办事，这是可行性研究工作必须遵循的基本原则。

（2）客观性。要坚持从实际出发、实事求是的原则。建设所需条件必须是客观存在的，而不是主观臆造的。

（3）公正性。可行性研究工作中要排除各种干扰，尊重事实，不弄虚作假。

三、可行性研究的阶段

1. 投资项目机会研究

建设项目实施的第一步是选择投资机会。机会研究是在一定的范围内，寻求有价值的投资机会，对项目的投资方向提出设想的活动。投资机会研究应对若干个投资机会或项目意向进行选定。它包括一般性投资机会研究和特定项目的投资机会研究。投资机会研究比较粗略，对基础数据的估算精度较低，误差允许范围为±30％。

2. 初步可行性研究

初步可行性研究也称为预可行性研究。项目预可行性研究应对项目投资意向进行初步的估计，其主要目的有：确定投资机会是否可行；确定项目范围是否值得通过可行性研究，做进一步详尽分析；确定项目中某些关键部分，是否有必要通过职能研究部门或辅助研究活动做进一步调查；确定机会研究资料是否对投资者有充分的吸引力，同时还应做哪些工作。

一旦预可行性研究的纲要制定完毕，业主单位即完成了预可行性研究报告，经过审核决定投资意向后，就应着手向上级主管部门提出书面建议——项目建议书。

3. 项目建议书编制和审批

从定性的角度来看，项目建议书是十分重要的，便于从总体、宏观上对项目做出选择。

（1）项目建议书的作用。选择建设项目的依据，项目建议书批准后可进行可行性研究；利用外资的项目，只有在批准项目建议书后方可对外开展工作。

项目建议书的编制一般由业主或业主委托咨询机构负责完成，通过考察和分析提出项目的设想和对投资机会研究的评估。项目建议书的最终结论，可以是项目投资机会研究有前途的肯定性推荐意见，也可以是项目投资机会研究不成立的否定性意见。

（2）项目建议书的报批。除属于核准或备案范围外，项目建议书审查完毕后，要按照国家颁布的有关文件规定、审批权限申请立项报批。审批权限按拟建项目的级别划分如下。

1）大、中型及限额以上的工程项目。大、中型及限额以上的工程项目的项目建议书的审批见表2-1。

表2-1　　　　　　　　　　大、中型及限额以上项目建议书的审批

审批程序	审批单位	审批内容	备注
初审	行业归口主管部门	资金来源；建设布局；资源合理利用；经济合理性；技术政策	
终审	国家发展和改革委员会	建设总规模；生产力总布局；资源优化配置；资金供应可能性；外部协作条件	投资超过2亿元的项目，还须报国务院审批

2）小型或限额以下的工程项目。小型或限额以下的工程项目的项目建议书，按隶属关系，由各行业归口主管部门或省、自治区、直辖市的发改委审批。

【示例】　　××省农村经济综合开发示范镇项目建议书审批

××省发展和改革委员会
关于世行贷款××农村经济综合开发
示范镇项目建议书的批复

世行贷款××农村经济综合开发示范镇项目办：

报来《关于上报××省利用世界银行贷款建设农村经济综合开发示范镇项目建议书的报告》（××世行示范镇办〔2011〕1号）收悉。经研究，现就项目建议书有关事宜批复如下。

1. 项目建设的必要性

近年来，××省经济社会加快发展，工业化和城镇化迈出坚实步伐，小城镇建设进入了新阶段。截至2010年年底，全省共有379个建制镇（不含城关镇），城镇化率为34.6%，先后有42个镇（含16个建制镇和26个城关镇）被列为全国重点示范镇，2个镇

被列为国家试点镇，6个镇被列为国家历史文化名镇，100个镇被列为省重点镇。但是，我省小城镇总体发展速度较为缓慢，辐射和带动作用不强，一些影响科学发展的体制机制仍然存在。为进一步培育和壮大镇或支柱产业，加快城镇化进程，促进就地转移农村剩余劳动力，拓展农民增收渠道，利用世行贷款实施农村经济综合开发示范镇项目十分必要。

2. 项目建设内容及规模

世行贷款农村经济综合开发示范镇项目涉及全省7个市12个镇，即××市××县××镇、××县××镇、××市××区××镇、××区××镇、××市××县××镇、××县××镇、××市××州区××镇、××县××镇、××市××市××镇、××市××镇、××市××县××镇、××市××区××镇。具体建设内容包括以下几个方面。

（1）道路桥梁工程。新建城镇道路20.4km，公路94.5km，田间道路16.8km，临时道路6km，施工便桥2座；配套建设给排水、照明、桥涵、交通设施等工程。

（2）农田水利工程。新建提灌工程2处，主要包括建设大口井8座，改造51眼旧井，安装潜水电泵12台（套），建设泵站5座，修建1座300m³泵前清水池和6座300m³高位蓄水池，衬砌生产基地渠道91km，改造灌溉系统51处，配套建设供电、供水、滴灌、渠系建筑物等工程。

（3）农业产业化工程。种植优质素花苜蓿地400万m²，建设50m³青贮池200座；发展优质花牛苹果基地666.67万m²、早实核桃地333.33万m²、苗木繁殖基地10万m²、中药材种苗繁殖基地66.67万m²；引进肉母牛900头、肉公羊140只。

（4）农业服务工程。新建民族特色产品加工和农民创业培训综合楼1座，农产品交易中心8座，农业交易市场垃圾集中收集站1座，农民专业合作社10个，中药材合作社5个，配套建设农产品储藏库、交易摊位、商铺、场内公用设施、交易信息系统、质量检测等设施，开展农业科技培训。

3. 项目总投资及来源

项目估算总投资5.6亿元，其中：利用世行贷款5000万美元（约折合人民币3.3亿元），其余资金通过国内配套解决。

4. 世行贷款偿还

该项目世行贷款由项目单位承贷，并负责还本付息，省财政厅提供担保。

5. 节能环保

项目建设应按照节能环保有关要求，完善相应措施，尽量节约资源，保护好环境。

6. 项目组织管理

世行贷款××省农村经济综合开发示范镇项目已成立协调领导小组，下设办公室，具体负责该项目实施工作。

接文后，请按照有关规定，抓紧开展项目可行性研究报告编制、世行评估等工作，积极落实各项建设条件，加快项目前期工作进度。

××年××月××日

4. 项目可行性研究

项目可行性研究是保证建设项目以最少的投资耗费取得最佳经济效果的科学手段，也是实现建设项目在技术上先进、经济上合理和建设上可行的科学分析方法。可行性研究阶段投资估算等误差一般在±10％。

可行性研究报告是可行性研究成果的真实反映，是客观的总结，是认真的分析和科学的推理，进而得出尽可能正确的结论，以作为投资活动的依据和要实现的目标。

5. 投资估算的评价

咨询机构完成可行性研究工作后提出的可行性研究报告，是业主做出投资决策的依据，因此，要对该报告进行详细的评价。

建设项目总投资由固定资产投资（项目建设投资）和项目建成投产后所需的流动资金两部分组成。固定资产投资是动态的，包括项目建设的估算投资和动态投资。建设项目估算投资是指项目的建筑安装工程费、设备机具购置费、其他费用等；动态投资是指建设期贷款利息、汇率变动部分以及建设项目需要缴纳的固定资产投资方向调节税、国家规定的其他税费和建设期价格变动引起的投资增加额。项目建成后运行期间的流动资金额，一般应根据资金周转天数和周转次数，按照行业惯例用评估或扩大指标估算法计算。各类费用的组成内容见表2-2。

表2-2　　　　　　　　　　　投资估算的费用组成

费用组成		费用内容	备　　注
固定资产投资	建设项目估算投资	建筑工程费	
		设备机具购置费	
		安装工程费	
		其他费用	建设单位管理费；职工培训费；土地征用费；办公、生活设施购置费；技术服务费；进口设备检验费；工程保险费；大件运输措施费；大型吊装机具费；项目前期工程费；设计费；其他费用等
	动态投资	税费	固定资产投资方向调节税；国家规定的各种税费
		建设期贷款利息	单利或复利计算
		建设期涨价预备费	
流动资金	生产前占用资金	储备资金	储备原材料、备件等占用的资金
	生产中占用资金	生产资金	生产过程中占用的资金
	生产后占用资金	成品资金	产出品完成至销售前时间内占用的资金

对投资估算进行评价时，应侧重以下几方面：投资估算的费用组成是否完整，有无漏项少算；计算依据是否正确、合理，包括投资估算采用的方法是否正确，使用的标准、定额和费率是否恰当，有无高估冒算或压低工程造价等不正常现象；计算数据是否可靠，包括计算时所依据的工程量或设备数量是否准确，是否用动态方法进行的估算等。

6. 项目可行性研究报告审批

可行性研究报告的审批权限按拟建项目级别划分：大、中型及限额以上的工程项目的可行性研究报告，需经过行业归口主管部门和国家发改委审批；小型或限额以下的工程项目的可行性研究报告，按隶属关系，由各行业归口主管部门或省、自治区、直辖市的发改委审批。

四、可行性研究的程序

（1）筹划准备。项目建议书被批准后，建设单位即可组织或委托有资质的工程咨询公司对拟建项目进行可行性研究。可行性研究的承担单位在接受委托时，应了解委托人的目标、意见和具体要求，收集与项目有关的基础资料、基本参数、技术标准等基础依据。

（2）调查研究。调查研究包括市场、技术和经济三个方面的内容。

（3）方案的制订和选择。这是可行性研究的一个重要步骤。在充分调查研究的基础上制订出技术方案和建设方案，经过分析比较，选出最佳方案。

（4）深入研究。对选出的方案进行详细的研究，重点是在对选定的方案进行财务预测的基础上，进行项目的财务效益分析和国民经济评价。

（5）编制可行性研究报告。在对工程项目进行了技术经济分析论证后，证明项目建设的必要性、实现条件的可能性、技术上先进可行和经济上合理有利，即可编制可行性研究报告，推荐一个以上的项目建设方案和实施计划，提出结论性意见和重大措施建议供决策单位作为决策依据。

五、可行性研究的作用

（1）作为项目投资决策的依据。一个项目的成功与否及效益如何，会受到社会、自然、经济、技术的诸多不确定因素的影响，而项目的可行性研究，有助于分析和认识这些因素，并依据分析论证的结果提出可靠的或合理的建议，从而为项目的决策提供强有力的依据。

（2）作为贷款、筹集资金的依据。

（3）作为编制设计和进行建设工作的依据。

（4）作为签订有关合同、协议的依据。

（5）作为项目进行后评价的依据。

（6）作为项目组织管理、机构设置、劳动定员的依据。在项目的可行性研究报告中一般都须对项目组织机构的设置、项目的组织管理、劳动定员的配备及其培训、工程技术及管理人员的素质及数量要求等作出明确的说明。

（7）作为环保部门审查项目环境影响的依据，也可作为向项目所在地政府和规划部门申请建设执照的依据。

六、可行性研究审核案例分析

1. 某工程项目未按规定核准

（1）概况。2017年，某市经济开发区招商引资某大型国有企业，拟在开发区建设一个年产120万t的煤制甲醇建筑项目，总投资估算为58亿元。开发区成立了项目建设指挥部。地方政府对该项目支持力度很大，根据投资规模、用地面积、产生税收贡献、产值等出台了一系列优惠、奖励政策，明确了为本项目承担相关费用和减免相关费用的优惠措施。考虑本项目投资大，市政府要求审计局进行全程跟踪审计，并成立了审计组。

（2）存在问题。审计组在跟踪审计过程中，发现该项目建设存在由于项目工期较紧，只在省政府主管部门办理了核准手续，未报国家发展改革委核准，未办理建设工程规划许可证，便先行破土动工的问题。

（3）原因分析。

1）国家相关规定：企业投资建设实行核准制的项目，应按国家有关要求编制项目申请报告，报送项目核准机关。政府核准的投资项目目录也规定：新建生产化工原料 PTA、PX、MDI、TDI 项目，年产 100 万 t 以上煤制甲醇项目、年产 20 万 t 以上煤制乙二醇项目以及 PTA、PX 改造能力超过年产 10 万 t 项目的，由国务院投资主管部门核准。本项目为 120 万 t 的煤制甲醇项目，必须报国务院投资主管部门核准，该经济开发区未按规定办理，不符合政府核准的投资项目目录的规定。

2）《中华人民共和国城乡规划法》（2019 年修订）规定：未取得建设工程规划许可证或者未按照建设工程规划许可证的规定进行建设的，由县级以上地方人民政府城乡规划主管部门责令停止建设；尚可采取改正措施消除对规划实施影响的，限期改正，处建设工程造价罚款；无法采取改正措施消除影响的，限期拆除，不能拆除的，没收实物或者违法收入，可以并处罚款。本项目未办理建设工程规划许可证就开工建设，显然违法。

（4）总结。审计组根据本项目存在的问题，提出立即向国家发展改革委办理核准和向建设主管部门办理建设工程规划许可证的手续的建议。项目建设指挥部采纳了审计组的意见，做出了项目暂缓施工的决定，并在市政府的大力支持下补办了相关手续。

1）尽早报送项目核准申请材料。根据企业投资项目核准暂行办法相关规定，项目业主在向项目核准机关报送申请报告时，需附送以下文件：城市规划行政主管部门出具的城市规划意见；国土资源行政主管部门出具的项目用地预审意见；环境保护行政主管部门出具的环境影响评价文件的审批意见；根据有关法律法规应提交的其他文件。根据相关法律和操作实践，一般项目核准时需要提供以下支持性材料：城市规划行政主管部门的选址意见书、建设项目用地预审报告、水资源论证报告、水土保持方案合格证、环境影响评价文件的审批意见、职业病危害预评价评审意见等。

2）规范项目核准程序。在目前国家项目的审批体制下，建设项目必须要经过各级发展改革委核准后才能办理用地、规划等前期工作。特别是获得规划许可，即是项目合法的标志。因国家发展改革委的核准程序需要时间长，为了便于建设单位先行开展一些前期工作，发展改革委往往以"路条"的形式给予预核准。但"路条"并不具有项目核准的法律效力，也不能代替正式的核准。在项目尚未正式核准之前，原则上不能正式开工建设，更不能在补偿问题尚未妥善解决的前提下实施所谓的"保护性"施工，否则，将导致侵权，甚至影响项目的核准。

3）及时申请规划许可和办理用地手续。实行核准制的企业投资项目，该项目单位分别向城乡规划、国土资源和环境保护部门申请办理规划选址、用地预审和环评审批手续；完成相关手续后，项目单位向发展改革委等项目核准部门报送项目申请报告，并附规划选址、用地预审和环评审批文件；项目单位依据项目核准文件向城乡规划部门申请办理规划许可手续，向国土资源部门申请办理正式用地手续。

2. 某工程项目建设资金未按规定备案

（1）概况。某房地产开发公司开发建设项目，总占地面积为 8 万 m^2，总建筑面积约

30 万 m²，绿化面积 3.2 万 m²，其中规划建设 20 栋楼，为 18～30 层的板式高层住宅，共 1765 套，预计入住人口为 6548 人。社区规划有 2 万 m² 商业建筑，2000m² 幼儿园。

该项目于 2019 年 3 月破土动工。2019 年 5 月，总公司委托某社会审计机构对该项目进行审核。

（2）存在问题。审计组在审计过程中发现，该项目开工前提交了备案申请表，因市规划例会要求该项目做局部调整，规划管理部门没有出具立项意见，备案机关因资料不全没有给项目申报单位出具投资项目备案表。该地产开发公司在未取得建设工程规划许可证的情况下，擅自开工建设。

（3）原因分析。

1）规划管理部门不出具立项意见，项目不能备案。实行备案制的企业投资项目，项目单位必须首先向发展改革委等备案管理部门办理备案手续。备案申请材料包括：房地产开发项目备案申请书，房地产开发公司有效营业执照、资质证书，国土部门意见，规划部门意见，银行出具的资本金证明。备案机关应在正式受理后，对准予备案的项目出具企业投资项目备案表，同时抄送有关部门。本案例项目规划设计欠妥，规划管理部门没有出具立项意见，备案机关因资料不全没有给项目申报单位出具投资项目备案表。

2）本项目没有备案，规划部门不能发放建设工程规划许可证。《中华人民共和国城乡规划法》（2019 年修订）规定：在城市、镇规划区内进行建筑物、构筑物、道路、管线和其他工程建设的，建设单位或者个人应向城市、县人民政府城乡规划主管部门或者省、自治区、直辖市人民政府确定的镇人民政府申请办理建设工程规划许可证。对于未履行备案手续或者未予备案的项目，城乡规划、国土资源、环境保护等部门不得办理相关手续。本项目未予备案，所以规划部门不能发放建设工程规划许可证。

3）没有规划许可证，不能发放施工许可证。对未按规定取得项目审批（核准、备案）、规划许可、环评审批、用地管理等相关文件的建筑工程项目，建设行政主管部门不得发放施工许可证。未取得建设工程规划许可证或者未按照建设工程规划许可证的规定进行建设的，由县级以上地方人民政府城乡规划主管部门责令停止建设；尚可采取改正措施消除对规划实施的影响的，限期改正，处以罚款；无法采取改正措施消除影响的，限期拆除，不能拆除的，没收实物或者违法收入，可以并处建设工程造价 10% 以下的罚款。

本项目中建设单位在未获得备案便开工建设，严重违反了上述相关规定，依法应当承担相应的责任。

（4）总结。审计组提出处理建议：尽快完善项目详细规划，获取规划选址意见书，补全相关房地产开发手续，及时申领投资项目备案表和房地产开发项目手册。项目部应立即开展规划选址意见书、用地预审、环境影响评价等手续的补办。根据相关管理制度规定，对相关责任人进行处罚。该开发公司采纳了跟踪审计组的建议，责成相关部门补办了相关手续，并对有关责任人做出了处理，使项目得以顺利进行。

3. 某工程项目选址未按规定申报及审批

（1）概况。某单位原位于某市中心，地域狭小，交通拥堵，出入不便。经上级机关批准同意该局迁址重建，其原址地块拟收回进行商业开发。该局领导在迁建地址上意向是城郊结合部的一个综合园区内，并与园区管委会就具体地块进行了多轮磋商，在未经规划部门审批的情况下，该单位选址于某立交桥东北角，并进行了"五通一平"等施工前期准备工作。由于该局属于国家机关单位，该单位聘请了某工程咨询公司编制项目建议书，以便办理项目立项审批手续及项目建设相关手续。某工程咨询公司编制的项目建议书中项目选址的依据仅为该单位与园区管委会达成的意向协议。

（2）存在问题。在项目前期对项目建议书和投资估算进行联合审查论证时，市审计局基本建设投资处发现该项目的选址没有审批手续，因此要求建设单位提供规划部门批准的选址意见书。而市规划局审查发现该单位拟选的地块位置影响了城市远景规划布局，从而否定了其原选址方案，建设单位必须另行选址。由此造成了建设单位工作被动和经济损失。

（3）原因分析。建设项目选址是执行城市规划的关键所在，它直接关系到城市的性质、规模、布局和城市规划的实施，同时也关系到建设项目实施顺利与否，是十分重要的环节。

该单位系国家行政机关单位，可以以划拨方式取得土地使用权，但必须经过县级以上人民政府批准。由于其土地是通过划拨方式而非出让方式取得，根据《中华人民共和国城乡规划法》（2019 年修订）规定：按照国家规定需要有关部门批准或者核准的建设项目，以划拨方式提供国有土地使用权的，建设单位在报送有关部门批准或者核准前，应当向城乡规划主管部门申请核发选址意见书。规定以外的建设项目不需要申请选址意见书。《某省建设项目选址规划管理办法》也规定：以划拨方式提供国有土地使用权的建设项目，建设单位报送有关部门批准或核准前，应当按本办法向城乡规划主管部门申请办理建设项目选址意见书。以出让方式提供国有土地使用权的建设项目，项目批准（核准、备案）机关应当在项目批准（核准、备案）前征求同级人民政府城乡规划主管部门的书面意见。

由此可见，划拨方式提供土地使用权的建设项目的选址必须得到规划部门的审批，并取得建设项目选址意见书。也就是说，城市规划行政主管部门参与建设项目建议书阶段的选址工作，并提出规划建设意见；参与建设项目设计任务书（可行性研究报告）阶段的选址工作，并核发选址意见书。项目建设书、设计任务书（可行性研究报告）的报批，应当附有城市规划行政主管部门的规划建设意见和选址意见书。

（4）总结。基于上述分析，市政府根据审计局基本建设投资处提交的审计意见，做出如下处理：

1）废除该单位自定的原选址方案，会同规划部门重新选址，重新编制项目建议书。

2）要求该单位领导严格按照工程建设审批程序、流程办事，对不按规章办事的行为通报批评。

3）建设工程项目与城市发展有着密切的关系。项目建设的前期工作与城市规划工作相结合，是保证项目建设顺利进行，并取得良好的经济效益、社会效益和环境效益的重要条件。

4）划拨方式取得土地使用权的建设项目选址必须向城乡规划主管部门申请办理建设项目选址意见书，这是法律强制规定。

5）在有效期内依法应办理建设用地规划许可证而未办理的，建设项目选址意见书自动失效，应当重新申请办理。可见建设项目选址意见书具有时效性，提醒建设单位取得建设项目选址意见书后应当及时办理建设用地规划许可证。

第二节　工程项目可行性研究的主要内容

工程项目可行性研究的内容主要是对投资项目进行 4 个方面的研究，即市场研究、技术研究、经济研究和环保生态研究。

（1）市场研究。通过市场研究来论证项目拟建的必要性、拟建规模、建造地区和建造地点、需要多少投资、资金如何筹措等。

（2）技术研究。选定了拟建规模、确定了投资金额和融资方案后，就应选择技术、工艺和设备。选择的原则是：尽量立足于国内技术和国产设备，必要时应考虑是选用国内技术和国产设备，还是选用引进技术和进口设备；是采用中等适用的工艺技术，还是选用先进可行的工艺技术，这都取决于项目的具体需要、资金状况等条件。

（3）经济研究。经济研究是可行性研究的核心内容，通过经济研究论证拟建项目经济上的盈利性、合理性以及对国民经济可持续发展的可行性。经济上的盈利性与合理性是根据以下各项经济评价指标来分析的。

（4）环保生态研究。国内外已建大中型项目在环保生态方面失误，甚至造成了不可挽回的生态损失，给人类敲起了警钟。从整体系统论分析的观点看，环保生态研究目前亟须重视，认真开展，绝不可走过场。

工程项目可行性研究主要是研究和论证拟建项目在以下方面的可行性。

（1）拟建什么项目。

（2）为什么要建，建多大规模。

（3）在什么地区和地点建设。

（4）选用何种工艺和技术，选用什么规格、型号的设备。

（5）需要多少投资费用（即投资估算），资金如何筹措（提交一份融资方案）。

（6）建造工期多长。

（7）经济上的可行性、盈利性。

（8）对环保生态有无负面影响，甚至造成严重后果，这个问题对大型项目尤其重要。

第三章 工程项目可行性研究评价及分析

第一节 工程项目可行性研究经济评价

工程项目可行性研究经济评价主要涉及资金筹措计划、财务效益评价、国民经济效益评价、社会效益评价、不确定性分析等。

一、资金筹措计划

该计划应包括资金筹措方案和投资使用计划两部分内容。资金筹措方案应对可利用的各种资金来源所组成的不同方案，进行筹资成本、资金使用条件、利率和汇率风险等方面的比较，经过综合研究后选出最适宜的筹资方案。可能的筹资渠道包括：国家开发银行贷款（或国家预算内拨款）；国内各商业银行贷款；国外资金（国际金融组织贷款、国外政府贷款、赠款、商业贷款、外商投资等）；自筹资金；其他资金来源（发行股票、债券等）。投资使用计划既要包括按项目实施进度的资金计划，还应包括借款偿还计划。评价应侧重以下方面：资金的筹措方法是否正确，能否落实；资金的筹措和使用计划是否与项目的实施进度计划一致，有无脱节现象；利用外资来源是否可靠；利率是否优惠；有无其他附加条件或是否条件合理；偿还方式和条件是否有利；与其配套的国内资金筹措有无保障等。对各种筹资方案是否进行过经济论证和比较，所推荐的方案是否是最优选择。

二、财务效益评价

项目的财务效益评价是根据实际的市场环境和国家财税制度，在项目投入、产出估算的基础上，对项目的效益和费用做出测算。从财务效益的角度判断项目的可行性和合理性，避免投资决策失误。可行性研究报告对财务效益的评价应采用动态分析与静态分析相结合，以动态分析为主的方法。做出的评价指标主要应包括：财务内部收益率、投资回收期、贷款偿还期、财务净现值、投资利润率等。审查的重点如下：建设期、投产期和达产期的确定是否合理；主要产出品的产量、生产成本、销售收入等基本数据的选项是否可靠；主要指标的计算是否正确，是否符合有关行业的规定和要求；所推荐的方案是否为最佳方案；各种财务效益指标计算中，采用的贴现率、汇率、税率、利率等参数选用是否合理；对改、扩建项目，原有企业效益与新增企业效益的划分和界限是否清楚，算法是否正确，有无夸大或缩小原有企业效益的不合理情况。

三、国民经济效益评价

对建设项目国民经济效益的评价应采用费用与效益分析的方法，运用影子价格、影子汇率、影子工资和社会折现率等经济参数，计算项目对国民经济的净贡献，评价项目的经济上的合理性。所谓影子价格，是指当社会经济处于某种最优状态时，能够反映社会劳动消耗、资金稀缺程度和对产出品需求的价格。也就是说，影子价格是被认为确定的、比交换价格（市场价格）更为合理的价格。从定价原则来看，影子价格能更好地反映产品的价值、市场供求情况和资金稀缺程度；从价格产出的效果来看，可以使资源配置向优化方向发展。根据国家规定，国民经济效益评价的主要指标有经济内部收益率和经济净现值或经济净现值率。可行性研究报告也可以采用投资净效益率等静态指标。评价的重点如下：对属于转移支付的国内税金、利息、各种贴补等是否已经剔除；与项目相关的外币费用和效益的确定是否合理，有无高估或遗漏；外币的换算是否用影子汇率代替财务评价中所用的现行汇率进行调整；在项目费用和效益中占比重较大或价格明显不合理的收支，是否用影子价格调整；所采用的影子价格或经济参数是否科学、合理。

某工程项目国民经济效益评价实例参考：

1. 工程概况

某新机场人工岛工程位于某市红塘湾水深−25～−15m之间海域，离岸约4.0km，西北距离某雕塑约4.3km，东北距离某岛约7.8km。工程总投资9 490 876万元，其中环保投资为65 497.46万元，占总投资的0.73%。建设总工期为5年。

该新机场人工岛工程建设包括护岸工程、陆域形成工程及地基处理工程。护岸工程护岸总长15 601.6m，其中，北护岸长4100m，东护岸长2915.4m，南护岸长5670.8m，西护岸长2915.4m。填海造陆面积约1697.1万 m²，其中形成陆域面积约1574.8万 m²，总填方量约46 274.1万 m³。

该新机场对外交通工程，采用公路、轨道交通分开建设的跨海桥梁方案，并联建设两座跨海桥梁，公路、轨道交通桥梁长度均为6040m，其中直线长4450m、曲线长1590m。桥梁宽度55.5m，对外交通工程用海面积45.9hm²，桥梁工程投资523 661.54万元，施工工期为3年。

2. 评价依据和原则

（1）依据国家发展改革委、建设部发布的《建设项目经济评价方法与参数（第三版）》（发改投资〔2006〕1325号），结合中国民用航空总局编制的《民用机场建设项目评价方法》（2007年版），在对该新机场航空业务量进行科学预测的基础上，对本项目进行经济评价。

（2）根据投资、收入、成本和效益相统一的原则，评价中以新机场作为经济上独立核算的实体，参照同类机场财务经营状况和国家有关规定合理预测收支项目，进行研究分析。

（3）选择投资回收期等指标进行静态评价，选择内部收益率和净现值等指标进行动态评价。

（4）国民经济评价采用经济费用效益分析的方法进行定量分析，同时进行经济影响分析。

3. 基础数据

（1）业务量预测。根据预测，此新机场本期设计目标年2035年可以实现旅客吞吐量5600万人次，货邮吞吐量30万 t，飞机起降37.98万架次。

（2）计算期。计算期为 25 年，其中建设期 4 年（2026—2029 年），运营期 21 年（2030—2050 年）。

（3）项目投资及资金来源。项目总投资 1470.4991 亿元，资本金比例为 60%，暂定由省市财政出资、发行专项债、申请中央预算内资金和民航发展基金补贴等组成；贷款比例为 40%，主要为政策性银行贷款、商业银行贷款、发行企业债券或其他金融衍生品融资等。

（4）折旧与摊销。固定资产折旧按平均年限法计算，其中建筑物、构筑物折旧年限按 35 年考虑，残值率按 5% 考虑；设备、车辆折旧年限按 12 年考虑，残值率按 5% 考虑。

无形资产（土地）按 50 年平均摊销，不计残值，见表 3-1。

其他资产按 5 年平均摊销，不计残值。

表 3-1　　　　　　　　　　摊　销　情　况

序号	资产类别	折旧/摊销年限	残值率
1	建筑物、构筑物	35	5%
2	设备、车辆	12	5%
3	无形资产（土地）	50	0
4	其他资产	5	0

（5）基准收益率。根据行业发展状况和行业特征，项目的投资财务基准收益率按 5% 考虑，项目资本金财务基准收益率按 4% 考虑，社会折现率按 8% 考虑。

4. 财务分析

财务分析又称财务评价，是在国家现行财税制度和价格体系的前提下，从项目的角度出发，计算项目范围内的财务效益和费用，分析项目的盈利能力和清偿能力，评价项目在财务上的可行性。

（1）运营收入及税金估算。机场运营收入主要包括起降费、停场费、客桥费、旅客服务费、安检费、航站楼场地设施租用费、停车场收费、特许经营收入和其他收入等项目，各项收入计算标准如下：

1）起降费、停场费、客桥费、旅客服务费、安检费按照《关于印发民用机场收费改革实施方案的通知》（民航发〔2007〕159 号）、《关于调整内地航空公司国际及港澳航班民用机场收费标准的通知》（民航发〔2013〕3 号）、《关于印发民用机场收费标准调整方案的通知》（民航发〔2017〕18 号）的规定进行计算。

2）机场航站楼场地设施租用费、停车场收费、特许经营收入和其他收入等项目参照本机场及国内其他机场的经营状况进行估算。

（2）由于该项目为迁建机场，填海工程投资巨大，如果只考虑机场运营收入，则计算得出的财务指标远无法达到国内大中型机场项目的平均水平。因此，应当考虑将机场迁建所引发的土地开发收益作为机场的补贴收入，计入该项目的现金流量表。主要包括以下三个方面的收益。

1）机场土地开发收益。经估算，机场现有建设用地按照可开发用地比例 60%（商服用地比例 40％，住宅用地比例 20％），土地等级为Ⅲ级，结合该市现有土地出让价格情况分析，暂按出让现价 1200 万元/亩，土地收储成本 100 亿元计。拟于新机场投运后分 6 年出让完毕，出让价格考虑一定的增幅。

2）临空产业用地开发收益。目前，新机场区域已形成临空产业用地 580 亩，按照出让比例 100％，出让收益 1000 万元/亩计，并考虑收储费用 19 亿元。拟于新机场填海工程完工后分 3 年出让完毕，出让价格考虑一定的增幅。

3）临空产业园用地开发收益。拟于新机场选址北侧发财岭设置临空产业园，初步规划用地面积 5000 亩，按照可开发用地比例 60％，全部按产业用地考虑，收储费用 25 万元/亩，出让价格 300 万元/亩计。拟于机场工程开工后第二年开始分 5 年出让完毕，出让价格考虑一定的增幅。

（3）税金及附加是指企业经营活动发生的消费税、城市维护建设税、资源税、教育费附加及房产税、土地使用税、车船使用税、印花税等相关税费，参照当前机场的实际经营状况进行测算。

（4）总成本费用估算。总成本费用包括运营成本、折旧、摊销和财务费用。

运营成本包括工资福利、外购燃动力费、修理费和其他费用。各项计算如下：

1）工资福利：参照当前机场实际经营情况和新机场预测情况进行计算。

2）修理费：按固定资产投资（扣除建设期贷款利息）的 0.5％计算。

3）外购燃动力和其他费用：参照机场当前的实际经营情况进行计算。

4）固定资产折旧与摊销采用分项目、按年限计算。

财务费用根据借款还本付息计划表计算得出。

5. 盈利能力分析

根据上述有关数据，建立项目投资现金流量表、项目资本金现金流量表，计算下列指标：

项目投资（所得税前）财务内部收益率为 3.48％，财务净现值（$I_c = 5\%$）为 −178.690 9 亿元，投资回收期超出计算期。

项目资本金财务内部收益率为 2.68％。

项目的投资财务内部收益率小于基准财务内部收益率（5％），项目资本金财务内部收益率小于基准财务内部收益率（4％），所以财务盈利能力较差。偿债能力分析根据项目的融资方案，项目贷款 588.199 6 亿元。利率按中国人民银行发布的"五年以上"中长期贷款基准利率 4.90％考虑，还款方式按最大还款能力考虑。

用于项目还款的资金来源有利润、折旧摊销，以及各种补贴收入。项目运营期各年度营业净现金流以及巨额外部补贴资金全部及时到位，并全部用于还本付息的情况下，机场需要 7.71 年可还清银行贷款。

决定项目偿债能力的关键是外部资金补贴。

6. 财务生产能力分析

项目在巨额外部补贴资金全部及时到位的情况下，机场现金流可以实现平衡。

决定项目财务生产能力的关键是外部资金补贴。

（1）不确定性分析。不确定性分析主要包括敏感性分析和盈亏平衡分析。根据行业特点，项目的不确定性分析主要进行敏感性分析，即分析运量、运营成本和固定资产投资等因素发生变化时，对财务内部收益率指标的影响程度。分析结果见表 3-2。

表 3-2　　　　　　　　　　　　　敏 感 性 分 析 表

项目	变化率	财务内部收益率（所得税前）
基本方案	0	3.48%
运量	+10%	3.91%
	−10%	3.04%
运营成本	+10%	3.28%
	−10%	3.68%
固定资产投资	+10%	2.81%
	−10%	4.32%

可以看出，影响项目财务效益最敏感的因素是运量，其次是固定资产投资和运营成本。

（2）经济费用效益分析。经济分析又称国民经济评价，是在合理配置社会资源的前提下，从国家经济整体利益的角度出发，计算项目对国民经济的贡献，分析项目的经济效率、效果和对社会的影响，评价项目在宏观经济上的合理性。

经济分析的方法包括经济费用效益分析、经济费用效果分析等。对于该项目，采用经济费用效益分析的方法进行经济分析。

（3）分析原则。

1）根据"有项目"和"无项目"对比的原则来确定项目的净效益和净费用，并设定若无此项目，溢出的旅客由铁路承担。

2）不考虑通货膨胀因素。

3）土地费用采用土地机会成本，其他投资按影子价格相应调整。

4）仅计算一次性效益和费用，以避免效益、费用扩大化。

7. 经济效益估算

主要考虑旅客运输时间节约效益、货物在途时间缩短效益、减少货物损失的效益、增加外汇效益、客货运输费用的节约效益和诱发效益。

（1）经济费用估算。根据影子价格和机会成本，项目固定资产投资调整为 1408.116 1 亿元。

（2）经济费用效益分析。根据以上效益和费用计算，编制项目投资经济费用效益流量表。经计算，本项目经济内部收益率 EIRR 为 9.01%，大于社会折现率 8%，经济净现值 ENPV（$I_s=8\%$）为 151.013 4 亿元，国民经济效益较好。

8. 经济影响分析

（1）由于项目建设规模较大，对区域经济影响较大，因此在进行经济费用效益分析的同时，辅以区域经济影响分析、行业经济影响分析进行国民经济评价。从广义上讲，本节内容也是国民经济评价的组成部分。

（2）区域经济影响分析。民航机场作为交通运输和城市发展的重要基础设施，其建设对周边区域经济的发展具有明显的带动和促进作用。

该市是我国最受欢迎的旅游目的地之一，拥有阳光、海水、沙滩、森林等独特的热带风景旅游资源，旅游业在城市经济中占有极其重要的地位。同时，由于该市与国内大多数城市不仅距离遥远，而且有海峡阻隔，铁路运输和公路运输极为不便。因此，航空运输成为绝大多数地区去该市旅游的首选交通运输方式。新机场的建设，为该市旅游业的发展提供坚实的保障。

新机场建成运营后，位置靠近城区的机场商业开发价值较高，地方政府及机场可以通过开发机场取得一定的经济收益，对前期投入的大量资金进行弥补。同时，随着机场的停用，城区净空限制的缓解以及飞机噪声影响的降低有利于提升周边地区房地产市场的活力，有利于进一步合理布局城市产业，实现城市的可持续发展。

新机场建成运营后，可以有效吸引城区人口转移，为城市提供大量就业岗位，实现更为合理的人口布局，形成以机场为中心的酒店、会展、物流、高新技术、航空维修等产业高度聚集的临空经济区，促进城市产业结构的优化。

新机场的建设，符合该市城市发展规划，可以进一步提高国内外各大城市与该市的交流和联系，大大促进旅游资源的开发和旅游业的发展，为经济社会发展提供重要支撑。

新机场的建设，不仅可以服务于该市经济社会发展，还可以通过高铁的辐射将影响范围扩大至整个省，为国家级的战略部署做出重要贡献。

9. 行业经济影响分析

机场在我国民航机场网络体系中占有重要地位，是重要的干线机场。项目的实施，将彻底解决该省机场发展受限的问题，大大提高航空运输保障能力。这对于进一步加强机场的区域地位、完善该地区乃至中南地区的民航机场网络体系、促进民航强国战略目标的实现均具有重要的现实意义。

四、社会效益评价

我国现行的建设项目经济评价指标体系中，还规定了社会效益评价指标。社会效益评价以定性为主，主要分析项目建成投产后，对环境保护和生态平衡的影响，对提高地区和部门科学技术水平的影响，对提供就业机会的影响，对提高人民物质文化生活及社会福利的影响，对城市整体改造的影响，对提高资源综合利用率的影响等。此外，还应计算相关工程发生费用以及项目建设后产生的负效益。

五、不确定性分析

可行性研究对项目评价所采用的数据，大部分来自预测和估算，由于未来情况是不断变化的，预测和估算的数据总会存在一些不确定因素，不可能与实际情况完全相同。为了消除不确定因素对经济效益评价指标的影响，还需要进行不确定性分析。不确定性分析是通过主要经济因素变化对经济效益造成的影响，预测项目抗风险能力的大小，分析项目在财务和经济上的可靠性。

不确定性分析包括盈亏平衡分析、敏感性分析和概率分析等。盈亏平衡分析只用于财务效益评价；敏感性分析和概率分析可同时用于财务评价和国民经济评价。在可行性研究中，一般都要进行盈亏平衡分析、敏感性分析和概率分析，具体可视项目不同情况而定。评价重点应是所考虑的不确定影响因素是否全面。一般包括市场价格变动影响，产量与销售情况变化影响，工艺技术政策的改革影响，成本、投资估算不准确影响，建设进度迟于达产进度的影响，经济政策变化的影响等。具体考虑哪些因素，应根据项目的具体特点来决定。项目盈亏平衡点的计算内容、方向和结果是否正确。

六、评价体系

可行性研究项目中的经济评价，一方面取决于基础数据的完整性和可靠性，另一方面取决于选取的评价指标体系的合理性，只有选取正确的评价指标体系，经济效果评价的结果才能与客观实际情况相吻合，才具有实际意义。一般来讲，技术方案的经济效果评价指标不是唯一的，在工程经济分析中，常用的经济效果评价指标体系如图3-1所示。

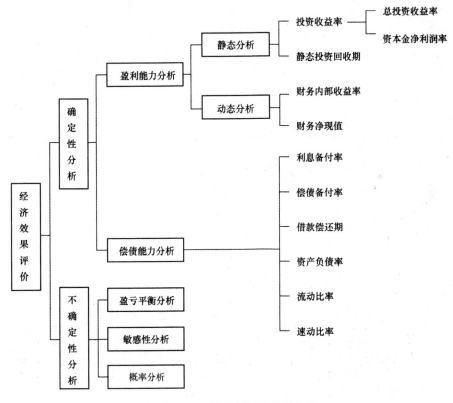

图3-1 经济效果评价指标体系

七、可行性评价指标分析

1. 静态指标分析

静态分析是不考虑资金的时间因素，即不考虑时间因素对资金价值的影响，而对现金流量分别进行直接汇总来计算分析指标的方法。

静态指标分析的最大特点是不考虑时间因素，计算简便。所以，在对技术方案进行粗略评价，对短期投资方案进行评价，或对逐年收益大致相等的技术方案进行评价时，静态指标分析还是可以采用的。

【例3-1】 已知某技术方案拟投入资金和利润见表3-3。计算该技术方案的总投资收益率和资本金净利润率。

表3-3　　　　　　　　　某技术方案拟投入资金和利润表　　　　（单位：万元）

序号	项　　目	第2年	第3年	第4年	第5年	第6年	第7~10年
1	建设投资						
1.1	自有资金部分	1200	340				
1.2	贷款本金		2000				
1.3	贷款利息（年利率为6%，投产后前4年等本偿还，利息照付）		60	123.6	92.7	61.8	30.9
2	流动资金						
2.1	自有资金部分			300			
2.2	贷款			100	400		
2.3	贷款利息（年利率为4%）		4	20	20	20	20
3	所得税前利润		-50	550	590	620	650
4	所得税后利润（所得税率为25%）		-50	425	442.5	465	487.5

解 （1）计算总投资收益率（ROI）

1）技术方案总投资（TI）＝建设投资＋建设期贷款利息＋全部流动资金

$$=1200+340+2000+60+300+100+400=4400（万元）$$

2）年平均息税前利润（EBIT）＝[(123.6＋92.7＋61.8＋30.9×4＋4＋20×7)

$$+(-50+550+590+620+650×4)]/8$$

$$=(546+4310)/8$$

$$=607（万元）$$

3）总投资收益率（ROI）

$$ROI=\frac{EBIT}{TI}×100\%=\frac{607}{4400}×100\%=13.79\%$$

（2）计算资本金净利润率（ROE）

1）技术方案资本金（EC）＝1200＋340＋300＝1840（万元）

2）年平均净利润（NP）＝(-50＋425＋442.5＋465＋487.5×4)/8

$$=3232.5/8$$

$$=404.06（万元）$$

3）资本金净利润率（ROE）

$$ROE=\frac{NP}{EC}×100\%=\frac{404.06}{1840}×100\%=21.96\%$$

总投资收益率（ROI）是用来衡量整个技术方案的获利能力，要求技术方案的总投资收益率（ROI）应大于行业的平均投资收益率；总投资收益率越高，从技术方案所获得的收益就越多。而资本金净利润率（ROE）则是用来衡量技术方案资本金的获利能力，资本金净利润率（ROE）越高，资本金所取得的利润就越多，权益投资盈利水平也就越高；反之，则情况相反。对于技术方案而言，若总投资收益率或资本金净利润率高于同期银行利率，适度举债是有利的；反之，过高的负债比率将损害企业和投资者的利益。由此可以看出，总投资收益率或资本金净利润率指标不仅可以用来衡量技术方案的获利能力，还可以作为技术方案筹资决策参考的依据。

【例3-2】 某工程项目技术方案的静态投资回收期，如图3-2所示。

解 某技术方案估计总投资 2800 万元，技术方案实施后各年净收益为 320 万元，则该技术方案的静态投资回收期为：

$$P_t = \frac{2800}{320} = 8.75（年）$$

由于技术方案的年净收益不等于年利润额，所以静态投资回收期不等于投资利润率的倒数。

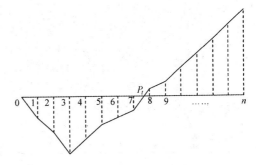

图3-2　静态投资回收期示意图

【例3-3】 某拟建项目固定资产投资总额为 3600 万元，其中：预计形成固定资产 3060 万元（含建设期贷款利息 60 万元），无形资产 540 万元。固定资产使用年限为 10 年，残值率为 4%，固定资产余值在项目运营期末收回。该项目的建设期为 2 年，运营期为 6 年。其他背景资料如下所列。

（1）项目的资金投入、收益、成本等基础数据见表 3-4。

表3-4　　　　　　　　某建设项目资金投入、收益及成本　　　　　　（单位：万元）

序号	项　　目	第1年	第2年	第3年	第4年	第5~8年
1	建设投资： 　自有资金部分 　贷款（不含贷款利息）	1200	340 2000			
2	流动资金： 　自有资金部分 　贷款部分			300 100	400	
3	年销售量（万件）			60	90	120
4	年经营成本			1682	2360	3230

（2）固定资产贷款合同规定的还款方式为：投产后的前 4 年等额本金偿还。贷款利率为 6%；流动资金贷款利率为 4%。

（3）无形资产在运营期 6 年中，均匀摊入成本。

（4）流动资金为 800 万元，在项目的运营期末全部收回。

（5）设计生产能力为年产量 120 万件，产品售价为 45 元/件，销售税金及附加的税率为 6%，所得税率为 33%，行业基准收益率为 8%。

（6）行业平均投资利润率为 20%，平均投资利税率为 25%。

根据以上背景资料，编制还本付息表、总成本费用表和损益表，计算项目的投资利润率、投资利税率和资本金利润率。

解　（1）编制还本付息表（表 3-5）、总成本费用表（表 3-6）和损益表（表 3-7）。

1）列出还本付息表中的费用名称，根据以下贷款利息公式，计算各年度的贷款利息。其中需要对建设期利息作一说明。建设期利息是指项目在建设期内的借款所发生并计入固定资产的利息。为简化计，在编制投资估算时通常假定借款均在每年的年中支用，借款第一年按半年计息，其余各年按全年计算，计算公式如下。

各年贷款应计利息＝（年初累计借款本利和＋本年新增借款/2）×贷款利率

例如，表 3-5 中第 2 年新增借款 2000 万元，贷款利率为 6%，则

第 2 年贷款应计利息＝（0＋2000/2）×6%＝60（万元）

第 3 年贷款应计利息＝（2060＋0/2）×6%＝123.60（万元）

其余类推。

表 3-5　　　　　　　　　　　**某项目还本付息表**　　　　　　　　（单位：万元）

序号	项　　目	第 1 年	第 2 年	第 3 年	第 4 年	第 5 年	第 6 年
1	年初累计借款	0	0	2060	1545.00	1030.00	515.00
2	本年新增借款	0	2000	0	0	0	0
3	本年应计利息	0	60	123.60	92.70	61.80	30.90
4	本年应还本金	0	515.00	515.00	515.00	515.00	
5	本年应还利息	0	123.60	92.70	61.80	30.90	
6	其他借款						
7	其他还款						

2）计算各年度应等额偿还本金。

各年应等额偿还本金＝第 3 年初累计借款/还款期＝2060/4＝515（万元）

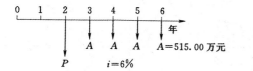

图 3-3　第 3~6 年末应等额偿还的本金

由图 3-3 得第 6 年初应计利息为

515×6%＝30.9（万元）

其余类推。

3）根据总成本费用的构成列出总成本分析表的费用名称。计算固定资产折旧费和无形资产摊销费、年销售收入、销售税金，并将折旧费、摊销费、年经营成本和还本付息表中的各年贷款利息与流动资金利息等数据填入总成本费用估算表中，计算出各年的总成本费用。

计算固定资产折旧费和无形资产摊销费如表 3-6。

折旧费＝（固定资产总额－无形资产）×（1－残值率）/使用年限

＝（3600－540）×（1－4%）/10＝293.76（万元）

无形资产摊销费＝无形资产/摊销年限＝540/6＝90（万元）

表 3-6　　　　　　　　　　　　某项目总成本费用估算表　　　　　　　　　（单位：万元）

序号	项　　目	第3年	第4年	第5年	第6年	第7年	第8年
1	经营成本	1682.00	2360.00	3230.00	3230.00	3230.00	3230.00
2	折旧费	293.76	293.76	293.76	293.76	293.76	293.76
3	摊销费	90.00	90.00	90.00	90.00	90.00	90.00
4	建设投资贷款利息	123.60	92.70	61.80	30.90	0.00	0.00
5	流动资金贷款利息	4.00	20.00	20.00	20.00	20.00	20.00
6	总成本费用	2193.36	2856.46	3695.56	3664.66	3633.76	3633.76

4）计算各年的销售收入、销售税金，并将各年的总成本逐一填入损益表中。

$$年销售收入＝当年产量×产品售价$$
$$第3年销售收入＝60×45＝2700（万元）$$
$$第4年销售收入＝90×45＝4050（万元）$$
$$第5～8年销售收入＝120×45＝5400（万元）$$

年销售税金及附加
$$第3年销售税金及附加＝2700×6\%＝162（万元）$$
$$第4年销售税金及附加＝4050×6\%＝243（万元）$$
$$第5～8年销售税金及附加＝5400×6\%＝324（万元）$$

计算各年的其他费用，如利润、所得税、税后利润等，均按损益表中公式逐一计算求得，填入以下的损益表（表 3-7）。

表 3-7　　　　　　　　　　　　某 项 目 损 益 表　　　　　　　　　　（单位：万元）

序号	项目及计算公式	第3年	第4年	第5年	第6年	第7年	第8年
(1)	销售收入	2700	4050	5400	5400	5400	5400
(2)	总成本费用	2193.36	2856.46	3695.56	3664.66	3633.76	3633.76
(3)	销售税金及附加×6%	162.00	243.00	324.00	324.00	324.00	324.00
(4)	利润总额＝(1)－(2)－(3)－上年度亏损	344.64	950.54	1380.44	1411.34	1442.24	1442.24
(5)	所得税＝(4)×33%	113.73	313.68	455.55	465.74	475.94	475.94
(6)	税后利润＝(4)－(5)	230.91	636.86	924.89	945.60	966.30	966.30
(7)	盈余公积金＝(6)×10%	23.09	63.69	92.49	94.56	96.63	96.63
(8)	应付利润＝(6)－(7)－(9)	76.58	441.93	701.16	719.80	869.67	869.67
(9)	未分配利润	131.24	131.24	131.24	131.24	0	0

5）计算还款期的未分配利润、盈余公积金和应付利润。

$$各年未分配利润＝各年应还款额－折旧费－摊销费$$
$$＝515－293.76－90＝131.24（万元）$$
$$各年盈余公积金＝税后利润×10\%（盈余年份才计取）$$
$$各年应付利润＝税后利润－未分配利润－盈余公积金$$

表 3-7 中，第 3 年税后利润为 230.91 万元，大于该年还款所需的未分配利润 131.24 万元，故投产第 1 年就是盈余年份，可提取盈余公积金。即

$$第 3 年盈余公积金＝230.91×10\%＝23.09（万元）$$
$$第 3 年应付利润＝税后利润－盈余公积金－未分配利润$$
$$＝230.91－23.09－131.24＝76.58（万元）$$

如此，依次在表中计算出各年的盈余公积金、未分配利润和应付利润，见表 4-7。

（2）项目的投资利润率、投资利税率和资本金利润率等静态盈利能力指标，按以下计算。

1）计算投资利润率。

$$年平均利润总额＝\left(\sum_{i=5}^{8} 第 t 年利润\right)/4$$
$$＝(1380.44＋1411.34＋1442.24×2)/4＝1419.07（万元）$$
$$投资利润率＝[1419.07/(3600＋800)]×100\%＝32.25\%$$

2）计算投资利税率。

$$年平均利税总额＝1419.07＋324＝1743.07（万元）$$
$$投资利税率＝[1743.07/(3600＋800)]×100\%＝39.62\%$$

3）计算资本金利润率。

$$年平均税后利润＝(924.89＋945.60＋966.30＋966.30)/4＝950.77（万元）$$
$$资本金利润率＝[950.77/(1540＋300)]×100\%＝51.67\%$$

【例 3-4】　如果把［例 3-3］的还款方式改为：自投产第 1 年开始按最大偿还能力偿还。借款 4 年内还清。在这种还款方式条件下，由于各年偿还能力与各年应计利息、总成本费用以及税后利润有着紧密的联系。为此，还本付息表、总成本费用表、损益表就必须进行交叉计算。三表编制后，还应计算借款偿还期，以评价其是否能在规定期限内还清贷款。评价按以下步骤进行。

解　（1）计算还本付息表（表 3-8），第 3 年贷款利息为 123.6 万元，第 3 年初累计借款额 2060 万元。

表 3-8　　　　　　　　　某项目还本付息表　　　　　　　　（单位：万元）

序号	项　目	第 1 年	第 2 年	第 3 年	第 4 年	第 5 年	第 6 年
1	年初累计借款	0	0	2060	1445.33	420.7	0
2	本年新增借款	0	2000	0	0	0	0
3	本年应计利息	0	60	123.60	86.72	25.24	0
4	本年应还本金	0	0	614.67	1024.63	420.70	0
5	本年应还利息	0	0	123.60	86.72	25.24	0

（2）将第 3 年应还利息 123.6 万元填入总成本费用估算表（表 3-9）中，计算出该年总成本 2193.36 万元。

表 3-9　　　　　　　　**某项目总成本费用估算表**　　　　（单位：万元）

序号	项　　目	第3年	第4年	第5年	第6年	第7年	第8年
1	经营成本	1682.00	2360.00	3230.00	3230.00	3230.00	3230.00
2	折旧费	293.76	293.76	293.76	293.76	293.76	293.76
3	摊销费	90.00	90.00	90.00	90.00	90.00	90.00
4	建设投资贷款利息	123.60	86.72	25.24	0	0	0
5	流动资金贷款利息	4.00	20.00	20.00	20.00	20.00	20.00
6	总成本费用	2193.36	2850.48	3659.00	3633.76	3633.76	3633.76

（3）将第3年总成本2193.36万元填入损益表（表3-10）中，计算出该年税后利润230.91万元。

表 3-10　　　　　　　　**某 项 目 损 益 表**　　　　（单位：万元）

序号	项　　目	第3年	第4年	第5年	第6年	第7年	第8年
(1)	销售收入	2700	4050	5400	5400	5400	5400
(2)	总成本费用	2193.36	2850.48	3659.00	3633.76	3633.76	3633.76
(3)	销售税金及附加×6%	162.00	243.00	324.00	324.00	324.00	324.00
(4)	利润总额=(1)-(2)-(3)	344.64	956.52	1417.00	1442.24	1442.24	1442.24
(5)	所得税=(4)×33%	113.73	315.65	467.61	475.94	475.94	475.94
(6)	税后利润=(4)-(5)	230.91	640.87	949.39	966.30	966.30	966.30
(7)	盈余公积金=(6)×10%	0	0	94.94	96.63	96.63	96.63
(8)	应付利润=(6)-(7)-(9)	0	0	817.51	869.67	869.67	869.67
(9)	未分配利润	230.91	640.87	36.94	0	0	0

（4）计算第3年的最大还款能力。

第3年最大还款能力=该年税后利润+年折旧费+年摊销费
=230.91+293.76+90=614.67(万元)

（5）将第3年的最大还款能力614.67万元填入还本付息表的第3年本年应还本金格内。计算出第4年初累计借款额1445.33万元，该年应还利息86.72万元。

（6）将第4年应还利息86.72万元填入总成本费用估算表（表3-7）中，得到第4年总成本2850.48万元。

（7）将第4年总成本再填入该年损益表（表3-8）中的税后利润640.87万元。则

第4年的最大还款能力=640.87+293.76+90=1024.63(万元)

（8）重复以上计算，得到第5年初累计借款为420.70万元，应计利息25.24万元，总成本3659万元，税后利润949.39万元。

第5年应还款额只需要420.70万元，所以

该年用于还款的税后利润(即未分配利润)=420.70-293.76-90
=36.94(万元)

填入第5年损益表的未分配利润格内。

第 6～8 年通过三年已还清了贷款，不再计算固定资产贷款利息。所以，各年总成本均相同，税后利润自然也均相同。而且所有的税后利润除提取 10% 的盈余公积金外，均为投资者的利润，称为应付利润。用于还款的未分配利润均为 0。

（9）按下式计算借款偿还期。

$$借款偿还期 = (出现盈余的年份 - 贷款年份) + \frac{该年应还款额}{该年可用于还款额}$$

$$= 5 - 2 + \frac{420.70}{949.39 + 293.76 + 90}$$

$$= 3 + 0.32$$

$$= 3.32（年）（含建设期 1 年）$$

所以，实际投产后第 2.32 年就可以还清贷款。只要这个时间不超过银行规定的贷款期限，则在资金方面项目是可行的。

当技术方案实施后各年的净收益不相同时，静态投资回收期可根据累计净现金流量求得，也就是在技术方案投资现金流量表中累计净现金流量由负值变为零的时点。其计算公式为

$$P_t = T - 1 + \frac{\left| \sum_{t=0}^{T-1} (CI - CO)_t \right|}{(CI - CO)_T} \tag{3-1}$$

式中　　　　T——技术方案各年累计净现金流量首次为正或零的年数；

$\left| \sum_{t=0}^{T-1} (CI - CO)_t \right|$——技术方案第（$T-1$）年累计净现金流量的绝对值；

$(CI - CO)_T$——技术方案第 T 年的净现金流量。

【例 3-5】　某技术方案投资现金流量表的数据见表 3-11，计算该技术方案的静态投资回收期。

表 3-11　　　　　　　　　　　某技术方案投资现金流量表　　　　　　　　　　（单位：万元）

计算期	第 0 年	第 1 年	第 2 年	第 3 年	第 4 年	第 5 年	第 6 年	第 7 年	第 8 年
现金流入	—	—	—	800	1200	1200	1200	1200	1200
现金流出	—	600	900	500	700	700	700	700	700
净现金流量	—	−600	−900	300	500	500	500	500	500
累计净现金流量	—	−600	−1500	−1200	−700	−200	300	800	1300

解　根据式（3-1），可得

$$P_t = (6 - 1) + \frac{|-200|}{500} = 5.4（年）$$

2. 动态评价指标

动态分析是在分析方案的经济效果时，对发生在不同时间的现金流量折现后来计算分析指标。在工程经济分析中，由于时间和利率的影响，对技术方案的每一笔现金流量都应该考虑它所发生的时间，以及时间因素对其价值的影响。动态分析能较全面地反映技术方案整个计算期的经济效果。

在技术方案经济效果评价中，应采用动态分析与静态分析相结合、以动态分析为主的

方法。动态分析指标强调利用复利方法计算资金时间价值，它将不同时间内资金的流入和流出，换算成同一时点的价值，从而为不同技术方案的经济比较提供了可比基础，并能反映技术方案在未来时期的发展变化情况。

【例3-6】　已知某技术方案有如下现金流量（表3-12），设 $i_c=8\%$，试计算财务净现值（$FNPV$）。

表 3-12　　　　　　　　　某技术方案净现金流量　　　　　　　（单位：万元）

年份	第1年	第2年	第3年	第4年	第5年	第6年	第7年
净现金流量	−4200	−4700	2000	2500	2500	2500	2500

解

$$FNPV=-4200\times\frac{1}{(1+8\%)}-4700\times\frac{1}{(1+8\%)^2}+2000\times\frac{1}{(1+8\%)^3}+2500\times\frac{1}{(1+8\%)^4}$$

$$+2500\times\frac{1}{(1+8\%)^5}+2500\times\frac{1}{(1+8\%)^6}+2500\times\frac{1}{(1+8\%)^7}$$

$$=-4200\times0.925\,9-4700\times0.857\,3+2000\times0.793\,8+2500\times0.735\,0$$

$$+2500\times0.680\,5+2500\times0.630\,2+2500\times0.583\,5$$

$$=242.76(万元)$$

由于 $FNPV=242.76$ 万元 >0，所以该技术方案在经济上可行。

又如，从财务评价角度分析项目的可行性，见表3-13和表3-14。

表 3-13　　　　　　　　某拟建项目的全部现金流量数据表（一）　　　　　（单位：万元）

序号	项　　目	建设期		投产期		
		第1年	第2年	第3年	第4年	第5年
	生产负荷			70%	100%	100%
1	现金流入	0	0	490.00	700.00	700.00
1.1	销售收入	0	0	490.00	700.00	700.00
1.2	回收固定资产余值					
1.3	回收流动资金					
2	现金流出	380	400	499.00	427.14	427.14
2.1	固定资产投资	380	400			
2.2	流动资金投资			200.00		
2.3	经营成本			210.00	300.00	300.00
2.4	销售税金及附加×6%			29.40	42.00	42.00
2.5	所得税×33%			59.60	85.14	85.14
3	净现金流量	−380	400	−9.00	272.86	272.86
3.1	累计净现金流量					
4	折现系数 $i_c=10\%$	0.9091	0.8264	0.7513	0.6830	0.6209
5	折现净现金流量	−345.46	−330.56	−6.76	186.36	169.42
6	累计折现净现金流量	−345.46	−676.02	−682.8	−496.4	−327.0

表 3-14　　　　　　某拟建项目的全部现金流量数据表（二）　　　　　　（单位：万元）

序号	项　目	投产期				
		第 5 年	第 6 年	第 7 年	第 8 年	第 9 年
	生产负荷	100%	100%	100%	100%	100%
1	现金流入	700.00	700.00	700.00	700.00	1175.00
1.1	销售收入	700.00	700.00	700.00	700.00	700.00
1.2	回收固定资产余值					275.00
1.3	回收流动资金					200.00
2	现金流出	427.14	427.14	427.14	427.14	427.14
2.1	固定资产投资					
2.2	流动资金投资					
2.3	经营成本	300.00	300.00	300.00	300.00	300.00
2.4	销售税金及附加×6%	42.00	42.00	42.00	42.00	42.00
2.5	所得税×33%	85.14	85.14	85.14	85.14	85.14
3	净现金流量	272.86	272.86	272.86	272.86	747.86
3.1	累计净现金流量					
4	折现系数 i_c=10%	0.620 9	0.564 5	0.513 2	0.466 5	0.424 1
5	折现净现金流量	169.42	154.03	140.03	127.29	317.17
6	累计折现净现金流量	−327.0	−173.0	−32.94	94.35	411.52

注：表中折现系数一栏所列数字为由终值 F 求现值 P 的折现系数（复利系数），即 $(P/F, i, n)$。

【例 3-7】　某企业拟建设一个生产性项目，以生产国内某种亟须的产品。该项目的建设期为 2 年，运营期为 7 年。预计建设期投资 800 万元（含建设期贷款利息 20 万元），并全部形成固定资产。固定资产使用年限 10 年，运营期末残值 50 万元，按照直线法折旧。

该企业于建设期第 1 年投入项目资本金为 380 万元，建设期第 2 年向当地建设银行贷款 400 万元（不含贷款利息），贷款利率 10%，项目第 3 年投产。投产当年又投入资本金 200 万元作为流动资金。

运营期中，正常年份每年的销售收入为 700 万元，经营成本 300 万元，产品销售税金及附加税率为 6%，所得税税率为 33%，年总成本 400 万元，行业基准收益率 10%。

投产的第 1 年生产能力仅为设计生产能力的 70%，为简化计算，这一年的销售收入、经营成本和总成本费用均按照正常年份的 70% 估算。投产的第 2 年及其以后的各年生产均达到设计生产能力。试从财务评价的角度，分析说明拟建项目的可行性。

解　根据以上背景资料，分析步骤及结果如下。

（1）计算销售税金及附加和所得税。

1）运营期销售税金及附加。

销售税金及附加＝销售收入×销售税金及附加税率

第 3 年销售税金及附加＝700×70%×6%＝29.40(万元)

第 4～9 年销售税金及附加＝700×100%×6%＝42.00(万元)

2）运营期所得税。

所得税＝(销售收入−销售税金及附加−总成本)×所得税税率

第 3 年所得税＝(490－29.40－280)×33％＝59.60(万元)

第 4～9 年所得税＝(700－42－400)×33％＝85.14(万元)

(2) 编制全部投资现金流量表。

1) 项目的使用年限 10 年，营运期 7 年。所以，固定资产余值按以下公式计算。

$$年折旧费＝(固定资产原值－残值)/折旧年限$$

$$＝(800－50)/10＝75(万元)$$

$$固定资产余值＝年折旧费×(固定资产使用年限－营运期)＋残值$$

$$＝75×(10－7)＋50＝275(万元)$$

2) 建设期贷款利息计算：建设期第 1 年没有贷款，建设期第 2 年贷款 400 万元。

$$贷款利息＝(0＋400/2)×10％＝20(万元)$$

根据已知背景资料和以上计算结果，编制表 3-15 和表 3-16 所列的现金流量表。表 3-15 和表 3-16 的编制是从表 3-13 和表 3-14 的第 6 项及其从属数据开始，设定折现系数试算。

3) 计算项目的动态投资回收期和财务净现值。根据现金流量表中数据，按以下方法计算出项目的动态投资回收期和财务净现值 $FNPV$ (Financial Net Present Value)。

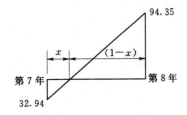

图 3-4 动态投资回收期

从表 3-16 中的累计折现后的净现金流量可以看出动态投资回收期在第 7 年和第 8 年之间 (图 3-4)。用直线插入法求得

$$32.94：94.35＝x：(1－x)$$

$$94.35x＋32.94x＝32.94$$

$$x＝32.94/(94.35＋32.94)＝0.26(年)$$

所以，拟建项目的动态投资回收期为 7.26 年。

由现金流量表可知，项目的财务净现值等于 411.52 万元。这说明该项目的投资收益，除达到了同行业的收益水平外，到第 9 年末还能比同行业多挣 411.52 万元。那么，拟建项目的投资收益率为多少呢？这就要确定拟建项目的财务内部收益率。

4) 计算项目的财务内部收益率 $FIRR$ (Financial Internal Rateof Return)。

表 3-15   某拟建项目现金流量表 (一)   (单位：万元)

序号	项目	建设期		投产期		
		第 1 年	第 2 年	第 3 年	第 4 年	第 5 年
1	折现系数 i_1＝20％	0.833 3	0.694 4	0.578 7	0.482 3	0.401 9
2	折现净现金流量	－316.65	－277.76	－5.21	131.60	109.66
3	累计折现净现金流量	－316.65	－594.41	－599.6	－468.0	－358.4
4	折现系数 i_2＝21％	0.826 4	0.683 0	0.564 5	0.466 5	0.385 5
5	折现净现金流量	－314.03	－273.20	－5.08	127.29	105.18
6	累计折现净现金流量	－314.03	－587.23	－592.3	－465.0	－359.8

| 表3-16 | 某拟建项目现金流量表（二）　　　　　（单位：万元） |

序号	项 目	投 产 期				
		第5年	第6年	第7年	第8年	第9年
1	折现系数 $i_1 = 20\%$	0.4019	0.3349	0.2791	0.2326	0.1938
2	折现净现金流量	109.66	91.38	76.16	63.47	144.94
3	累计折现净现金流量	−358.4	−267.0	−190.8	−127.4	17.59
4	折现系数 $i_2 = 21\%$	0.3855	0.3186	0.2633	0.2176	0.1799
5	折现净现金流量	105.18	86.93	71.84	59.37	135.54
6	累计折现净现金流量	−359.8	−272.9	−201.1	−141.7	−6.16

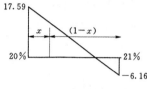

图3-5　内部收益率

采用试算法求出拟建项目的内部收益率。具体做法和计算过程如下（图3-5）。

首先设定 $i_1 = 20\%$，以 i_1 作为设定的折现率，计算出各年的折现系数。利用表3-13和表3-14，计算出各年的折现净现金流量和累计折现净现金流量，从而得到财务净现值 $FNPV_1$，见表3-13和表3-14。

再设定 $i_2 = 21\%$，以 i_2 作为设定的折现率，计算出各年的折现系数。同样，利用表3-13和表3-14，计算各年的折现净现金流量和累计折现净现金流量，从而得到财务净现值 $FNPV_2$，见表3-13和表3-14。

如果试算结果满足：$FNPV_1 > 0$，$FNPV_2 < 0$，且满足精度要求，可采用插值法计算出拟建项目的财务内部收益率 $FIRR$。

由表3-13和表3-14可知：$i_1 = 20\%$ 时，$FNPV_1 = 17.59$；$i_2 = 21\%$ 时，$FNPV_2 = 6.16$。

采用插值法计算拟建项目的内部收益率 $FIRR$ 如下

$$17.59 : 6.16 = x : (1-x)$$
$$6.16x + 17.59x = 17.59$$
$$x = 17.59/(6.16 + 17.59) = 0.74$$

所以，该项目投资的财务内部收益率为20.74%。

5）分析说明拟建项目的可行性。从财务评价角度评价该项目的可行性。根据计算结果，项目净现值＝411.52万元＞0，内部收益率＝20.74%＞行业基准收益率10%；超过行业基准收益水平，所以该项目是可行的。

第二节　工程项目环境影响评价

一、环境影响评价基本要求

工程建设项目应注意保护场址及其周围地区的水土资源、海洋资源、矿产资源、森林植被、文物古迹、风景名胜等自然环境和社会环境。项目环境影响评价应坚持以下原则：

（1）符合国家环境保护法律、法规和环境功能规划的要求。

（2）坚持污染物排放总量控制和达标排放的要求。

（3）坚持"三同时"原则，即环境治理设施应与项目的主体工程同时设计、同时施工、同时投产使用。

（4）力求环境效益与经济效益相统一，在研究环境保护治理措施时，应从环境效益经济效益相统一的角度进行分析论证，力求环境保护治理方案技术可行和经济合理。

（5）注重资源综合利用，对环境治理过程中项目产生的废气、废水、固体废弃物，应提出回水处理和再利用方案。

二、环境条件调查

环境条件主要调查以下几方面的状况：

（1）自然环境。调查项目所在地的大气、水体、地貌、土壤等自然环境状况。

（2）生态环境。调查项目所在地的森林、草地、湿地、动物栖息、水土保持等生态环境状况。

（3）社会环境。调查项目所在地居民生活、文化教育卫生、风俗习惯等社会环境状况。

（4）特殊环境。调查项目周围地区名胜古迹、风景区、自然保护区等环境状况。

三、影响环境因素分析

影响环境因素分析，主要分析项目建设过程中破坏环境，生产运营过程中污染环境，导致环境质量恶化的主要因素。

1. 污染环境因素分析

分析生产过程中产生的各种污染源，计算排放污染物数量及其对环境的污染程度。

（1）废气。分析气体排放点，计算污染物产生量和排放量、有害成分和浓度，研究排放特征及其对环境危害程度。编制废气排放一览表，见表 3-17。

表 3-17　　　　　　　　　废 气 排 放 一 览 表

序号	车间或装置名称	污染源名称	产生量 (m³/h)	排放量 (m³/h)	组成及特性数据					排放特征			排放方式
					成分名称	数量				温度 (℃)	压力 (Pa)	高度 (m)	
						kg/h		mg/m³					
						产生	排放	产生	排放				
1													
2													
3													

（2）废水。分析工业废水（废液）和生活污水的排放点，计算污染物产生量与排放数量、有害成分和浓度，研究排放特征、排放去向及其对环境危害程度。应编制废水排放一览表，见表 3-18。

表 3-18　　　　　　　　　　　　废 水 排 放 一 览 表

序号	车间或装置名称	污染源名称	产生量(m³/h)	排放量(m³/h)	组成及特性数据			排放特征		排放方式
					成分名称	数量(mg/L)		温度(℃)	压力(Pa)	
						产生量	排放量			
1										
2										
3										

（3）固体废弃物。分析计算固体废弃物产生量与排放量、有害成分，及其对环境造成的污染程度。编制固体废弃物排放一览表，见表 3-19。

表 3-19　　　　　　　　　　　固体废弃物排放一览表

序号	车间或装置名称	固体废弃物名称	产生数量(t/a)	组成及特性数据	固体废弃物处理方式	排放数量(t/a)
1						
2						
3						

（4）噪声。分析噪声源位置，计算声压等级，研究噪声特征及其对环境造成的危害程度。编制噪声源一览表，见表 3-20。

表 3-20　　　　　　　　　　　噪 声 源 一 览 表

序号	噪声源位置	噪声源名称	台数	技术参数(规格型号)	噪声特征			声压级 dB（A）		
					连续	间断	瞬间	估算值	参考值	采用值
1										
2										
3										

（5）粉尘。分析粉尘排放点，计算产生量与排放量，研究组分与特征、排放方式，及对环境造成的危害程度。应编制粉尘排放一览表，见表 3-21。

表 3-21　　　　　　　　　　　粉 尘 排 放 一 览 表

序号	车间或装置名称	粉尘名称	产生数量(t/a)	排放数量(t/a)	组分及特性数据	排放方式
1						
2						
3						
4						

（6）其他污染物。分析生产过程中产生的电磁波、放射性物质等污染物发生的位置、特征，计算强度值及其对周围环境的危害程度。

2. 破坏环境因素分析

分析项目建设施工和生产运营对环境可能造成的破坏因素，预测其破坏程度，主要包括以下方面：

（1）对地形、地貌等自然环境的破坏。

（2）对森林草地植被的破坏，如引起的土壤退化、水土流失等。

（3）对社会环境、文物古迹、风景名胜区、水源保护区的破坏。

四、环境保护措施

在分析环境影响因素及其影响程度的基础上，按照国家有关环境保护法律、法规的要求，研究提出治理方案。

1. 治理措施方案

应根据项目的污染源和排放污染物的性质，采用不同的治理措施。

（1）废气污染治理。可采用冷凝、吸附、燃烧和催化转化等方法。

（2）废水污染治理。可采用物理法（如重力分离、离心分离、过滤、蒸发结晶、高磁分离等）、化学法（如中和、化学凝聚、氧化还原等），物理化学法（如离子交换、电渗析、反渗透、气泡悬上分离、汽提吹脱、吸附萃取等），生物法（如自然氧池、生物滤化、活性污泥、厌氧发酵）等方法。

（3）固体废弃物污染治理。有毒废弃物可采用防渗漏池堆存；放射性废弃物可采用封闭固化；无毒废弃物可采用露天堆存；生活垃圾可采用卫生填埋、堆肥、生物降解或者焚烧方式处理；利用无毒害固体废弃物加工制作建筑材料或者作为建材添加物，进行综合利用。

（4）粉尘污染治理。可采用过滤除尘、湿式除尘、电除尘等方法。

（5）噪声污染治理。可采用吸声、隔声、减振、隔振等措施。

（6）建设和生产运营引起环境破坏的治理。对岩体滑坡、植被破坏、地面塌陷、土壤劣化等，应提出相应治理方案。

（7）在可行性研究中，应在环境治理方案中列出所需的设施、设备和投资。

2. 治理方案比选

对环境治理的各局部方案和总体方案进行技术经济比较，并作出综合评价。比较、评价的主要内容有：

（1）技术水平对比。分析对比不同环境保护治理方案所采用的技术和设备的先进性、适用性、可靠性和可得性。

（2）治理效果对比。分析对比不同环境保护治理方案在治理前及治理后环境指标的变化情况，以及能否满足环境保护法律法规的要求。

（3）管理及监测方式对比。分析对比各治理方案所采用的管理和监测方式的优缺点。

（4）环境效益对比。将环境治理保护所需投资和环保设施运行费用与所获得的收益相比较。效益费用比值较大的方案为优。

治理方案经比选后，提出推荐方案，并编制环境保护治理设施和设备表。

第三节　工程项目风险分析

投资项目风险分析是在市场预测、技术方案、工程方案、融资方案和社会评价论证中已进行的初步风险分析的基础上，进一步综合分析识别拟建项目在建设和运营中潜在的主要风险因素，揭示风险来源，判别风险程度，提出规避风险对策，降低风险损失。

一、风险因素识别

项目风险分析贯穿于项目建设和生产运营的全过程。在可行性研究阶段应着重识别以下风险：

（1）市场风险。市场风险一般来自三个方面：一是市场供需实际情况与预测值发生偏离；二是项目产品市场竞争力或者竞争对手情况发生重大变化；三是项目产品和主要原材料的实际价格与预测价格发生较大偏离。

（2）资源风险。资源风险主要指资源开发项目，如金属矿、非金属矿、石油、天然气等矿产资源的储量、品位、可采储量、工程量等与预测发生较大偏离，导致项目开采成本增加，产量降低或者开采期缩短。

（3）技术风险。项目采用技术（包括引进技术）的先进性、可靠性、适用性和可行性与预测方案发生重大变化，导致生产能力利用率降低，生产成本增加，产品质量达不到预期要求等。

（4）工程风险。工程地质条件、水文地质条件与预测发生重大变化，导致工程量增加、投资增加、工期拖长。

（5）资金风险。资金供应不足或者来源中断导致项目工期拖期甚至被迫终止；利率、汇率变化导致融资成本升高。

（6）政策风险。政策风险主要指国内外政治经济条件发生重大变化或者政府政策作出重大调整，项目原定目标难以实现甚至无法实现。

（7）外部协作条件风险。交通运输、供水、供电等主要外部协作配套条件发生重大变化，给项目建设和运营带来困难。

（8）社会风险。预测的社会条件、社会环境发生变化，给项目建设和运营带来损失。

（9）其他风险。

二、风险评估方法

1. 风险等级划分

风险等级按风险因素对投资项目影响程度和风险发生的可能性大小进行划分，风险等级分为一般风险、较大风险、严重风险和灾难性风险。

（1）一般风险。风险发生的可能性不大，或者即使发生，造成的损失较小，一般不影响项目的可行性。

（2）较大风险。风险发生的可能性较大，或者发生后造成的损失较大，但造成的损失程度是项目可以承受的。

（3）严重风险。有两种情况：一是风险发生的可能性大，风险造成的损失大，使项目由可行变为不可行；二是风险发生后造成的损失严重，但是风险发生的概率很小，采取有效的防范措施，项目仍然可以正常实施。

（4）灾难性风险。风险发生的可能性很大，一旦发生将产生灾难性后果，项目无法承受。

2. 风险评估方法

风险评估可采用多种方法。可行性研究阶段应根据项目具体情况和要求选用以下方法：

（1）简单估计法。

1）专家评估法。这种方法是以发函、开会或其他形式向专家咨询，对项目风险因素及其风险程度进行评定，将多位专家的经验集中起来形成分析结论。为减少主观性和偶然性，评估专家的人数一般不少于10位。具体操作上，可先请每位专家凭借经验独立对各类风险因素的风险程度作出判断，然后将每位专家的意见归集起来进行分析，将风险程度按灾难性风险、严重风险、较大风险、一般风险进行分类，并编制项目风险因素和风险程度分析表，见表3-22。

表3-22　　　　　　　　　　风险因素和风险程度分析表

序号	风险因素名称	风险程度				说明
		灾难性	严重	较大	一般	
1	市场风险					
1.1	市场需求量					
1.2	竞争能力					
1.3	价格					
2	资源风险					
2.1	资源储量					
2.2	品位					
2.3	采选方式					
2.4	开拓工程量					
3	技术风险					
3.1	先进性					
3.2	适用性					
3.3	可靠性					
3.4	可得性					
4	工程风险					
4.1	工程地质					
4.2	水文地质					
4.3	工程量					
5	资金风险					

序号	风险因素名称	风险程度				说明
		灾难性	严重	较大	一般	
5.1	汇率					
5.2	利率					
5.3	资金来源中断					
5.4	资金供应不足					
6	政策风险					
6.1	政治条件变化					
6.2	经济条件变化					
6.3	政策调整					
7	外部协作条件风险					
7.1	交通运输					
7.2	供水					
7.3	供电					
8	社会风险					
9	其他风险					

2) 风险因素取值评定法。这种方法是通过估计风险因素的最乐观值、最悲观值和最可能值，计算期望值，将期望值的平均值与已确定方案的数值进行比较，计算两者的偏差值和偏差程度，据以判别风险程度。偏差值和偏差程度越大，风险程度越高。具体方法见表 3-23。

表 3-23　　　　　　　　　　　　风险因素取值评定表

专家号	最乐观值（A）	最悲观值（B）	最可能值（C）	期望值（D） $D=[(A)+4(C)+(B)]/6$
1				
2				
3				
...				
n				
期望平均值				
偏差值				
偏差程序				

注：1. 表中期望平均值 $=\left[\sum\limits_{i=1}^{n}(D_f)\right]/n$

式中　i——专家号；

　　　n——专家人数。

2. 表中偏差值＝期望平均值－已确定方案值。

3. 表中偏差程度＝偏差值/已确定方案值。

简单估计法只能对单个风险因素判断其风险程度。若需要研究风险因素发生的概率和对项目的影响程度，应进行概率分析。

（2）概率分析。概率分析是运用概率方法和数理统计方法，对风险因素的概率分布和风险因素对评价指标的影响进行定量分析。

概率分析，首先预测风险因素发生的概率，将风险因素作为自变量，预测其取值范围和概率分布；再将选定的评价指标作为因变量，测算评价指标的相应取值范围和概率分布，计算评价指标的期望值，以及项目成功的概率。

概率分析一般按下列步骤进行：

1）选定一个或几个评价指标，通常是将财务内部收益率、财务净现值等作为评价指标。

2）选定需要进行概率分析的风险因素，通常有产品价格、销售量、主要原材料价格、投资额，以及外汇汇率等。针对项目的不同情况，通过敏感性分析，选择最为敏感的因素进行概率分析。

3）预测风险因素变化的取值范围及概率分布。一般分为两种情况：一是单因素概率分析，即设定一个自变量因素变化，其他因素均不变化，进行概率分析；二是多因素概率分析，即设定多个自变量因素同时变化，进行概率分析。

4）根据测定的风险因素值和概率分布，计算评价指标的相应取值和概率分布。

5）计算评价指标的期望值和项目可接受的概率。

6）分析计算结果，判断其可接受性，研究减轻和控制风险因素的措施。

风险因素概率分布的测定是概率分析的关键，也是进行概率分析的基础。例如，将产品售价作为概率分析的风险因素，需要测定产品售价的可能区间和在可能区间内各价位发生变化的概率。风险因素概率分布的测定方法，应根据评价需要，以及资料的可得性和费用条件来选择，或者通过专家调查法确定，或者用历史统计资料和数理统计分析方法进行测定。

评价指标的概率分布可采用理论计算方法或者模拟计算方法。风险因素概率服从离散型分布的，可采用理论计算法，即根据数理统计原理，计算出评价指标的相应数值、概率分布、期望值方差、标准差等；当随机变量的风险因素较多，或者风险因素变化值服从连续分布，不能用理论计算法计算时，可采用模拟计算法，即以有限的随机抽样数据，模拟计算评价指标的概率分布，如蒙特卡洛模拟法。

三、风险防范对策

风险分析的目的是研究如何降低风险程度或者规避风险，减少风险损失。在预测主要风险因素及其风险程度后，应根据不同风险因素提出相应的规避和防范对策，以期减小可能的损失。在可行性研究阶段可能提出的风险防范对策主要有以下几种：

1. 风险回避

风险回避是彻底规避风险的一种做法，即断绝风险的来源。它对投资项目可行性研究而言，意味着可能彻底改变方案甚至否定项目建设。例如，风险分析显示产品市场存在严重风险，若采取回避风险的对策，应做出缓建或者放弃项目的建议。需要指出，回避风险对策，在某种程度上意味着丧失项目可能获利的机会，因此只有当风险因素可能造成的损失相当严重或者采取措施防范风险的代价过于昂贵，在得不偿失的情况下，才应采用风险回避对策。

2. 风险控制

风险控制是对可控制的风险，提出降低风险发生可能性和减少风险损失程度的措施，并从技术和经济相结合的角度论证拟采取控制风险措施的可行性与合理性。

3. 风险转移

风险转移是将项目可能发生风险的一部分转移出去的风险防范方式。风险转移可分为保险转移和非保险转移两种。保险转移是向保险公司投保，将项目部分风险损失转移给保险公司承担；非保险转移是将项目的一部分风险转移给项目承包方，如项目技术、设备、施工等可能存在风险，可在签订合同中将部分风险损失转移给合同方承担。

4. 风险自担

风险自担是将拟建项目可能的风险损失留给自己承担。这种方式适用于已知有风险存在，但可获高利回报且甘愿冒险的项目，或者风险损失较小，可以自行承担风险损失的项目。

第四章　工程项目可行性研究报告模板及案例

第一节　工程项目可行性研究报告模板

一、可行性研究报告目录

4.3.2　厂址推荐方案

第 5 章　工厂技术方案

5.1　项目组成

5.2　生产技术方案

5.2.1　产品标准

5.2.2　生产方法

5.2.3　技术参数和工艺流程

5.2.4　主要工艺设备选择

5.2.5　主要原材料、燃料、动力消耗指标

5.2.6　主要生产车间布置方案

5.3　总平面布置和运输

5.3.1　总平面布置原则

5.3.2　厂内外运输方案

5.3.3　仓储方案

5.3.4　占地面积及分析

5.4　土建工程

5.4.1　主要建（构）筑物的建筑特征与结构设计

5.4.2　特殊基础工程的设计

5.4.3　建筑材料

5.4.4　土建工程造价估算

5.5　其他工程

5.5.1　给水排水工程

5.5.2　动力及公用工程

5.5.3　地震设防

5.5.4　生活福利设施

第 6 章　环境保护与劳动安全

6.1　建设地区的环境现状

6.1.1　项目的地理位置

6.1.2　地形、地貌、土壤、地质、水文、气象

6.1.3　矿藏、森林、草原、水产和野生动物、植物、农作物

6.1.4　自然保护区、风景游览区、名胜古迹以及重要政治文化设施

6.1.5　现有工矿企业分布情况

6.1.6　生活居住区分布情况和人口密度、健康状况、地方病等情况

6.1.7　大气、地下水、地面水的环境质量状况

6.1.8　交通运输情况

6.1.9　其他社会经济活动污染、破坏现状资料

6.2　项目主要污染源和污染物

6.2.1　主要污染源

第 12 章　财务报表

第 13 章　附件

二、可行性研究报告编写相关说明

第 1 章　项目总论

总论作为可行性研究报告的首章，要综合叙述研究报告中各章节的主要问题和研究结论，并对项目的可行与否提出最终建议，为可行性研究的审批提供方便。总论章可根据项目的具体条件，参照下列内容编写。

1.1　项目背景

1.1.1　项目名称

企业或工程的全称，应和项目建议书所列的名称一致。

1.1.2　项目承办单位

承办单位是指负责项目筹建工作的单位，应注明单位的全称和总负责人。

1.1.3　项目主管部门

注明项目所属的主管部门，或所属集团、公司的名称。中外合资项目应注明投资各方所属部门。集团或公司的名称、地址及法人代表的姓名、国籍。

1.1.4　项目拟建地区、地点

1.1.5　承担可行性研究工作的单位和法人代表

如由若干单位协作承担项目可行性研究工作，应注明各单位的名称及其负责的工程名称、总负责单位和负责人。如与国外咨询机构合作进行可行性研究的项目，则应将承担研究工作的中外各方的单位名称、法人代表以及所承担的工程、分工和协作关系等，分别说明。

1.1.6　研究工作依据

在可行性研究中作为依据的法规、文件、资料、要列出名称、来源、发布日期。并将其中必要的部分全文附后，作为可行性研究报告的附件，这些法规、文件、资料大致可分为 4 个部分。

（1）项目主管部门对项目的建设要求所下达的指令性文件；对项目承办单位或可行性研究单位的请示报告的批复文件。

（2）可行性研究开始前已经形成的工作成果及文件。

（3）国家和拟建地区的工业建设政策、法令和法规。

（4）根据项目需要进行调查和收集的设计基础资料。

1.1.7　研究工作概况

（1）项目建设的必要性。简要说明项目在行业中的地位，该项目是否符合国家的产业政策、技术政策、生产力布局要求，项目拟建的理由与重要性。

（2）项目发展及可行性研究工作概念。叙述项目的提出及可行性研究工作的进展概况，其中包括技术方案的优选原则、厂址选择原则及成果、环境影响报告的编制情况、涉外工作的准备及进展情况等，要求逐一简要说明。

1.2　可行性研究结论

在可行性研究中，对项目的产品销售、原料供应、生产规模、厂址技术方案、资金总额及筹措、项目的财务效益与国民经济、社会效益等重大问题，都应得出明确的结论，本节需将对有关章节的研究结论作简要叙述，并提出最终结论。

1.2.1　市场预测和项目规模

(1) 市场需求量简要分析。

(2) 计划销售量、销售方向。

(3) 产品定价及销售收入预测。

(4) 项目拟建规模。

(5) 主要产品及副产品品种和产量。

1.2.2　原材料、燃料和动力供应

(1) 项目投产后需用的主要原料、燃料、主要辅助材料以及动力数量、规格、质量和来源。

(2) 需用的主要工业产品和半成品的名称、规格、需用量及来源等。

(3) 进口原料、工业品的名称、规格、年用量、来源及必要性。

1.2.3　厂址

(1) 地理位置、占地面积及必要性。

(2) 水源及取水条件。

(3) 废水、废渣排放堆置条件。

1.2.4　项目工程技术方案

(1) 项目范围，即主要的生产设施、辅助设施、公用工程、生活设施内容。

(2) 采用的生产方法、工艺技术。

(3) 主要设备的来源，如需向国外引进，则简要说明引进的国别、技术特点、型号等。

1.2.5　环境保护

(1) 排放污染物的种类、数量，是否达到国家规定的排放标准。

(2) 主要治理设施及投资。

1.2.6　工厂组织及劳动定员

(1) 工厂组织形式和劳动制度。

(2) 全厂总定员及各类人员需要量。

(3) 劳动力来源。

1.2.7　项目建设进度

1.2.8　投资估算和资金筹措

(1) 项目所需总投资额。分别说明项目所需固定资产投资总额、流动资金总额，并按人民币、外币分别列出。

(2) 资金来源。贷款额、贷款利率、偿还条件。合资项目要分别列出中、外各方投资额、投资方式和投资方向。

1.2.9　项目财务和经济评论

(1) 项目总成本、单位成本。

(2) 项目总收入，包括销售收入和其他收入。

（3）财务内部收益率、财务净现值、投资回收期、贷款偿还期、盈亏平衡点等指标计算结果。

（4）经济内部收益率，经济净现值、经济换汇成本等指标计算结果。

1.2.10　项目综合评价结论

1.3　主要技术经济指标表

在总论章中，可将研究报告各章节中的主要技术经济指标汇总，列出主要技术经济指标表，使审批和决策者对项目全貌有一个综合了解。

主要技术指标表根据项目有所不同，一般包括：生产规模、全年生产数、全厂总定员，主要原材料、燃料、动力年用量及消耗定额、全厂综合能耗及单位产品综合能耗，全厂占地面积、全员劳动生产率，年总成本、单位产品成本、年总产值、年利税总额、财务内部收益率，借款偿还期，经济内部收益率，投资回收期等。

1.4　存在问题及建议

对可行性研究中提出的项目的主要问题进行说明并提出解决的建议。

第2章　项目背景和发展概况

这一部分主要应说明项目的发起过程、提出的理由、前期工作的发展过程、投资者的意向、投资的必要性等可行性研究的工作基础。为此，需将项目的提出背景与发展概况作系统地叙述。说明项目提出的背景、投资理由、在可行性研究前已经进行的工作情况及其成果、重要问题的决策和决策过程等情况。在叙述项目发展概况的同时，应能清楚地提示出本项目可行性研究的重点和问题。

2.1　项目提出的背景

2.1.1　国家或行业发展规划

说明国家有关的产业政策、技术政策、分析项目是否符合这些宏观经济要求。

2.1.2　项目发起人和发起缘由

（1）写明项目发起单位或发起人的全称。如为中外合资项目，则要分别列出各方法人代表、注册国家、地址等详细情况。

（2）提出项目的理由及投资意向，如资源丰富、产品市场前景好、出口换汇、该类产品可取得的优惠政策、利用现有的基础设施等。

2.2　项目发展概况

项目发展概况指项目在可行性研究前所进行的工作情况。如调查研究、试制试验、项目建议书的编制与审批过程、厂址初选工作以及筹办工作中的其他重要事项。

2.2.1　已进行的调查研究项目及其成果

（1）资源调查，包括原料、水资源、能源和二次能源的调查。

（2）市场调查，包括全国性和地区性市场情况调查；出口产品国际市场供需趋势调查。

（3）社会公用设施调查，包括运输条件、公用动力供应、生活福利设施等的调查。

（4）拟建地区环境现状资料的调查，包括拟建地区各种主要污染源以及其排放状况，大气、水体、土壤等目前环境质量状况等。说明环境现状资料的取得途径、提供单位、以及当地环保管理部门的意见和要求，取得的环境现状资料及文件名称。

2.2.2　试验试制工作情况

已完成及正在进行的试验试制工作的名称、内容及试验结果。这些试验包括建筑材料的试验、拟采用的新工艺技术的试验。对采用的新工艺技术必须有国家有关部门的认可证明。

2.2.3　厂址初勘和初步测量工作情况

(1) 各个可供选择的建设地区及厂址位置的初勘、测量、比选等工作情况。

(2) 初步选择意见和资料。

(3) 遗留问题。

2.2.4　项目建议书的编制、提出及审批过程

(1) 项目建议书的编制、提出及审批过程。

(2) 项目建议书所附资料名称。

(3) 审批文件文号及其要点。

2.3　投资的必要性

一般从企业本身所获得的经济效益及项目对宏观经济、对社会发展所产生的影响两方面来说明投资的必要性。包括下面这些内容。

(1) 企业获得的利润情况。

(2) 企业可以提高产品质量，加强市场竞争力。

(3) 扩大生产能力，改变产品结构。

(4) 采用新工艺，节约能源，减少环境污染，提高劳动生产率。

(5) 产品进入国际市场的优越条件和竞争力。

(6) 对当地经济、社会发展的积极影响。包括增加税收、提高就业率、提高科技水平等。

第3章　市场分析与建设规模

市场分析在可行性研究中的重要地位在于，任何一个项目，其生产规模的确定、技术的选择、投资估算甚至厂址的选择，都必须在对市场需求情况有了充分了解之后才能解决，而且市场分析的结果，还可以决定产品的价格、销售收入，最终影响项目的营利能力和可行性。在可行性研究报告中，要详细阐述市场需求预测、价格分析，并确定建设规模。

3.1　市场调查

3.1.1　拟建项目产出物用途调查

本产品的主要用途，可否有替代其他产品的用途，如果产品是工业基本原料，应分别说明本项目产品在主要使用行业的用途及单位消耗量。

产品经济寿命期论述。调查本产品目前处于经济寿命周期的哪一个阶段，更新换代的可能时间。

3.1.2　产品现有生产能力调查

(1) 本项目产品国内现有生产能力总量，现有生产能力开工率；主要生产厂家生产能力利用率。

(2) 国内现有生活能力总量在本地区的分布数量与比例。

（3）本产品目前在建项目的生产能力及其在地区间的分布、数量与比例。

（4）已批拟开工建设项目的生产能力，预计投产年月。

（5）在建设项目和已批待开工建设项目，目前虽然没有形成综合生产能力，但却是生产能力的组成部分。

3.1.3　产品产量及销售量调查

（1）全国或地区目前的产量总数。

（2）本产品一段时期以来的产量变化情况。

（3）本产品国内保有量与国外有关国家保有量的分析比较，以了解国内保有量是多还是少，说明本产品市场需求满足程度。

（4）本产品一段时期以来的进口量及进口来源，主要来自哪些国家或地区；占国内生产量或销售量的比例；进口产品的价格等。

（5）本产品一段时期以来的出口量及出口去向，占国内生产量的比例；主要向哪些国家或地区出口，出口产品的价格等。

3.1.4　替代产品调查

（1）可替代本产品的产品性能、质量与本产品相比的优缺点。

（2）可替代产品的国内生产能力、产量；可作替代用途的比例；价格分析。

（3）可替代产品进口可能性及价格。

3.1.5　产品价格调查

（1）产品的定价管理办法，是由国家控制价格还是由市场定价。

（2）产品销售价格，价格变动趋势，最高价格和最低价格出现的时间、原因。

3.1.6　国外市场调查

（1）产品国外的主要生产国家或地区。

（2）国外主要生产厂的生产技术、生产能力、销售量。

（3）产品国际市场销售价格及其变动趋势。

（4）我国进口该种产品的主要进口国的生产能力及变化趋势。

3.2　市场预测

市场预测是市场调查在时间和空间上的延续，是利用市场调查所得到的信息资料，根据市场信息资料分析报告的结论，对本项目产品未来市场需求量及相关因素所进行的定量与定性的判断与分析。在可行性研究工作中，市场预测的结论是制订产品方案、确定项目建设规模所必需的依据。

3.2.1　国内市场需求预测

可行性研究工作中，应对下述各项与市场预测有关的因素加以说明。

（1）本产品的消耗对象。

（2）本产品的消费条件。消费条件因产品特点性能而异，如汽车的消费需要具备相应的道路交通条件；电视机、电冰箱的消费需要有电等。预测某一种产品的市场需求量时，应将那些不具备消费条件的消费领域从消费对象总量中剔除掉。

（3）本产品更新周期的特点，说明本产品有效经济寿命的长短。

（4）可能出现的替代产品，即代用品。

（5）本产品使用中可能产生的新用途。产品新用途的出现，意味着扩大了本产品的消费领域，扩大了市场需求容量。

根据以上分析，预测本产品国内需求量及与现有生产能力的差距。

3.2.2 产品出口或进口替代分析

（1）替代进口分析。将本产品与目前进口产品从性能、重量、价格、配件、维修等方面进行比较，说明本产品的优势和有利条件。

（2）出口可行性分析。如果拟建项目的产品在质量和技术等方面，具备在国际市场上进行竞争的能力，则应考虑国外市场对本产品的需求。

（3）分析国家对该种产品的出口有何限制条件或鼓励措施，该产品进口国的贸易政策，该产品出口流向，出口价格是否有利。

通过以上分析，预测本项目产品可能的替代进口量或出口量。

3.2.3 价格预测

进行产品价格预测，要考虑产品产量、质量、同类产品目前价格水平，还要分析国际、国内市场价格变化趋势，国家的物价政策变化、产品全社会供需变化等因素；产品降低生产成本的措施和可能性；为扩大市场需采用的价格策略等，综合以上因素，预测产品可能的销售价格。

对拟增加出口的产品或替代进口产品，还要参照国际市场价格及变化趋势定价，如产品外销，应附有有关方面承诺外销的意向书。

3.3 市场推销战略

在商品经济环境中，企业不可能仍然依靠国家统购包销完成销售额。企业要根据市场情况，制定合适的销售战略，争取扩大市场份额，稳定销售价格，提高产品竞争能力。因此，在可行性研究中要对市场推销战略进行相应研究。

3.3.1 推销方式

（1）投资者分成。

（2）企业自销。

（3）国家部分收购。

（4）经销人代销及代销人情况分析。

3.3.2 推销措施

（1）销售和经销机构的建立。

（2）销售网点规划。

（3）广告及宣传计划。

（4）咨询服务和售后维修措施。

3.3.3 促销价格制度

促销价格制定可根据市场销售预测情况确定，一般用于产品投产初期，以较低价格、同等质量、优良的售后服务扩大市场占有份额。

投产初期产品以较低价格出售，会对销售收入产生影响，因此价格制定要合理，并应采取相应的成本控制措施。在一定时期后，可根据产品销售情况逐渐将产品价格提高到一定水平。

3.3.4　产品销售费用预测

产品销售费用包括建立销售机构、销售网点、培训销售人员、产品广告宣传、咨询及售后维修服务费用，在可行性研究中，应根据制订的产品销售计划，分别估算产品销售费用。对某些产品，销售费用在成本中占很大比例的，不可忽略不计。

3.4　产品方案和建设规模

3.4.1　产品方案

（1）列出产品名称。有多种产品时，应逐一列出主产品和主要副产品名称。

（2）产品规格标准。说明产品规格、标准选择依据。

3.4.2　建设规模

建设规模又叫设计生产能力，是指项目生产一定质量标准的产品的最大能力。一般用实物单位或标准实物单位来计量。

（1）建设总规模。说明主要产品年产量，主要副产品年产量，主要设备装置。

（2）主要生产车间的生产能力，生产线数量。

（3）说明项目经济规模，不同规模下项目效益与费用的比较分析，说明本项目确定的建设规模的合理性。

（4）如果项目采用分期建设方法，应说明项目总规模、分期建设规模并说明分期建设的起止时期、各期建设的主要内容。

3.5　产品销售收入预测

根据确定的产品方案和建设规模及预测的产品价格，可以估算产品销售收入。

产品销售收入：可以分别计算主要产品和副产品的年销售总收入，并计算销售收入和计算期内销售总收入，销售收入一般列表表示。

第4章　建设条件与厂址选择

根据前面部门中关于产品方案与建设规模的论证和建议，在这一部分中按建议的产品方案和规模来研究资源、原料、燃料、动力等的需求和供应的可靠性；并对可供选择的厂址做进一步技术与经济比较，确定新厂址方案。

4.1　资源和原材料

4.1.1　资源评述

资源是指项目需要利用的自然资源，如矿藏、森林、生物、土壤、地面或地下水资源等。项目所需资源的来源、数量、运输方式、供应条件以及今后发展和开发趋势等，均是项目建设的前提条件。在可行性研究报告中，对项目在有效期间所需资源及其来源的可靠性，应做深入调查和科学论证，并就下列内容进行说明分析。

（1）项目需用的资源名称、经全国矿产资源委员会正式批准的储量、品位、成分、产地或供应点。

（2）资源品位、成分与需用要求的适应性。

（3）资源开采方式。要说明自行开采、计划供应、市场供应或合资开发等不同方式。

（4）本项目年最大需用量、资源的可能供应量及今后生产发展所需资源扩大供应的可能性。

（5）在已有资源不能满足拟建项目生产规模需求时，提出相应的措施，如增加进口、调整建设规模或分期建设等。

4.1.2　原材料及主要辅助材料供应

（1）原材料、主要辅助材料需用量及供应。按项目的生产要求，分别叙述所需的原材料及主要辅助材料的名称、品种、规格、成分、质量以及年需用量，并分别编制。

1）原材料及主要辅助材料需用量表。

2）有害有毒、易燃易爆材料、物料需用量表。

3）需进口的原材料表。

说明进口原材料的理由和一旦来源有变化时的应变措施，分析预测原材料国产化前景及分年度国产化的提高幅度。

对季节性生产的原料，如农、林、水产品等，需说明短期进货数量。

（2）燃料动力及其他公用设施的供应。燃料、动力及其他公用设施是指生产需用的煤、电、水、汽、气、油等，在可行性研究报告中，需说明生产所需燃料、动力及公用设施的数量和需由项目自建的种类和规模以及可以利用的现有的燃料、动力数量。

1）燃料品种的选择，应说明其依据，如执行国家能源政策、适应地区条件、满足生产特殊要求等。分别列出燃料需用量、来源、运输方式，进行燃料成分分析。

2）电力最大需用负荷、供电来源及其稳定性、需要自建电力设施和投资估算。

3）最大需水量、水源及其供应可能性，是否需增加供水设施。

4）热源及供热要求。

5）其他设施，如油、气、汽需用量、供应量及需要增加设施的情况。

（3）主要原材料、燃料动力费用估算。将主要原材料、零配件和外购燃料动力分别计算费用，其他材料可合并估算。

4.1.3　需要做生产试验的原料

生产特定产品的某些原料因尚无生产实践经验；或使用指定的原料而尚无成熟的生产和工艺；或使用原有的生产方法生产新产品还缺乏必要的生产数据等各种原因，需要对原料进行生产试验，以确定技术参数和消耗指标，测定产品质量，取得主要设备选型的各项数据。在可行性研究中需说明以下两点。

（1）需要试验的原料名称、试验目的和要求。

（2）试验或试生产方法。

4.2　建设地区的选择

选择建厂地区，除须符合行业布局、国土开发整治规划外，还应考虑资源、区域地质、交通运输和环境保护等4要素。其原则是：自然条件适合于项目的特定生产需要和排放要求；合理地靠近原料和市场；具有良好的投资环境和公共政策；运输条件优越；有可供利用的社会基础设施和协作条件；土地使用有优惠条件，可不占或少占良田，地质条件符合要求。在作方案比选时，应着重论证所选地区在行业政策上的正确性、技术上的可行性和经济上的合理性。

4.2.1　自然条件

（1）拟建厂地区的地理位置、地形、地貌基本情况和区域地质、地震、防洪等历史数据。

（2）水源和水文地质条件调查分析。包括地面水或地下水量和水质的分析、在枯水期的可能供应量及水质变化、地区今后水源开发和可利用水量增长情况。

（3）气象条件。收集分析地区气温、湿度、降水量、日照、风等资料，对需要增设防风沙、抗高温、改善光照等设施的地区，需进行费用估算。

4.2.2 基础设施

叙述拟建地区与项目直接有关的公用事业及基础设施的情况和可供利用的条件，从不同地区、不同条件中选取最有利的地区。

（1）供电、电源情况；近远期可能的供电量及电压；费用及计费方式；供电部门的要求。

（2）供水、水源情况；近、远期可能的供水量及水质；费用及计算方式；供水部门的要求。

（3）运输。地区内各种运输线路的分布；码头的位置和地形；运输费用；运输能力及其发展规划等。

（4）排水。排水条件；容污水能力；当地环保部门对污水排放的要求等。

（5）电信、供热、供气等公用设施及可利用的种类、容量、技术特征等。

（6）施工条件包括建筑材料及制品的供应条件；施工劳动力来源；施工运输条件；施工用动力来源等。

（7）市政建设及生活设施。包括当地的卫生、邮电、文化教育。

4.2.3 社会经济条件

社会经济条件主要指地区的工农业生产水平及近远期发展规划、与本项目有关的现有企业、技术工人来源等在项目建成后所需社会协作的条件。

4.2.4 其他应考虑的因素

项目选择建厂地区还应考虑其他特殊的要求。在选择下列地区建厂时应特别慎重，要取得有关部门和群众的认可。

（1）风景区、名胜古迹、自然保护区。

（2）水土保持禁垦区。

（3）矿山作业等爆破危险区。

（4）有放射污染或有害气体污染严重的地区及传染病、地方病流行或常发区。

（5）军事设防区。

（6）生活饮用水源的卫生防护地带。

（7）民族宗教风俗有特殊要求的地区。

4.3 厂址选择

在实际工作中，具体厂址的选择不一定要与建设地区的选择分开，往往是厂址选择与建厂地区的选择合并进行。两者通常是相辅相成、相互牵制地交叉进行的。在可行性研究报告中，如果需要可以分别叙述。

选择厂址通常是随基本建设程序的各个工作阶段逐步深入的。项目建议书阶段需提出厂址初选意见；进行可行性研究时，应提出具体厂址的推荐建议；进图初步设计阶段时，对厂址的各种条件需作详细勘察和落实，最终确认厂址，标定四周界址。

4.3.1　厂址多方案比较

建设地区选定以后，就在这个地区内选择若干个可供建厂的地段，做具体分析比较，从中选取一个比较理想的厂址。并编写厂址选择报告作为可行性研究报告的附件，研究报告中仅需叙述选择要点和厂址的主要优缺点。有关选厂所需的调查资料、勘察和测量资料、取舍理由、论证等均应编写入选厂报告内。确定厂址，需作多方案比较，一般可按下列内容进行。

（1）地形、地貌、地质的比较。

1）工厂输出、输入交通线、供电、取水、排污等与外界产生直接关系的方位、地形。

2）平整土地、防水、防洪、废渣堆置、四邻地物。

（2）占地土地情况的比较。比较占用耕地、林地、荒地、山坡等面积的比例，以尽可能少占耕地、林地为原则，做出占地用地情况的评价。

（3）拆迁情况的比较。包括原有地面建筑物需拆除的数量、原有居民需迁移的人数及拆迁安排等条件和难度的比较。

（4）各项费用的比较。由于各个可供选择地段条件不同，在费用上会产生较大差别，需作多方案比较。

1）土地费用。如土地购置、拆迁、场地整治、青苗赔偿以及土方处理等费用比较。

2）交通运输整治费。如需要建设或整治的运输线路，转运场站等费用比较。

3）基础处理费。如不同工程地质需用不同地基和基础处理的费用比较。

4）取水、防洪、排污设施所需费用比较。

5）抗震所需费用比较。

6）环境保护、生活设施等费用的比较。

4.3.2　厂址推荐方案

（1）绘制推荐厂址的位置图。在有等高线的地形图上标明厂址四周界址、厂址内生产区、生活区、厂外工程、取水点、排污点、堆场、运输线等位置及四邻居民点和主要生产企业的相互位置。说明对生产要求的适应性和合理性。

（2）叙述厂址地貌、地理、地形的优缺点和推荐理由。说明工程地质、水文地质、气象等自然条件符合建厂要求的理由。

（3）环境条件的分析。

（4）占用土地种类分析，包括以下几个方面。

1）占用耕地面积占总占地量的比例。

2）占用林地面积占总占地量的比例。

3）利用荒地面积占总占地量的比例。

4）利用山坡面积占总占地量的比例。

5）需要拆迁的面积和估计所需的费用。

6）推荐厂址的主要技术经济数据。

第5章　工厂技术方案

技术方案是可行性研究的重要组成部分。

主要研究项目应采用的生产方法、工艺和工艺流程、重要设备及其相应的总平面布置、主要车间组成及建筑物结构等技术方案。并在此基础上，估算土建工程量和其他工程量。在这一部分中，除文字叙述外，还应将一些重要数据和指标列表说明，并绘制总平面布置图、工艺流程示意图等。

5.1　项目组成

凡由本项目投资的厂内、厂外所有单项工程、配套工程包括生产设施、生产后勤、运输、生活福利设施等，均属项目组成的范围。

各单项工程和配套工程需按其性质加以分类，一般可分为：生产车间或工段；辅助生产车间或配套工程；厂外工程；生产后勤车间或设施；生活福利设施；其他单项工程。

如有自成体系需单独编制分项可行性研究报告的配套工程，如自备热电厂、水厂、铁路、专用线等，应列出工程的名称、分项可行性研究报告的编号。并将工程的投资列入项目总投资内，分项研究报告列为附件。

5.2　生产技术方案

生产技术方案系指产品生产所采用的工艺技术、生产方法、主要设备、测量自控装备等技术方案。选择技术方案必须考虑：技术是否是先进、成熟的；是否适合所用的原料特性；是否符合产品所定的质量标准；能否适应拟建地区现有工业水平；在维修、操作、人员培训等方面是否有不能克服的障碍；所需投入物的规格和质量能否满足生产要求，并与地区的技术吸收能力、劳动力来源相适应等。

5.2.1　产品标准

叙述本项目主要产品和副产品的质量标准。如国家一级标准、行业标准等。并将选定的标准与国家标准、国际常用标准做比较说明。

5.2.2　生产方法

使用同一种原料生产同一种产品，如有不同的生产方法时，在可行性研究阶段需要作方案性选择，根据产品用途、质量和成本等因素择优确定。对选定的方法需要说明生产方法的名称及主要特征、选用的理由以及与其他生产方法比较的利弊。

在选用专有技术、专利技术时，应说明取得技术来源、专利号、技术特征，还需说明专利和技术转让费的金额及支付方式。

5.2.3　技术参数和工艺流程

工艺流程是指投入物经有次序的生产加工成为产出物的过程。在生产过程中规定的各种技术条件和数据，统称为技术参数。工艺流程和主要技术参数，在可行性研究阶段需要结合产品质量、生产成本、各种消耗等要求，选取最佳方案。

在可行性研究阶段只叙述若干主要车间的工艺流程，一般车间可从略。

5.2.4　主要工艺设备选择

主要工艺设备是指工艺流程中的重要设备，应按车间、工段分别叙述所选取设备的名称、规格、型号、数量和来源。需要从国外引进的设备，则应详细论述引进的必要性，引进方向和选择方案比较。主要设备选型是生产的技术水平和经济合理性的具体表现，必须作多方案比较后，确定主要设备的规格型号与来源。

（1）按车间、工段编列主要工艺设备一览表。需要引进的设备应单独列表。引进设备还要说明引进的必要性、备品备件的来源、国内分交方案，引进设备外汇来源及引进计划。

（2）一般设备在可行性研究阶段不做详细选择，但需按车间参照现有同类型、同规模生产厂所用的一般设备估算本项目应予装备的设备数量，或采用行业中惯用的比例指标推算出本项目，本车间所需一般设备的数量。

（3）全厂计量设施的配置原则和要求。

（4）设备费用估算。主要设备可根据询价、协议意向书中价格等分别估算，一般设备可综合估算。

5.2.5　主要原材料、燃料、动力消耗指标

单位产品所用材料、燃料、动力等的消耗指标选取的来源有以下几个方面。

（1）现有生产厂的消耗定额高低值的平均数。

（2）同型号设备的实际运转时的消耗值。

（3）通过生产试验测定及分析推算。

（4）设备出厂时的说明或订货合同规定值。可行性研究中，可结合本项目技术方案特征，确定主要原材料、燃料、动力消耗指标值。

（5）编制主要原材料、燃料、动力消耗指标表。消耗指标不同于前面所列的原材料、燃料及动力需用量，消耗指标纯属生产过程中需要的或消耗的数量，不包括其他因素，如运输、储存的损耗。消耗指标与所用生产技术的先进程度有关；同一种设备不同型号的，又同生产管理和操作水平直接有关，因此常被用作企业间衡量经营管理水平的指标。

5.2.6　主要生产车间布置方案

在工艺流程、技术参数和主要设备选择确定以后，应就设备的外形、前后位置、上下位差以及各种物料的输入和流向、操作要求等作通盘的研究，选择车间布置方案。车间布置方案要求达到物料流向最经济、操作控制最有利、检测维修最方便。

主要生产车间布置方案要求提出车间布置简图、主要标准尺寸和技术说明。

非主要车间布置方案要求提出建筑面积、平面尺寸、层高等估算和建筑物特征。

5.3　总平面布置和运输

5.3.1　总平面布置原则

总平面布置应根据项目各单项工程、工艺流程、物料投入与产出、废弃物排出以及原材料储存、厂内外交通运输等情况，按厂地的自然条件、生产要求与功能以及行业、专业的设计规范进行安排。达到工艺流程顺畅、原材料与各种物料的流送线路最短、货流人流分道、生产调度方便，并考虑用地少、施工费用节约等要求。总平面布置还应考虑到企业今后发展的方向、与外界的交通联系线路等外部因素的合理安排。在确定了总平面布置原则并绘制总平面布置后，需估算厂区场地平整、建、构筑物基础、管沟、路槽地下工程等全厂土石方量，并说明余缺量的走向与来源。

5.3.2　厂内外运输方案

根据工厂的投入物、产出物与废弃物的总量，按其不同种类、运输方式与运输工具分类说明，从运量、运距、运输成本、运输负荷变化以及投资与经常费用等方面加以分析。确定和推荐经济、实用的运输方案。运输方案的确定要包括全厂运输量分析、运输设备选择和厂外、厂内运输方案的说明，其中厂内运输方案要求做到与生产有机配合。

5.3.3　仓储方案

论述原材料、燃料、主要辅助生产物料主副产品的年周转次数；储存期；储存方式；装卸及搬运方式等方案设想和要求，对用量较大的大宗货物以及易燃易爆危险物品的仓储方案，应专题叙述。

5.3.4　占地面积及分析

建设项目用地，应遵循保护、开发土地资源、合理利用土地的方针，尽量少占耕地，在可行性研究报告中，要估算占用土地数量，并分别估算生产区、生活区、原料基地占地面积，计算土地利用系数、生产区场地利用系数、全厂绿化系数、占地用地面积等指标。

在占用土地分析中，还应同时说明需要拆迁的原有建筑物、构筑物的数量、面积、建筑类型；可利用的原有建、构筑物的面积，拆迁后原有人员及设施的去向，项目需要支付的赔偿费用。并对可能的不同拆迁方案进行拆迁费用及征地费用的比较。

5.4　土建工程

土建工程是指工厂所有建（构）筑物的建筑与结构设计。在可行性研究阶段仅需对主要生产厂房、重要构筑物以及特殊基础工程作原则性的叙述和方案选择建议，如采取的建筑形式和标准、结构造型、基础类型和需要采用的重要技术措施等。对一般建筑物只作综合说明、估算工程量、选取单位造价指标等即可。对全厂所有建筑物的工程量、造价以及三材用量，视单项工程的大小，可采用不同方式进行估算。

5.4.1　主要建（构）筑物的建筑特征与结构设计

按生产流程顺次列出主要建筑物名称、建筑面积；建筑形式和标准、建筑材料的选用要求；特殊要求；消防及报警设施选用标准和要求，应遵守的设计规范名称。

对一般建筑物可以列出工程量、建筑面积作综合性说明。

结构设计的依据，主要是建（构）筑物的结构造型，地基处理方案，建、构筑物基础造型及对施工的特殊要求。

对需要进行抗震设计的，要有地震烈度确定依据、地震设防标准及设防方案的选择及说明。

5.4.2　特殊基础工程的设计

遇有不良地质条件的项目或重要建（构）筑物与大型工艺设备的基础工程，应进行特殊基础工程设计，提出设计方案的选择建议。

对需要防震动、防腐蚀及其他有特殊要求的建筑物以及对基础沉降有严格要求的工艺设备的基础工程，需作专题研究，提出设计方案的选择建议。

5.4.3　建筑材料

分析拟建地区可以提供的建筑材料名称、规格、运输条件、预制构件的最近供应点和可提供的最大构件规格及制作能力。需由外地供应的应说明主要建筑材料名称及供应点。对项目施工时需要解决的主要问题要单独说明，如需说明特殊工程的施工组织与机具、大型或大宗预制构件的来源等。

进行三材用量估算，编制建筑材料用量估算表。

5.4.4　土建工程造价估算

生产性建构筑物以车间、工段为单元，分建筑物、构筑物、基础工程三类，列出工程量、单位造价、造价估算额；非生产性建筑物以功能划分单元，列出工程量、单位造价、造价估算额；零星的建筑物及临时性建筑可合并各项估算造价；厂外工程以工程名称为单元，立项估算。生活区土建工程需要单独估算。

5.5 其他工程

项目的组成除以上所述的工艺、总图运输、土建工程外，尚有水、电、汽、气等的供给和输送工程、机电修理、化验等辅助生产工程以及生活福利设施等。在可行性研究阶段应根据项目的具体情况和需要，对这些工程分别处理，有的需要作技术性的论证或说明，有的只需作工程量与费用的估算。

5.5.1 给水排水工程

需说明全厂用水、排水量。根据用水水质要求，进行水质分析，提出净化设施方案，污水排放标准，净水、污水划分系统也要加以说明。

5.5.2 动力及公用工程

分别提出供电、供热、电信、采暖通风与制冷、自控仪表、辅助生产设施等工程的设计方案，并进行相应的设备选型分析及估算费用，在动力及公用工程方案比较中，应重视节能措施的应用。

5.5.3 地震设防

对除土建工程以外的易造成震后次生灾害而需要设防的其他工程，如对重要管线、易燃易爆气、液体储罐、高塔、供电、供水中枢、重要工艺设备等的地震设防方案原则及要求进行说明和分析。

5.5.4 生活福利设施

根据当地生活福利设施标准及项目总定员，确定项目必须建设的生活福利设施规模、建设标准，说明采用的计算依据，并估算生活福利设施的费用。

第6章 环境保护与劳动安全

在项目建设中，必须贯彻执行国家有关环境保护和职业安全卫生方面的法规、法律，对项目可能对环境造成的近期和远期影响，对影响劳动者健康和安全的因素，都要在可行性研究阶段进行分析，提出防治措施，并对其进行评价，推荐技术可行、经济、布局合理、对环境的有害影响较小的最佳方案。按照国家现行规定，凡从事对环境有影响的建设项目都必须执行环境影响报告书的审批制度。同时，在可行性研究报告中，对环境保护和劳动安全要有专门论述。

6.1 建设地区的环境现状

6.1.1 项目的地理位置

6.1.2 地形、地貌、土壤、地质、水文、气象

（1）地形、地貌、土壤和地质情况。

（2）江、河、湖、海、水库的水文情况。

（3）气象情况。

6.1.3 矿藏、森林、草原、水产和野生动物、植物、农作物

6.1.4 自然保护区、风景游览区、名胜古迹以及重要政治文化设施

6.1.5 现有工矿企业分布情况

6.1.6　生活居住区分布情况和人口密度、健康状况、地方病等情况

6.1.7　大气、地下水、地面水的环境质量状况

6.1.8　交通运输情况

6.1.9　其他社会经济活动污染、破坏现状资料

6.2　项目主要污染源和污染物

6.2.1　主要污染源

分车间叙述产生污染物的装置、设备、生产线及其投入物、产出品和排出物的品种、数量、排出方式,产生震动和噪声、粉尘、恶臭、有毒气体的装置和车间;易燃、易爆、剧毒物料的运输线路、储存库站位置;放射性物料及放射性废弃物的运输线路、储存和使用场所及其位置。

分析污染物的性质、成分、数量、危害程度。

6.2.2　主要污染物

(1)主要污染物向厂外排放的性质可分为:烟尘、粉尘、废气、恶臭气体、工业废水、生活污水、废液、废渣、噪声、放射性物质、振动、电磁波辐射等。

(2)主要污染物所含有害物质分析,列举污染物所含主要有害有毒物质。

(3)排放量。污染物经处理后最终排入周围环境的含有有害物质的混合物的数量,注明混合物中所含有害物质的含量或浓度,并列出国家或地区允许的排放标准。

6.3　项目拟采用的环境保护标准

采用的环境保护标准是指国家及项目所在地区环保部门颁发的标准,如大气环境质量标准、污染物排放标准、噪声卫生标准、生活饮用水卫生标准及有关法规、规定等。如地区规定严于国家规定时应执行地区规定;地区没有特定要求的,执行国家规定。个别目前国家和地方尚未制定标准的由可行性研究单位与当地环保部门协商确定。

6.4　治理环境的方案

6.4.1　项目对周围地区的地质、水文、气象可能产生的影响

如地下水位下降、地面沉降等。防范和减少影响的措施。

6.4.2　项目对周围地区自然资源可能产生的影响

如森林和植被破坏影响野生动、植物繁殖和生存等,防范和减少这种影响的措施。

6.4.3　项目对周围自然保护区、风景游览区等可能产生的影响

如土壤污染、水源枯竭等,防范和减少这种影响的措施。

6.4.4　各种污染物最终排放的治理措施和综合利用方案

各种污染物最终排放量对周围大气、水、土壤的破坏程度及对居民生活区的影响范围和程度,污水、废气、废渣、粉尘及其他污染物的治理措施和综合利用方案。

噪声、震动、电磁波等对周围居民生活区的影响范围和程度,消声、防震的措施。

6.4.5　绿化措施,包括防护地带的防护林和建设区域的绿化

6.5　环境监测制度的建议

监测布点原则;监测机构的设置和设备选择;监测手段和监测目标。

6.6　环境保护投资估算

环境影响经济损益简要分析。对可以量化的环境影响,可将其计算并列入经济评价中

现金流量表内进行分析。

6.7 环境影响评论结论

6.8 劳动保护与安全卫生

建设项目必须确保投产后符合职业安全卫生要求，保障劳动者在劳动过程中的安全与健康。在可行性研究报告中，应根据国家有关规定进行分析和评价。

6.8.1 生产过程中职业危害因素的分析

(1) 生产过程中职业危害因素的分析。

(2) 生产过程中的高温、高压、易燃、易爆、辐射、振动、噪声等影响操作者健康的分析。

(3) 生产过程中危害因素较大的设备、分布点及其危险程度。

(4) 可能受到职业危害的人数及受害程度。

6.8.2 职业安全卫生主要设施

(1) 危险系数较大的生产点、拟采取的防护方案及安全检测设施。

(2) 生产过程中的自动报警、紧急事故处理等安全设施的初步选择方案。

(3) 对高温、高噪声、高振动工作环境拟采用的防护、检测和检验设施。

6.8.3 劳动安全与职业卫生机构

(1) 机构设计及人员。

(2) 保健人员和保健制度。

(3) 日常监测检验人员。

6.8.4 消防措施和设施方案建议

第7章 企业组织和劳动定员

在可行性研究报告中，根据项目规模；项目组成和工艺流程，研究提出相应的企业组织机构、劳动定员总数及劳动力来源及相应的人员培训计划。

7.1 企业组织

企业组织机构包括生产系统、管理系统和生活服务系统的划分，其设置主要取决于项目设计方案和企业生产规模。

企业组织机构设置要符合现代化大生产管理的要求，保证多个部门、多个环节以及全体成员之间能协调一致地配合，以完成企业的生产经营目标。

7.1.1 企业组织形式

部门、行业不同，生产规模不同，企业组织机构可采用不同的形式。最通用的形式是采用金字塔式、中层经营管理和基层现场管理三个层次。一般来说，企业管理层次与管理幅度成反比关系，幅度越大，层次越少。中小型项目可采用两级管理；大型项目可采用三级管理。

7.1.2 企业工作制度

根据各车间和设施的工艺特点和生产需要，可分别采用连续工作制或间断工作制。个别项目采用季节性生产，每年可分为生产期和停产期。

7.2 劳动定员和人员培训

7.2.1 劳动定员

一般来说，企业所需人员按其工作岗位和劳动分工不同，可分为以下4类人员。

（1）工人是指在基本车间和辅助车间中直接从事工业性生产的工人及厂外运输与厂房建、构筑物大修理的工人。

（2）工程技术人员是指担负工程技术工作并具有工程技术能力的人员。

（3）管理与经营人员是指在企业各职能机构及在各基本车间与辅助车间从事行政、生产管理、产品销售的人员。

（4）服务人员是指服务于职工生活或间接服务于生产的人员。

在可行性研究中，分别估算各类人员需用量，并说明其来源，编制劳动定员汇总表。

企业所需人员，有一部分必须参与建设过程、设备安装、调试，对这部分人员的来源及进厂时间要单独说明。

7.2.2　年总工资和职工年平均工资估算

分人员类别估算年工资总额，并计算职工年平均工资。

7.2.3　人员培训及费用估算

（1）人员来源分析，需培训的人员总数。

（2）培训方式。

1）派往类似厂矿的生产现场和设备制造现场，通过实习培训生产、维修和管理人员，部分生产维修人员可参加本项目施工现场的施工、设备安装、调试、运转。

引进国外新工艺、新技术、新设备，必要时派往国外生产现场和设备供应厂实习。

2）在厂区举办各种类型的培训班，按照生产和业务工作的具体内容，分专业、分工种进行培训。

（3）培训计划。国内培训人员数量、专业、时间、方式和国外培训人员数量、国别、专业、方式、时间及国外培训的必要性。

（4）培训费用。国外培训的，要单独说明外汇来源。

第8章　项目实施进度安排

项目实施时期的进度安排也是可行性研究报告的一个重要组成部分。所谓项目实施时期可称为投资时期，是指从正式确定建设项目到项目达到正常生产这段时间，这一时期包括项目实施准备、资金筹集安排、勘察设计和设备订货、施工准备、施工和生产准备、试运转直到竣工验收和交付使用等各个工作阶段。这些阶段的各项投资活动和各个工作环节，有些是相互影响、前后紧密衔接的；也有些是同时开展、相互交叉进行的。因此，在可行性研究阶段，需将项目实施时期各个阶段的各个工作环节进行统一规划、综合平衡，作出合理而又切实可行的安排。

8.1　项目实施的各阶段

8.1.1　建立项目实施管理机构

根据项目不同，新项目可以由业主指定项目实施管理机构；改扩建和技改项目可在老企业内专门成立筹建小组，筹建小组的任务是办理勘察设计和施工的委托手续及签订相应的合同和协议；参加厂址选择；提供设计必需的基础资料；申请或订购设备和材料；负责设备的检验和运输；承担各项生产准备工作。

8.1.2　资金筹集安排

项目资金的落实包括总投资费用的估算基本符合要求和资金来源有充分的保证。在可行性研究阶段要编制投资估算，并在考虑了各种可行性的资金渠道的情况下，提出适宜的资金筹措规划方案。在正式确定建设项目和明确了总投资费用及其分年度使用计划之后，即可立即着手筹集资金。

8.1.3　技术获得与转让

技术获得和转让是实施时期的一个关键要素，选择的技术将涉及法律、经济、财务和技术等许多方面。当从国外引进专有技术时，与国外供应商的谈判有时需要的时间较长，有时还要解决法律问题，如专利权的限制或者技术转让的限制等。如果技术供应商标的合同责任中含培训，那就应该包括在培训计划中，可行性研究中应包含与项目选择有关的技术获得和与转让有关的计划时间和费用。分配给项目详细工程设计的计划时间，将取决于技术种类及其复杂性。

8.1.4　勘察设计和设备订货

在设计工作开展的过程中，要委托进行必要的现场勘测工作。要提出设备、材料订货清单和非标准设备制造图纸。勘测精度要与设计阶段相适应，设计阶段的划分可根据不同项目区别对待。大中型项目一般采用两阶段设计，技术复杂或行业有特殊要求的项目或其中某些采用新工艺技术的车间，可能在施工图设计之前，再增加一个技术设计阶段。

安排大型建设项目的设计进度要充分考虑设备价格和大型设备的预订货时间以及取得设备资料的时间。

订购设备要考虑设备到达时间和安排顺序。当引进国外设备时，还要考虑到向国外有关公司进行询价、谈判，比选和签订合同所需要的时间，以及办理各种审批手续所需的时间。

8.1.5　施工准备

项目初步设计总概算一旦批准后，即可着手进行施工准备，施工准备包括的主要工作内容有：选定施工单位和签订施工合同。

一般是通过投标确定施工单位。此外，还需进行如土地征购和拆迁安排；组织设备和材料订货；完成施工用水、用电和道路等工程；进行临时设施建设和代替临时工程的住宅建设以及报批开工报告等。

8.1.6　施工和生产准备

（1）施工。施工阶段是项目实施时期的主要阶段。安装大型复杂项目，施工单位要根据施工图编制详细的施工组织设计，根据工厂生产系统投产次序安排车间和设施的施工顺序，主体车间及其相应的辅助公用设施的配套要完整。土建施工和设备的验收、发运、运输以及设备的安装都要做出适当的安排，保证合理交叉进行。

（2）生产准备。

1）建立管理机构，企业管理方式是在项目实施过程中逐步形成、扩大和健全的。

2）招收和培训职工。对职工的调集、招聘和必要的培训要做出适当的时间安排，使其和生产经营需要相衔接。

3）组织收集生产技术资料，制定必要的管理制度和各种操作规程。

4）组织生产物资供应。落实原材料、燃料、协作产品、水、电、汽和其他配合条件，签订有关协议。

5）组织计划工具、器具、模具、备品、备件等的制造和订货。

6）生产前推销。投产前后应制订具体的销售计划，并进行销售市场的准备工作，包括广告宣传、培训销售人员和推销人员等。

8.1.7　竣工验收

这个阶段通常包括以下各项活动。

（1）生产前检查。

（2）试运转。

（3）负荷试运转。

（4）竣工验收、交付使用。

建设项目按批准的设计文件规定的内容建完，并经生产前检查、试运转、带负荷试运转合格后，形成生产能力，能正常生产合格产品时应及时验收。这时，生产人员进驻现场，由施工单位向建设单位办理移交固定资产手续，交付使用。

国外引进成套设备项目和大型联合企业可安排试生产阶段，试生产时间一般不应超过三个月。

建设项目验收前，建设单位应组织设计、施工等单位进行初步验收，提出竣工验收报告和竣工决算，系统整理技术资料，提交竣工图。

8.2　项目实施进度表

在可行性研究报告中，根据分别确定的项目实施各阶段所需时间，编制实施进度表，项目实施进度表有多种表示方法。在我国，多年来一直采用的方法是横道图。近年来，网络图在一些行业中也开始应用。

简单项目的实施进度可用横道图，复杂项目的实施进度可用网络图。为避免项目实施工程中费用和时间的浪费以及各项作业活动能前后左右的协调配合，利用网络图可以模拟实施项目的各种不同方案进行筛选。

8.2.1　横道图

横道图是一种最简单的方法。它可适用于各种项目，这种图表可以表示建设项目的计划任务、计划进度和实际记录等具体内容。它是把项目实施计划分为若干项，用横坐标表示时间，纵坐标表示各项作业活动，每项工作用一横道表示，横道两端表示该项作业活动的起止时间；其长度即是完成该作业活动所需时间。

8.2.2　网络图

对于包括许多相互关联并连续活动的大型复杂的综合建设项目和对实施进度有图表要求的项目，适用网络图。应用统筹方法对项目实施进度做出安排。网络的定义是一组节点用一组带方向弧所连接，关键路线法和项目评审技术是应用网络图的两种方法，网络图多用于施工阶段的项目规划与控制。目前在可行性研究阶段，一些行业也有所应用。

8.3　项目实施费用

项目实施费用是指项目从筹建开始直到项目竣工投产以前整个实施时期的筹建费用。这部分费用应包括在项目固定资产投资估算的第二部分，即其他建设费用中，项目实施费用按以下各项分别估算。

8.3.1　建设单位管理费

建设单位管理费是指筹建单位为进行项目筹建、建设、联合试运转、验收总结等工作所发生的管理费用，不包括应计入设备、材料预算价格的建设单位采购及保管设备、材料所需的费用。可以"单项工程费用"为基础，乘以按照工程项目的不同规模分别制定的建设单位管理费率计算。

8.3.2　生产筹备费

生产筹备费是指生产筹备人员费和投产前进厂人员费用。

8.3.3　生产职工培训费

生产职工培训费用是指项目在竣工验收、交付使用前拟建企业自行培训或委托其他厂矿培训技术人员、工人和管理人员所支出的费用，以及生产单位为参加施工、设备安装、调试、熟悉工艺流程机械性能等需要提前进厂人员所支出的费用。该项费用可根据规划的培训人员数、提前进厂人数、培训方法、时间和职工培训费定额计算。

8.3.4　办公和生活家具购置费

办公、生活家具购置费是指为保证项目初期正常生产、使用和管理必须购买的办公和生活家具、用具的费用及设计规定必须建设的托儿所、医院、招待所、中小学等的家具、用具费用。该项费用可按有关定额计算。

8.3.5　勘察设计费

勘察设计费包括以下两个方面。

（1）委托勘察设计单位进行可行性研究、勘察设计，按规定应支付的费用。

（2）在规定范围内由建设单位进行勘察设计所需的费用。此项费用可按国家颁发的工程勘察设计收费标准和有关规定进行编制。

8.3.6　其他应支付的费用

第9章　投资估算与资金筹措

建设项目的投资估算和资金筹措分析，是项目可行性研究内容的重要组成部分，要计算项目所需要的投资总额，分析投资的筹措方式，并制订用款计划。

9.1　项目总投资估算

建设项目总投资包括固定资产投资总额和流动资金。

9.1.1　固定资产投资总额

固定资产投资总额由固定资产投资、投资方向调节税和建设期利息组成，在可行性研究报告中要分别估算，并汇总为固定资产投资总额。

（1）固定资产投资。根据前述各部分中估算的费用额，估算固定资产投资。

1）工程费用。分为建筑工程、设备购置、安装工程和其他四项费用，可按主要生产车间、辅助生产车间、公用工程、服务及生活福利设施、厂外工程等分别计算，以人民币、外币分别表示。

主要生产车间是指生产主要产品的生产车间，辅助生产车间指为主要生产车间配套的工程项目。

公用工程是指为本项目生产服务的工程，如循环水场、给排水管网、给水泵站及水池、消防设施、"三废"处理、输变电工程、电信工程、供热电汽线路等。

服务及生活福利工程包括办公楼、试验楼、职工宿舍、食堂、学校等。厂外工程主要是指本项目外围的输水管线、排水系统、高压输变电、物料管线、通信管线、专用码头、专用公路、铁路专用线、销售仓库、货物转运站等。

2）其他费用。除了将前几章中已估算的费用进行汇总分类外，还应将未估算的费用项目作出详细的估算。其主要费用项目有：①建设单位管理费；②职工培训费；③办公和生活家具购置费；④土地征用费；⑤外籍技术人员来华费用；⑥出国人员培训考察费；⑦进口设备材料国内检验费；⑧工程保险费；⑨大件运输措施费；⑩大型吊装机具费；⑪项目前期工作费；⑫设计费；⑬其他费。

第二部分费用估算，应说明各种费用的取费标准、定额，一般按国家或地区有关规定执行。估算中有外汇费用时，以外币表示。

3）预备费。分为基本预备费和涨价预备费两部分。分别计算列出，涨价预备费以年度投资中第一部分费用为基础，按国家计委发布的费率计算，同时需考虑外汇部分的限价因素。

（2）固定资产投资方向调节税，按国务院有关规定执行。

（3）建设期利息应根据提供的项目实施进度表已研究确定的基本建设投资来源及资金筹措方式、各种贷款的利率及分年度用款计划表计算得出。当项目投资来源为多种渠道时，应分别计算各种贷款资金的建设期利息。

在可行性研究中，建设期利息均按年计息。利息的计算分为单利和复利，计息方法及年利率视项目实际情况而定。

利息计算中，假定借款发生当年在年中支用，按半年计息；还款当年也在年中偿还，按半年计息，其余各年按全年计息。按国家规定，建设期利息当年付清。

人民币和外币贷款分别计息，汇总于固定资产投资总额中。

以上各项计算完成后，编制固定资产投资估算表。

9.1.2　流动资金估算

（1）流动资金的组成。项目流动资金按其在生产过程中的作用，可以分为以下几个方面。

1）储备资金。即为保证正常生产需要而用于储备原材料、燃料、备品、备件等的资金。

2）生产资金。即在正常生产条件下处于生产过程中的生产品占用的资金。

3）成品资金。即产成品入库后至销售前这段时间中产成品占用的资金。

除此之外，还有应收应付账款、现金等组成的流动资金。

（2）流动资金估算。可行性研究报告中流动资金的估算，按项目具体情况，可采用扩大指标估算法或分项详细估算法。

1）扩大指标估算法：参照同类生产企业流动资金占销售收入、经营成本、固定资产投资的比率以及单位产量占用流动资金的比率来确定流动资金。

2）分项详细估算法：按项目占用的储备资金、生产资金、成品资金，分别按年需用额及周转天数估算定额流动资金，按项目占用的应收应付账款、现金等估算非定额流动资金。

按详细估算法估算流动资金后，可列流动资金估算表。

9.2　资金筹措

一个建设项目所需要的投资资金，可以从多个来源渠道获得，项目可行性研究阶段，资金筹措工作是根据对建设项目固定资产投资估算和流动资金估算的结果，研究落实资金的来源渠道和筹措方式，从中选择条件优惠的资金。可行性研究报告中，应对每一种来源渠道的资金及其筹措方式逐一论述。并附有必要的计算表格和附件。可行性研究中，应对下列内容加以说明。

9.2.1　资金来源

筹措资金首先必须了解各种可能的资金来源，如果筹集不到资金，投资方案再合理，也不能付诸实施，可能的资金渠道有以下几个方面。

（1）国家预算内拨款。

（2）国内银行贷款：包括拨改贷、固定资产贷款、专项贷款等。

（3）国外资金：包括国际金融组织贷款、国外政府贷款、赠款、商业贷款、出口借贷、补偿贸易等。

（4）自筹资金：包括部门、地方、企业自筹资金。

（5）其他资金来源。

可行性研究中，要分别说明各种可能的资金来源、资金使用条件，利用贷款的，要说明贷款条件、贷款利率、偿还方式、最大偿还时间等。

9.2.2　项目筹资方案

筹资方案要在对项目资金来源、建设进度进行综合研究后提出。为保证项目有适宜的筹资方案，要对可能的筹资方式进行比选。

可行性研究中，要对各种可能的筹资方式的筹资成本、资金使用条件、利率和汇率风险等进行比较，寻求财务费用最经济的筹资方案。

9.3　投资使用计划

9.3.1　投资使用计划

投资使用计划要考虑项目实施进度和筹资方案，使用相互衔接。

编制投资使用计划表。其中：固定资产投资按不同资金来源分年列出年用数额；流动资金的安排要考虑企业的实际需要，一般从投产第一年开始按生产负荷进行安排，并按全年计算利息。

9.3.2　借款偿还计划

借款偿还计划是通过对项目各种还款资金来源的估算得出的，借款偿还计划的最长年限可以等于借款资金使用的最长年限，制订借款偿还计划，应对下述内容进行说明。

（1）还款资金来源、计算依据。

（2）各种借款的偿还顺序。

（3）计划还款时间。国外借款的还本付息，要按借款双方事先商定的还款条件，如借款期、宽限期、还款期、利率、还款方式确定，与国内按借款能力偿还借款不同的是借款期一般是约定的。还本付息的方式有两种。

1）等额偿还本金和利息，即每年偿还的本利之和相等，而本金和利息各年不等。偿还的本金部分逐年增多，支付的利息部分逐年减少。

2) 等额还本，利息照付。即各年偿还的本利之和不等，每年偿还的本金相等。利息将随本金逐年偿还而减少。

国外借款除支付银行利息外，还要另计管理费和承诺费用等财务费用。为简化计算，也可将利率适当提高进行计算，对此，可行性研究报告中要加以说明。

第 10 章　财务与敏感性分析

在建设项目的技术路线确定以后，必须对不同的方案进行财务、经济效益评价，判断项目在经济上是否可行，并比选推荐出优秀的建设方案。本章的评价结论是建设方案取舍的主要依据之一，也是对建设项目进行投资决策的重要依据。

本节就可行性研究报告中财务、经济与社会效益评价的主要内容作一概要说明。

10.1　生产成本和销售收入估算

为了确定项目未来的生产经营和盈利情况，对项目的生产成本作出接近实际的预测是可行性研究的重要内容。生产成本是指生产一定种类和数量的产品所发生的经常性费用，它包括耗用的原料及主要材料、燃料、动力、工资、固定资产折旧费用及大修理费、低值易耗品、推销费用等。

在成本估算时，其精确度要与投资估算的精确度相当。

10.1.1　生产总成本估算

生产总成本是指项目建成后在一定时期内为生产和销售所有产品而花费的全部费用。

(1) 生产总成本的构成有以下几个方面。

1) 外购原材料及辅助材料。根据前面第四节中外购燃料动力的数量和单价计算。

2) 外购燃料动力。根据第四节中外购燃料动力的数量和单价计算。

3) 工资及福利基金。工资根据第七节中的工资总额计算，福利基金按工资总额的一定比例提取。

4) 折旧及推销费。

5) 大修理基金。

6) 其他费用，包括成本中列支的税金以及不属于以上项目的支出等。

7) 流动资金利息，按流动资金贷款额和贷款利率计算。

8) 销售及其他费用，包括教育费附加，计入成本的技术转让费等。

以上各项费用总额构成项目生产总成本。总成本扣除折旧及大修理基金和流动资金利息为经营成本。

(2) 列表表示生产总成本。

10.1.2　单位成本

单位成本是将总成本按不同消耗水平摊给单位产品的费用，它反映同类产品的费用水平。

生产单一产品的项目以总成本除以设计生产能力即是单位产品成本，生产多种产品的项目，也可按项目成本计算单位成本。

列表表示单位成本。

10.1.3　销售收入估算

根据第三节中预测的产品价格及设计生产能力，逐年计算产品销售收入，当有多种产品时，可分别计算多种产品的年销售收入并汇总计算年总销售收入。

10.2　财务评价

财务评价是根据国家现行财务和税收制度以及现行价格，分析测算拟建项目未来的效益费用。考察项目建成后的获利能力、债务偿还能力及外汇平衡能力等财务状况，以判断建设项目在财务上的可行性，即从企业角度分析项目的盈利能力。财务评价采用动态分析与静态分析相结合，以动态分析为主的办法进行。评价的主要指标有财务内部收益率、投资回收期、贷款偿还期等。根据项目特点和实际需要，有些项目还可以计算财务净现值、投资利润率指标，以满足项目决策部门的需要。

财务评价指标根据财务评价报表的数据得出，主要财务评价报表有：财务现金流量表、利润表、财务平衡表、财务外汇平衡表。

用财务评价指标分别和相应的基准参数——财务基准收益率、行业平均投资回收期、平均投资利润率、投资利税率相比较，以判别项目在财务上是否可行。

10.3　国民经济评价

在对建设项目进行经济评价时，除了要从投资者的角度考察项目的盈利状况及借款偿还能力外，还应从国家整体的角度考察项目对国民经济的贡献和需要国民经济付出的代价，后者称为国民经济评价。它是项目经济评价的核心部门，是决策部门考虑项目取舍的重要依据。

10.4　不确定性分析

在对建设项目进行评价时，所采用的各种数据多数来自预测和估算。由于资料和信息来源的有限性，将来的实际情况可能与此有较大的出入，即评价结果具有不确定性，这对项目的投资决策会带来风险。为了避免或尽可能减少这种风险，要分析不确定性因素对项目经济评价指标的影响，以确定项目的经济上的可靠性。这项工作称为不确定性分析。

根据分析内容和侧重面不同，不确定性分析可分为盈亏平衡分析、敏感性分析和概率分析，盈亏平衡分析只用于财务评价，敏感性分析和概率分析可同时用于财务评价和国民经济评价，在可行性研究中，一般都要进行盈亏平衡分析，敏感性分析和概率分析可视项目情况而定，不确定性分析的具体做法见本书第九章。

10.5　社会效益和社会影响分析

在可行性研究中，除对以上各项经济指标进行计算、分析外，还应对项目的社会效益和社会影响进行分析。

项目社会分析方法，除可以定量的以外，还应对不能定量的效益影响进行定性描述。

10.5.1　项目对国家政治和社会稳定的影响

包括增加就业机会、减少待业人口带来的社会稳定的效益，改善地区经济结构、提高地区经济发展水平等。

10.5.2　项目与当地科技、文化发展水平的相互适应性

10.5.3　项目与当地基础设施发展水平的相互适应性

10.5.4　项目与当地居民的宗教、民族习惯的相互适应性

10.5.5　项目对合理利用自然资源的影响

10.5.6　项目的国防效益或影响

10.5.7　对保护环境和生态平衡的影响

可行性研究人员可以根据项目的不同特点，对项目的主要社会效益或影响加以说明，供决策者考虑。

第11章　可行性研究结论与建议

根据前面各节的研究分析结果，对项目在技术上、经济上进行全面的评价，对建设方案进行总结，提出结论性意见和建议。

11.1　对推荐的拟建方案的结论性意见

对推荐的拟建方案建设条件、产品方案、工艺技术、经济效益、社会效益、环境影响的结论性意见。

11.2　对主要的对比方案进行说明

11.3　对可行性研究中尚未解决的主要问题提出解决办法和建议

11.4　对应修改的主要问题进行说明，提出修改意见

11.5　对不可行的项目，提出不可行的主要问题及处理意见

11.6　可行性研究中主要争议问题的结论

第12章　财务报表

本章表中的盈亏平衡分析体现在诸多表中没有单列。使用者可根据实际需要增删。

(1) 基本报表。

1) 主要经济技术指标表。

2) 各年损益分配表。

3) 自有资金财务现金流量表。

4) 投资者（整体）财务现金流量表。

5) 全投资财务现金流量表。

6) 资金平衡节余（银行存款）表。

7) 资产负债表（缴税偿债分利后）。

8) 资产负债表（税后偿债分利前）。

9) 外汇平衡节余累积表。

10) 投资构成、资金投入与来源计划表。

11) 注册出资方式比例与年度出资计划表。

12) 借款还本付息计划表。

(2) 辅助报表。

1) 生产销售既定目标。

2) 进口设备原值估算表。

3) 购买国产设备原值估算表。

4) 作价出资设备原值估算表。

5) 房屋及建筑物原值估算表。

6) 无形资产与递延资产用汇原值估算表。

7) 生产办公设备日生产耗能（外购）指标。

8）单位产品原辅材料消耗定额与产品产量计划目标。

9）各产品原辅材料年消耗计划目标。

10）原辅材料年支出与进项税额既定目标（一）。

11）原辅材料年支出与进项税额既定目标（二）。

12）原辅材料年支出与进项税额既定目标（三）。

13）各产品的原辅材料年进项税额。

14）内销产品年应纳增值税与出口产品抵退税、关税。

15）各产品的原辅材料（含运费）年支出。

16）机构设置、人员编制、工资总额估算。

17）部分管理费用、销售费用估算表。

18）年经营成本估算表。

19）流动资金估算表。

20）固定资产折旧、无形资产递延资产摊销估算表。

21）总成本费用与销售税金及附加计算表。

22）各产品成本费用价格构成与调整统计分析表。

（3）敏感分析报表。

1）一般敏感分析汇总表。

2）特殊敏感分析（一）。

3）特殊敏感分析（二）。

4）特殊敏感分析（三）。

5）特殊敏感分析（四）。

6）特殊敏感分析（五）。

7）特殊敏感分析（六）。

在以上各个分析方案和目标方案的主要经济技术指标表中，除一般的自有资金、投资者和全投资分析外，还都同时进行盈亏平衡分析和偿债分析、资产负债分析。

第13章 附件

可行性研究报告附件。凡属于项目可行性研究范围，但在研究报告以外单独成册的文件，均需列为可行性研究报告的附件，所列附件应注明名称、日期、编号。

（1）项目建议书。

（2）项目立项批文。

（3）厂址选择报告书。

（4）资源勘探报告。

（5）贷款意向书。

（6）环境影响报告。

（7）需单独进行可行性研究的单项或配套工程的可行性研究报告。

（8）重要的市场调查报告。

（9）引进技术项目的考察报告。

（10）利用外资的各类协议文件。

（11）其他主要对比方案说明。

（12）其他。

（13）附图。

1）厂址地形或位置图。

2）总平面布置方案图。

3）工艺流程图。

4）主要车间布置方案简图。

5）其他。

第二节　工程项目可行性研究报告案例

一、××幼儿园改造工程项目可行性研究报告

1. ××幼儿园改造工程项目基本情况说明

（1）项目单位基本情况

单位名称	××市××区××幼儿园	地址	××小区甲38号
联系电话	×××××××	邮编	××××××
法人代表姓名	×××	人员	47
资产规模		财务收支	
上级单位	××市××区教育委员会	所隶属的部门	××区教育委员会

（2）可行性报告编制单位基本情况

单位名称	××市××区××幼儿园	地址	××小区甲38号
联系电话	×××××××	邮编	××××××
法人代表姓名	×××	资质等级	一级一类

（3）合作单位基本情况

单位名称	××建筑设计有限公司	地址及邮编	××市××区北三环西路7号××大厦××
联系电话	××××××××××	法人代表姓名	×××

（4）项目负责人基本情况

姓名	×××	职务	园长
职称	高级	专业	学前教育
联系电话	××××××××××		

与项目相关的主要业绩：

1. ××市优秀教师；××市骨干教师。

2. ××市幼儿园质量动态管理特邀巡视员；××市××区优秀教育工作者；中学高级职称。

曾主持课题：

××市"十一五"课题"幼儿园园本体育课程的实践研究"，获优秀课题结题。

××市"认知神经科学与学习"国家重点实验室幼儿园攀登英语项目研究。

××市级"十二五"重点课题"合理规划体育活动，促进幼儿体能提高"。

××市级"十二五"重点课题幼儿园饮食与营养教育的实践研究。

（5）项目基本情况

项目名称	××市幼儿园户外场地改造	
项目类型	1. 行政事业类□	2. 专项资金类□
项目属性	1. 续项目□	2. 新增项目□

预期总目标及阶段性目标情况。幼儿园户外场地作为幼儿一日生活的重要载体，对幼儿的全面发展起着潜移默化的作用。××区师范学校附属幼儿园户外场地总面积 $2194.27m^2$，为营造能够体现办园特色的教育基本环境，需要对户外场地包括操场、大型游戏器械场地进行改造。改造后的户外场地能保证师幼安全，为幼儿提供安全、优美的户外游戏场地，同时改善幼儿园园内环境，符合××市示范园对于户外游戏场地的标准要求。

2. 必要性与可行性

（1）项目背景情况。近年来，由于城市化进程较快，人口增长较快，近几年生育的高峰年使得人们对学前教育的需求量逐渐增大，而随着人们对学前教育的重视理念的不断提升，更加加剧了对学前教育的需求的膨胀。

（2）项目实施的必要性。××市总体规划中要求突出政府社会管理和公共服务职能，规划要求坚持教育事业优先发展的战略，实现教育现代化，发挥教育事业的先导性、全局性、基础性作用，重视教育对××市经济社会发展的重要支撑作用，满足××市及国家经济社会可持续发展对各类人才的需求，满足人民群众对优质教育和终身教育的需求。推动建设学习型城市。规划要求合理配置区域内各级各类教育资源，加快教育设施布局结构调整，完善依托社区的学前教育网络，提高优质教育资源的供给能力，进行布局调整和资源整合。

该幼儿园建成时间过长，现有户外游戏场地已经不满足当前的教育要求，因此需要进行改造。

（3）项目实施的方法。本次改造聘请具有专业设计资格、经验丰富的设计院和设计师，依据经济、合理、实用的原则，进行施工图设计，把维修方案尽量细化和规范化。在施工招标上，采用公开招标的形式选择施工单位，聘请有关专家依据投标单位的施工组织设计、投标金额、工期、信誉等各项指标严把招标关，确保工程质量。

（4）项目风险与不确定性。幼儿园工程有其特殊性所在，为确保幼儿安全，必须尽量在寒暑假施工，工期短、任务重，给工期造成了一定影响。我们将在和幼儿园全面沟通的基础上，教委基建科专业人员认真应对，制订严密的工程实施方案，确保兼顾幼儿安全和工程工期、质量。

3. 实施条件

（1）人员条件。项目将主要依托教委基建科专业人员，充分利用他们多年的工程经验、组织管理能力、对学校情况的熟悉程度等，确保项目顺利完工。

项目主要参加人员的姓名、职务、职称、专业、对项目熟悉情况如下表所示：

姓名	职务	职称	专业	熟悉情况
×××	副园长	幼教高级	学前教育	熟悉
×××	后勤主管	幼教高级	学前教育	熟悉
×××	会计员	无	经济管理	熟悉
×××	教师	无	经济法	熟悉
……				

（2）资金条件。为满足办学需求，需对幼儿园户外场地进行改造。预计投入 2 418 358.58 元。

（3）基础条件。师附幼于 1991 年建成并投入使用，并于 2009 年进行外部加固，现幼儿园户外场地改造于 2008 年，距今已有 7 年，户外游戏场地功能比较单一，同时存在缺少夏季遮阳、大型玩具使用率不高等待改善问题，户外游戏场地的设施已经不能满足现有幼儿规模的游戏需要，不能有效地促进幼儿全面健康发展。幼儿园户外场地为幼儿园公共区域，涉及幼儿安全疏散、外部活动等需要，现存在一定的安全隐患，同时幼儿园教学楼外立面局部外墙涂料脱落，门斗雨篷空间局促，在色彩组合上缺少秩序，外立面形式呆板，缺乏统一性和识别性。

（4）其他相关条件。师附幼地处××区××小区，毗邻××小区，××社区，居民对于学前教育的要求日益提高，此次校园文化建设有利于完善依托社区的学前教育网络，提高优质教育资源的供给能力，进行布局调整和资源整合。

4. 进度与计划安排

（1）前期准备：2013 年 9～12 月。

（2）开工日期：2014 年 1 月。

（3）竣工日期：2014 年 12 月。

5. 主要结论

项目的建设能够加强师范附属幼儿园的标准化程度，提高硬件设施水平，这将有利于该园提升办学水平和保教质量，有利于该园的可持续发展和当地学前教育事业的长远发展，项目的建设是必要的。

本报告通过多方面论证分析，认为该项目是为重视学前教育、改善办学条件而建设的实事工程，符合国家及省市促进学前教育高标准、高质量、均衡发展，推动学前教育事业持续健康发展等相关政策。建议有关主管部门将本项目列入重点考虑项目之中。

6. 项目评审报告

项目名称：××市××幼儿园户外场地改造工程

项目编码：＿＿＿＿＿＿＿＿＿＿＿＿＿＿＿＿

项目单位：××市××区教育委员会＿＿＿＿＿

上级单位：××市教育委员会＿＿＿＿＿

市级部门：＿＿＿＿＿＿＿＿＿＿＿＿＿＿＿＿

评审方式：专家评审□　　中介机构评审□

评审日期：＿＿＿＿年＿＿月＿＿日

（1）项目基本情况。

项目名称	××市××区××幼儿园户外场地改造工程		
项目单位	××市××区教育委员会		
项目类型	1. 行政事业类□　　2. 专项资金类□		
项目属性	1. 延续项目□　　2. 新增项目□		
项目开始时间	2015 年 1 月 1 日	项目完成时间	2015 年 12 月 30 日
项目材料及法定手续的完备性			

（2）项目可行性评审。

立项依据的充分性	幼儿园户外场地作为幼儿一日生活的重要载体，对幼儿的全面发展起着潜移默化的作用。××区师范学校附属幼儿园户外场地总面积 2194.27m²，改造于 2008 年，距今已有 7 年，户外游戏场地功能比较单一，同时存在缺少夏季遮阳、大型玩具使用率不高等待改善问题，户外游戏场地的设施已经不能满足现有幼儿规模的游戏需要，不能有效地促进幼儿全面健康发展。幼儿园户外场地为幼儿园公共区域，涉及幼儿安全疏散、外部活动等需要，现存在一定的安全隐患，同时幼儿园教学楼外立面局部外墙涂料脱落，门斗雨篷空间局促，在色彩组合上缺少秩序，外立面形式呆板，缺乏统一性和识别性。为营造能够体现办园特色的教育基本环境，需要对户外场地包括操场、大型游戏器械场地、教学楼外立面进行改造。改造后的户外场地能保证师幼安全，为幼儿提供安全、优美的户外游戏场地，同时改善幼儿园园内环境，符合××市示范园对于户外游戏场地的标准要求
目标设置的合理性	项目的建设能够加强师范附属幼儿园的标准化程度，提高硬件设施水平，这将有利于该园提升办学水平和办学质量，为争创××市示范园奠定坚实基础。有利于该园的可持续发展和当地教育事业的长远发展，项目的建设是必要的。 本报告通过多方面论证分析，认为该项目是为重视教育、改善办学条件而建设的实事工程，符合国家及××市积极促进学前教育高标准、高质量、均衡发展，推动学前教育事业持续健康发展等相关政策。建议有关主管部门将本项目列入重点考虑项目之中
组织实施能力与条件	本次改造聘请具有专业设计资格、经验丰富的设计院和设计师，依据经济、合理、实用的原则，进行施工图设计，把维修方案尽量细化和规范化。在施工招标上，采用公开招标的形式选择施工单位，聘请有关专家依据投标单位的施工组织设计、投标金额、工期、信誉等各项指标严把招标关，确保工程质量。 项目将主要依托教委基建科专业人员，充分利用他们多年的工程经验、组织管理能力、对学校情况的熟悉程度等，确保项目顺利完工
预期社会经济效益	项目的建设能够加强师范学校附属幼儿园的标准化程度，提高硬件设施水平，满足幼儿园"环境育人"教育目标的实现需要，为幼儿提供适宜、安全的户外游戏环境

（3）项目预算评审。

资金筹措情况	预计投入 2 418 358.58 元
预算支出的合理性	本预算是在参照以往工程经验的基础上做出的，支出内容、额度经济合理，依据充分

（4）项目风险与不确定因素。

风险与不确定因素	

（5）评审总体结论。

评审意见	
建议	1.优先选择□　　2.可选择□　　3.慎重选择□
评审机构	评审机构名称： 机构负责人（签字）： （公章）

<table>
<tr><td rowspan="11">评审专家组</td><td colspan="5" align="center">评审专家组名单</td></tr>
<tr><td>编号</td><td>姓名</td><td align="center">单位</td><td>职称职务</td><td>签名</td></tr>
<tr><td></td><td></td><td></td><td></td><td></td></tr>
<tr><td></td><td></td><td></td><td></td><td></td></tr>
<tr><td></td><td></td><td></td><td></td><td></td></tr>
<tr><td></td><td></td><td></td><td></td><td></td></tr>
<tr><td></td><td></td><td></td><td></td><td></td></tr>
<tr><td></td><td></td><td></td><td></td><td></td></tr>
<tr><td></td><td></td><td></td><td></td><td></td></tr>
<tr><td></td><td></td><td></td><td></td><td></td></tr>
<tr><td colspan="5">评审专家组组长（签字）：

评审日期：　　　年　　月　　日</td></tr>
</table>

项目支出绩效申报文本

（2015 年度）

项目名称	××幼儿园户外场地改造工程	申请数合计（元）	2 418 358.58
项目绩效目标			

绩效指标	一级指标	二级指标	具体指标（指标内容、指标值）
	产出指标	产出数量指标	2194.27m²
		产出质量指标	合格
		产出进度指标	2015 年 1 月—2015 年 12 月
		产出成本指标	241.835 858
		………	
	效果指标	经济效益指标	2 418 358.58
		社会效益指标	通过改造，将极大改善该园办学条件，促进我园幼儿全面健康发展
		环境效益指标	通过改造，幼儿园户外游戏场地将得到极大改善，保障幼儿户外活动。丰富幼儿园建筑外立面色彩和识别性，打造"环境育人"的幼儿园环境
		可持续影响指标	改善了幼儿的户外游戏环境，有效实现办园目标，促进幼儿健康快乐成长
		服务对象满意度指标	幼儿园办学条件得到提升
		………	
其他问题说明			

二、××学院××楼改造工程项目可行性研究报告

1. 关于建设多功能综合教学研讨区的情况说明

为了适应新时期、新形势下学校工作的要求，更好地发挥学校在理论研究、创新发展方面的作用。促进国内外学术交流，提供对外交流平台，拟在校园西部规划建设"本学校多功能综合教学研讨区"。

2. 建设多功能综合教学研讨区的必要性

（1）是新时期、新形势下学校教育的要求。随着学生整体素质和文化理论水平的提高，单纯的授课、讲课方式已经不能满足需求，而更多地采用交流、研讨的方式进行。这也是目前其他高校和研究机构中研究生教育所通常使用的方法。随着改革进入深水区，面临纷繁复杂的世情、国情，学员们一方面希望能通过学习解决学习中的疑难与困惑；另一方面，通过学习，强化理论素养，提高应对和驾驭复杂局面的能力。这些变化都对我们的教学工作提出了更高的标准和要求，为此，这些年来我校加大了邀请国内外著名专家学者来校授课的力度，与此同时也需要建设这样的一个平台用于进行高级研讨交流，并开展情景式、体验式的教学活动。

（2）作为国内重点高校之一，需要高水平的国内外学术交流活动作为支撑。多功能综合研讨区的建设为活动提供一个良好的平台，提高我校的学术水平，也为国家学术决策发挥好智囊团的作用。

（3）随着对外开放，国际组织和社团的来访数量不断增多，迫切需要一个相对独立的接待场所。目前，我校的外宾接待工作主要在综合楼北面休息大厅，其原设计功能不是作为外事活动的场所。而且综合楼本身还担负着教学及其他的任务，一有重要的活动时双方互有影响。在多功能综合研讨区进行外事活动，利用其配套设施中的会议及语言系统，提高外事活动的水平，使其在空间上更加的独立、完整，在活动安排、安保方面体现更好的效果。

3. 建设多功能综合教学研讨区的可行性

（1）项目位于校园西部，东临动力中心，北邻方舟湖，西面是景观水渠和道路，南面为绿地和景观湖，是原规划学工食堂的地址，场地已完成"五通一平"。

（2）学工食堂项目建设于2008年提出。主要是解决三个方面的问题：一是考虑到南灶（××楼）停办职工灶；二是扩大学生就餐的人数和地点，含国际班学员；三是为部级楼提供对外服务。项目变更后问题解决措施如下。

1）职工就餐需求方面：目前已经统筹规划，对南灶进行了维修改造，二楼担负在校生的就餐，一楼负责对外和校内工勤人员就餐。

2）学员就餐方面：拟通过维修改造，启用一食堂三层的宴会厅作为国际学员就餐场所；计划经维修改造启用二食堂二层的就餐场所；拟对清真食堂进行加建一层的改造，扩大就餐面积。这样，在满足学员就餐的基础上，增加了未来学生的就餐的能力。

3）按照学校的精神和要求，取消原学工食堂项目中规划的多功能对外服务餐厅。

结合上述几点，完全可以调整变更学工食堂项目。

（3）目前，项目变更建议意见已获得教委的原则同意，进入项目预评估阶段。

4. 多功能综合教学研讨区的规划概况

研讨区规划占地 24 736m²，总建筑面积 9596m²，其中地上建筑面积 3376m²。由 4 栋独立的建筑构成，建筑之间使用回廊连接。考虑到我校处于文保区内，兼顾我校原有的建筑风格，采用"新中式"设计风格，集传统与现代的庭院式建筑，简约大气，朴实厚重。与校园现有的水系与园林景观相结合，相得益彰。使用功能与校园美化、文化相结合，成为校园内新的地标性景观建筑。

5. ××学院××楼维修方案

（1）××遗址的由来。××原称"××别墅"，位于校西门东侧，西临××学院。"××别墅"前身为"××公所"，是××办公之所，后维修改建定名为"××楼"。

（2）××楼现状概况。××楼占地十二亩，改建时保持古典庭院式的建筑风格，与××相仿，院内仍存"××公所"时期原南大门与马道，具备较高的历史价值。该院落共两进，共含 9 栋单体建筑，建筑面积 5277m²，采用古建中式南北纵轴线对称结构。其中一进为面对大门的 4 栋单层建筑（编号 5～8 号楼），由连廊连接；二进为三栋二层建筑，为主楼（3 号楼）、东配楼（4 号楼）和西配楼（1、2 号楼），同样由连廊连接；在院落的东北角为配餐中心（9 号楼），为一二层建筑。原结构采用砖混结构，下架为混凝土柱及梁，用混凝土楼板分隔出上架，上架为木檩、木椽，游廊为木结构。墙面为灰色仿古面砖，屋面为中式筒瓦；台明石、台阶及柱顶均为青白石。外檐门窗采用铝合金仿古门窗。主体建筑为掐箍头，游廊的彩画为苏式彩画。原取暖采用分体式空调，主机外挂于墙外。院内古树约 200 株，绿地面积 40％左右，排水由南向北采用自然地面排水。

由于建设年代久远，当时建设标准较低，部分古建历经风雨侵蚀，保护措施不够，同时多年的对外承租使用情况复杂致使建筑严重损坏。屋面残损漏水，导致部分椽檩被浸泡糟朽，承载力下降；室内吊顶被浸泡，不仅影响美观而且威胁消防安全；外墙的仿古青砖大面积剥落，墙面斑驳不堪，甚至发生掉落的青砖砸伤行人的情况；原有的门窗漏风，且不符合现行的节能标准；部分出檐变形，彩绘大面积的剥落变色，无法辨识；院内排水不畅，经常产生积水，不仅影响安全而且浸泡墙基影响整体使用；分体式空调在墙上大面积的打洞，既影响美观，又不符合节能的需要；同时，院落的角落还有一些临时功能性建筑，外观残破简陋，严重地破坏了整体景观的和谐，因此亟须对整体院落进行彻底的保护性修缮。

（3）整体保护性修缮方案。

为了更好地保护现有的庭院、建筑及景观，彻底地整治各方面的残损及功能缺失，按照文物修缮"修旧如旧"的精神，本着节约建设资金的原则，对该××楼的维修方案统筹协调，并进行了反复的论证。修缮方案分为 5 个部分，分别为古建结构加固及修缮、室内装修、水暖电气功能完善、庭院环境综合整治、设备及家具购置。

1）古建结构修缮。

①修缮方案。鉴于××楼现有建筑 1～9 号楼的残损现状，拟在结构鉴定加固后对其屋面进行全部揭瓦翻修，更换新屋面瓦，补配、更换糟朽的椽飞，调整檐口，墙体剔补酥

碱青砖，重新粘贴仿古面砖，重新铺墁地面，散水，更换走闪、风化的台明石，重绘油饰和彩画。对于连廊，除更换现有的连廊顶以外，嵌补开裂的部分廊柱，墩接柱根，恢复原形制，重绘油饰和彩画。

②修缮做法。

a. 鉴定加固。

对 1～9 号楼的结构承载部分进行检测。

针对改建方案进行承载力复核。

若不满足要求进行结构加固。

b. 屋面。

翻修屋面、重新更换原屋面瓦。

更换全部勾头、滴水。

重做垂脊。

工程量为 100% 屋面。

c. 椽子、望板、连廊。

更换糟朽的望板 70%、连檐 80%。

更换椽缘 80%、飞椽 90%。

d. 大木构架。

墩接糟朽的柱根 70%。

嵌补开裂的竹子 70%。

更换糟朽的木踏板 100m²。

木构件断白处理 500m²。

e. 室外墙体、墙面。

室外墙面剔补酥碱砖墙面 20%。

墙体加保温层。

室外墙面原面砖全部拆除后重新粘贴仿古面砖。

f. 台明。

更换走闪、风化严重的条阶石 80%。

更换踏步石 100%。

散水重做。

g. 油饰、彩绘。

重做全部油饰。

重做苏式彩绘。

h. 长廊修缮。

9 号楼与 5 号楼之间增加长廊。

原长廊修旧如旧。

2）建筑室内装修。

①修缮方案。鉴于现有的室内装修已完全不具备正常的使用功能，需要进行彻底的室内重新装饰，室内装饰需拆除原有的室内地面、墙面、吊顶、卫生间、窗户、门及各种水

暖电的管线，重做地面、墙面贴壁纸、重做卫生间、更换门窗与管线，更新水暖电气配套设施。同时，针对不同的使用需求，更改部分房间的功能。在3号楼与4号楼增设4个大开间多功能厅。

②修缮做法。

a. 室内地面。

拆除原地面瓷砖、地毯。

走廊及大厅更换仿古金砖地面装。

室内用木地板。

b. 室内墙面。

拆除原墙面壁纸及木质装潢。

重新贴壁纸。

c. 卫生间。

拆除原墙面瓷砖、顶棚铝塑板、洁卫具。

重做防水。

卫生间内新帖地砖与墙砖。

安装洁具、卫具、五金件。

安装新的铝扣板吊顶。

d. 窗户。

拆除原铝合金窗户。

更换仿古、断桥铝窗户。

e. 门。

拆除原入户门。

更换实木门，含五金件。

f. 吊顶。

拆除原吊顶。

新作吊顶。

3）水暖电配套改造。

鉴于原有的建设标准较低，管线设置不合理，拟在维修过程中进行彻底改造。

①空调系统。

拆除原壁挂式空调。

采用中央空调通风、制冷。

增设PM2.5空气净化系统。

②电气改造。

拆除全部强、弱电管线。

强电更换全部电缆，配电柜，更换灯具。

弱电增设网络系统。

弱电增设安防门禁监控系统。

弱电增设智能视频系统。

③给排水改造。

拆除原给排水、消防管线。

重做给排水系统。

增设直饮水系统。

重做消防管道、增设智能喷淋系统。

④暖气改造。

拆除暖气管道。

锅炉房改进，系统升级。

新做地暖采暖系统。

⑤餐厅燃气改造。

拆除原燃气管线。

改进厨房燃气系统。

4）庭院综合整治。

①修缮方案。现有的庭院内约有古树200株，绿地面积约为40%。由于缺乏专业的排水、浇灌系统，庭院风景未形成整体景观效果，道路设置随意并且雨天积水严重。因此，需要对地下管网进行彻底改造，增设给排水、各种管线、专业的喷淋系统，并大幅增加绿地及人文景观。

②修缮做法。

原地下管网探测、综合整治。

更换给排水管道。

增设自动喷淋系统。

草地绿化。

道路重做，改进行走路线。

增设路灯。

院墙四周增植树木。

新做人造景观，含喷泉、假山等。

5）家具及厨房设施的购置。

为了保障正常的办公、服务功能，需要购置相应的家具与厨房设备。具体内容如下。

雕花隔断屏风22m^2。

桌椅38套。

衣柜77套。

床40套。

窗帘布4752m^2。

沙发9套。

灯具、电视等43套。

厨房设备及厨具1套，餐具210套及相应餐桌椅。

6. ××楼改造项目评审意见

（1）项目概况。

1) 项目名称。××宾舍改造项目。

2) 建设单位。××学院。

3) 建设地点。××宾舍原称"××别墅",位于××学院校东门西侧,西临学院,××山、××寺,面向××大学,距风景胜地××举步之遥,与××园为邻。

4) 场地概况。占地10 000m²,园子呈方形。北侧为××大街,西侧为××庄村,西侧和南侧为××学院。

主体建筑历史悠久,虽经几百年的风风雨雨,园内古色古香风韵依旧,古典庭院式的建筑风格与颐和园相仿,保留了传统的皇家花园风范。园门坐北朝南,现状为两进院落格局,共含9栋单体建筑,建筑面积5277m²,采用古建中式南北纵轴线对称结构。其中,一进为面对大门的4栋单层建筑(5~8号楼),由连廊连接;二进为三栋二层建筑,为主楼(3号楼)、东配楼(4号楼)和西配楼(1、2号楼)同样由连廊连接;在院落的东北角为配餐中心(9号楼),为一二层建筑。院内仍存"东公所"时期原南大门与马道,具备较高的历史价值。

5) 交通条件。位于××环南侧,北侧为××大街,东侧为××胡同,南侧为××园路,东侧为××园西路。

6) 主要技术经济指标表。

序号	项目	指标	备注
1	用地面积	约7890m²	
2	总建筑面积	5277m²	
3	建筑层数	1~2层	
4	建筑高度	5~9m	
5	容积率	0.67	
6	建筑密度	25%	
7	绿地率	40%	

（2）评审意见。经初步评审，认为××楼改造项目符合三山五园历史文化区整体规划。该院落在区域文化完整性上具有重要意义，建筑风貌格局完整，具备一定的历史价值。改造思路基本实现了上述原则，并有所创新，符合建筑保护和利用的基本要求，需结合评审意见进一步完善设计工作。

1）建筑专业。

①由于地处历史区域，周边市政条件不完善，应充分考虑市政设施的接入方式，避免场地积水。也可考虑雨水收集方式并以此补充绿化用水。

②现状景观树木绿植保存较好，但地面铺装需要重新设计、翻新，建议采用渗水砖，以减少市政排水压力，并起到土壤保水以利绿化的作用。

③南面门楼为文保建筑，需重点保护，可在原址修旧如旧基础上延续随墙门中西合璧的风貌，将门楼两侧等显著位置的围墙修复起来。

④现状部分建筑（5～8号楼）及围合院落为该院核心区域，建议采取落架大修方式并将大木作内部结构外露，以体现古建筑整体风貌。

⑤装饰装修风格宜简不宜繁，保持素雅端庄的园林建筑风格。

2）结构专业。

①应委托正规的检测单位对原建筑进行全面的检测及抗震鉴定。

②依据检测报告对原建筑进行有针对性的结构加固。

③考虑改造后的建筑功能及建筑风格的要求，对原结构进行适当的改造。

④对屋顶木屋架中腐朽、损坏的构件进行替换。

3）设备专业。

①建议协调附近市政排水路由，确认标高，补充室外化粪池等构筑物设置方案。

②建议复核室外消防水量，设置必要的灭火系统。

③结合古建特点，建议设置地暖系统。

④建议根据项目情况，提出配电电源容量、回路设置、敷设方式等方案。

4）经济专业。

①总概算项目齐全，取费基数较为合理，总投资基本合理。

②部分专业工程工程量需核实调整。

③预备费建议按工程费的3%～5%计取。

××设计研究院

××年××月××日

三、××镇××村标准厂房项目可行性研究报告

目　　录

10.1　投资估算

10.2　资金筹措

11　经济效益和社会效益分析

11.1　经济效益分析

11.2　社会效益分析

附件：××市固定资产投资项目合理用能登记表

1　总论

1.1　项目概况

项目名称：××镇××村标准厂房

项目承办单位：××镇××村经济合作社

法人代表：×××

项目联系人：×××

项目主要内容：根据市政府有关文件精神，在镇政府的统一规划下，拟在本村建造村级标准厂房，计划建造三层厂房12幢，总建筑面积46 443m²。

项目总投资：3417万元

1.2　项目背景和建设必要性

××村地处××镇中心地段，329国道两侧，东与××村接壤，南与××村相连，西与××村毗邻，北面紧挨××镇工业集聚地，地理位置比较优越。全村现有常住户864户，人口2574人，2007年实现农村经济总收入1.8亿元，农民人均收入达到7211元。村域内个体私营经济发达，工业配套能力强，全村现有各类小企业达115家，经营范围主要有电子、电器配件、文具制笔、塑料制品、五金等。

随着村内企业进一步的发展、规范，现有家庭作坊式小企业已不能适应形势发展，为提高群众生活质量，加强环境整治，加快社会主义新农村建设，亟须扩大企业经营场地及搬迁出村庄。

村域范围内115家企业，遍布村的每个角落，主要是利用村原生产队仓库、学校等简易房屋。现租房户租用面积约5000m²，根据调查反映，普遍认为面积偏小，严重阻碍了企业的进一步发展，对厂房的需求颇为迫切。经初步统计，如村域内企业整体搬迁，需用厂房面积50 000m²以上，同时，周边村落的村民也有明确的意向落户新建村标准厂房，预计需求面积已大大超出设计面积。

实施本基建项目的优点包括以下几点。

一是解决小企业经营场地困难问题。现有小企业因生产发展需要，亟须厂房扩大生产，但在现有条件下单个项目实施新建厂房不够规模。通过村标准厂房建设，可以缓解小企业经营场地问题，同时促进小企业的互相协作，并促使本村的工业经济飞跃发展。

二是可以改善环境质量，缓解邻里关系，提高村民的生活质量。小企业大多厂居混杂，噪声、污水、垃圾等对周边居民生活带来不便，导致邻里关系紧张，社会治安压力加重，规划一个标准厂房，可以集中处理环境污染，减少邻里矛盾，促进社会和谐。

三是增加集体收入。标准厂房的建设，每年可增加集体收入数百万元。

　　四是标准厂房建设可以集约利用土地。在当前土地供求矛盾十分突出的情况下，如何提高土地利用率是迫切需要解决的现实矛盾，而拟建项目的标准厂房建设可以巩固上阶段土地市场治理成果，保护耕地、节约用地和提高土地利用率，优化本镇可用土地资源配置，又可以集中利用公用设施，从而达到节约用地的目的，这对于本镇工业经济的可持续发展也具有积极的作用。

　　因此，××村经济合作社投资兴建本项目确实非常必要。

1.3　编制依据和研究范围

1.3.1　编制依据

《中华人民共和国城市规划法》

《××市国民经济和社会发展第十一个五年（××××～××××年）总体规划纲要》

《镇规划标准》（GB 50188—2007）

《××市域总体规划》（2005—2020）

《××市土地利用总体规划》

《关于同意××镇××村标准厂房建设项目（二期）立项的批复》（×发改投〔2013〕×××号）等

1.3.2　研究范围

本项目可行性研究报告工作的范围如下。

（1）分析项目的背景，研究项目的市场需求和发展趋势。

（2）分析项目建设方案，包括厂房及配套设施建设。

（3）给排水、供电、通信等专业方案。

（4）环保、职业安全卫生、消防及节能措施。

（5）项目投资估算、经济效益和社会效益分析。

1.4　项目主要经济技术指标

序号	项目	数量	单位	备注
1	总用地面积	31 636	m²	
2	总建筑面积	46 443	m²	
3	建筑占地面积	15 481	m²	
4	绿化面积	6264	m²	
5	容积率	1.47		
6	建筑密度	48.9	%	
7	绿化率	19.8	%	

1.5　结论和建议

本项目建成投产后，可带来一定的经济效益和社会效益，从居民区迁出小规模企业，可以改善居民区的环境，又可以在一定程度上缓解邻里矛盾，促进精神文明和物质文明同步发展，同时还给村和企业带来丰厚的经济效益。标准厂房出租，每年可新增集体经济收入 50 万元，同时这部分出租企业约可新增产值 2.5 亿元，新增利税 1600 万元。

实施本项目，是贯彻落实党的"十七大"精神和科学发展观的具体体现，它对于解决"三农"问题，提高人民群众的生活质量、增加富余劳动力就业门路和农民收入，促进社会和谐都有着积极的作用，同时又是壮大集体经济的有效举措，社会效益和经济效益极为显著。同时，也为小规模企业的发展找到了一条出路。

综上所述，该项目是加快社会主义新农村建设，为民办好事、办实事的项目，在规划、技术、经济方面都是切实可行的。

2　建设条件和项目选址

2.1　建设条件

2.1.1　气象条件

本项目所在地处于北亚热带南缘，属季风型气候。四季分明，冬夏稍长，春秋略短。年平均气温 16.0℃，7 月最高，平均 28.2℃，1 月最低，平均 3.8℃。历史最高气温 38.5℃，最低气温－9.3℃。雨量充足，年平均降水量 1272.8mm，平均年径流总量 5.122 亿 m^3，降水高峰月份为 9 月，平均占年降水量 14%。冬季盛行西北至北风，夏季盛行东到东南风，全年以东风为主，年平均风速 3m/s，年平均大风日数 9.6 天。夏秋间多热带风暴。境内灾害性气候以水、旱、风、潮为主，另有气温异常等。

2.1.2　工程及水文地质条件

本项目所处近山平原母质复杂，多属水稻土，土层深厚、土质均细、黏粒含量高、蓄水量足，质地以重壤为主，丘陵区多为自然土壤，正逐步红壤化中，有红壤、潮土、水稻土三个土类，多石砾，黏粒含量高，质地为中壤至轻黏，酸性重，养分贫乏，保肥保水性能差。

2.2　项目选址

××镇××村，西至××村标准厂房，北侧临河，东侧紧邻××路，南至××路。所选地址交通便捷，有利于项目建设进度和村集体经济效益的实现。

本项目选址符合××市××镇土地利用规划，属待置换用地，符合××镇城镇建设总体规划。

2.3　所在区域现状

××镇位于浙东东海之滨，东接××港，北倚××湾，是全国"四大名卫"之一。坚持全面、协调、可持续的发展道路，让××镇这片古老土地散发出浓郁的现代气息，成为全省小城镇综合改革试点镇、××湾大桥经济圈中最具发展潜力的区域之一。××××年全镇实现国民生产总值 35 亿元，财政总收入 2.8 亿元。

××镇的区位优势突出，××国道和××湾跨海大桥南岸连接线穿镇而过，使这里成为沪、杭、甬三地的交汇中心。为了能给更多企业搭建发展平台，××××年起，××镇开始工业集中区块建设，目前已形成东西两大工业区块，总规划面积达 533.33 万 m^2 以上，现已建成 333.33 万 m² 以上，吸引了 110 多家企业进驻。其中东部工业区块，集聚了以欧式插座、打火机为主的产业群，全世界 70% 的欧式插座从这里生产出口，是全球最大的欧式插座生产基地。此外，××镇还累计投入 5000 多万元资金，用于工业区块基础设施建设，为海内外投资者在这里设厂兴业提供完善的软硬件环境。

3　市场预测和拟建规模

3.1　市场定位分析

本项目主要围绕标准工业厂房及办公等附属设施的整体开发，采取标准工业厂房的招租生产为主和自主生产为辅的经营方式，对市场前景良好、环境污染少的项目优先引入，择优选择生产商，同时又可以对整个项目进行协调管理，形成小区域内的经济互补，减少投资的盲目性和失误。

标准厂房是指在规定区域内统一规划，具有通用性、配套性、集约性等特点，主要为中小企业集聚发展和外来企业投资项目提供生产经营场所的发展平台。推进标准厂房建设，有利于优化资源配置，缓解用地紧张矛盾；有利于优化生产力布局，促进中小企业发展；有利于培育产业集群，建设先进制造业基地；有利于改善生态环境，实现经济社会和谐发展。标准厂房出租分析如下。

(1) 中小企业用地已受政策制约。中小企业用地，根据目前集约用地、节约用地的政策很难得到支持，要单独征地、独自建造厂房的可能性极小，而要进入××市××区等又没有经济承受能力（新区规定，凡进区工业项目，总投资在 3000 万元以下的项目，原则上不单独供地），因此，这些企业负责人也想方设法寻找新的空间，大多是租用各种闲置房屋，有的做仓库，有的设车间等。

(2) 租用标准厂房是中小企业加快资本积累和发展的好途径。企业小，经济实力有限，靠大量投入的确是一件难办的事，若能厂房租用，只需要增加生产设备就能扩大生产能力，对企业来说既省钱（一般可节省投资 40%～50%）又省时（一般可缩短项目实施时间的 1/3 左右），并能省力（如项目报批、办理用地手续、有关部门审批等），因此，本项目的举措很受企业欢迎。

本项目在酝酿过程中，我们也做了大量的调研工作，结果是不仅中小企业乐意租赁标准厂房，部分上规模的企业也想租用，因为这样，对企业来说，有利于专心地组织生产，有利于资本的快速积累；对当地政府来说，有利于安全生产管理，有利于税收、规费的征收；对区位经济来源，有利于产业规模集聚和优化升级，有利于资源共享等。

3.2　市场预测

目前，××镇已成为××市的经济热点地区，除了几个龙头项目外，还汇集了国内众多知名厂家前来办厂，一些发展态势较好又急于扩张的企业苦于没有用于扩大再生产的基础条件（如土地等），生产已难以满足市场的快速增长形势。另外，企业在发展过程中对土地的需求日益加大，它们为满足市场需求，均提出了拟扩产建设的要求，特别是中小企业根据自身积累申请少量用地，有 0.2～0.4 公顷的，也有 0.6～0.8 公顷的，因为目前它们无法原地扩展，也亟须发展空间。

3.3　拟建规模

根据大量调研的情况，本项目拟在本村建造村级标准厂房，计划建造三层厂房 12 幢，总建筑面积 46443m²。具体分布见下表。

名称	长度（m）	宽度（m）	层数	面积（m²）
厂房一、二、四、五	54.24	27.24	三	4431
厂房三	77.24	27.24	三	6315
厂房六	64.24	27.24	三	5244
厂房七、十	42.24	20.24	三	2562
厂房八	52.24	20.24	三	3171
厂房九	40.24	20.24	三	2442
厂房十一	39.24	20.24	三	2382
厂房十二	66.56	20.24	三	4041
合计				46 443

4　工程方案

4.1　总平面布局

本块地内的住宅建筑主要围绕着园区内各向的中心道路布局，在东侧××路南北各设置一主、次出入口。（具体布置详见项目资料总平面规划图）

小区内 12 幢标准厂房平行布置于地块，通过区内纵横道路将周边各幢厂房贯穿在一起，区内绿化均衡地分布在各个区域中，保证了公共景观的资源被充分的利用和分享，达到了比较高的和谐性和均好性，形成了丰富多变的生产环境。

小区内道路分为主干路（12m 或 11m）和支路（5m）。小区主干路直接与厂房各个出入口相连，支路均与主干路相连，充分保证了交通的顺畅，同时满足消防要求。

4.2　入园企业和主要运营办法

根据各标准厂房园区实际，按照不同项目所适合的产业特点，规定企业进入标准厂房园区以及使用标准工业厂房的标准界限。明确高新技术项目、无污染工业项目，允许和鼓励各类外资项目按实际需要可优先使用标准厂房。禁止污染类、低效投资项目进区。在符合规划的前提下，所有进区项目建设都要按照投资实际需要批准并安排占用土地的数量。对凡是符合使用标准工业厂房的入区企业原则上均要应用标准厂房，对使用标准厂房尤其是多层标准工业厂房的企业给予优惠条件。

5　公用工程

5.1　给排水

本项目生活用水，日用量 70t，由××自来水厂供应，标准厂房建成后可就近接通。

排水室内采用雨、污、废水分流制，室外采用雨、污水分流制。工业废水和生活废水经处理达标排入排水管网，雨水经雨水管网汇集后排入排水管网或就近排入河道。

5.2　供电

根据建设规模和承包企业行业结构，本项目属于三级用电负荷，拟新增800kVA变压器1台，商请××市供电局解决。

厂区内供电线全部用电缆线均采用地埋式，照明采用BVR型绝缘导线穿PVC管在墙、楼板内暗敷设。

5.3　通信

通信光缆已经敷设到位，用户可根据需要申请安装。

6　环境保护、卫生安全和消防

6.1　环境保护

6.1.1　环境保护执行标准

(1)《建设项目环境保护管理条例》(国务院××年第××号令)；

(2)《地表水环境质量标准》(GB 3838—2002)；

(3)《环境空气质量标准》(GB 3095—2012)；

(4)《工业企业设计卫生标准》(GB Z1—2010)；

(5)《污水综合排放标准》(GB 8978—1996)。

6.1.2　环境保护规划目标和对策措施

(1)规划目标。要求租赁企业必须做好环境影响评价，推行清洁生产，采用低耗无污染或少污染的新工艺，在生产过程中严格执行"三同时"制度，切实搞好"三废"治理工作。对生产中产生的"三废"进行分类、分级、分步处理，最大限度地减少"三废"对区内环境的影响。

规划对大气环境质量要求达到一级标准，河网水质达到Ⅲ~Ⅳ类水体标准，环境噪声要求达到国家标准。即交通干线两侧噪声平均控制在68dB(A)，区域内环境噪声控制在56dB(A)。

(2)对策措施。

1)严格控制新污染源，认真执行环境影响评价制和"三同时"制度。

2)租赁企业的生产应以节能、清洁生产为发展方向。

3)加强区域内环境保护的评估工作，实行污染总量控制。

4)加强对水环境的治理和保护，确保区内河网水质达到Ⅲ~Ⅳ类水体标准。

5)区内实行雨、污水分流排放体系，雨水可就近排入河道，区内污水主要为生产废水和生活污水，先由企业自行治理，后接入区内污水管道，严禁直接排放。

(3)环卫设施。

1)垃圾处理。区内合理布置垃圾和粪便无害化处理设施，实现垃圾收集容器化，粪便处理无害化、管道化，保证区内环境景观，生活垃圾由环卫部门收集后在区外进行填埋处理。

2)公共厕所。厕所均设在标准厂房内，由租赁企业负责清洁卫生工作。

6.2　劳动卫生与安全

镇村二级要对承租标准厂房的企业进行选择，符合进标准厂房的企业，才能有资格承租标准厂房，并对有关企业进行有效管理。

企业必须严格执行安全生产的有关规定，从业人员必须严格按照操作规程，穿戴必要的劳动保护用品，并对职工进行必要的安全生产和操作规程培训。

6.3 消防

区内秉着"预防为主，防制结合"的原则，严格执行国家现行各类消防设计规范，合理划分消防责任区，统筹布局消防设施；各类建筑物严格按《建筑设计防火规范》（GB 50016—2006）等各相关要求建设。主要措施如下。

（1）区内沿各级道路布置消火栓，间距≤120m。

（2）设置集中消防控制室、消防水池、消防水泵房、火灾自动报警设施。

（3）租赁企业按规定要求配备干粉灭火器。

（4）管理部门加强日常检查，杜绝火灾隐患。

7 节能

7.1 设计主要依据

（1）《夏热冬冷地区居住建筑节能设计标准》（JGJ 134—2010）；

（2）《公共建筑节能设计标准》（GB 50189—2005）；

（3）《建筑节能工程施工质量验收规范》（GB 50411—2007）；

（4）《民用建筑热工设计规范》（GB 50176—93）；

（5）《胶粉聚苯颗粒外墙外保温系统材料》（JG/T 158—2013）；

（6）《建筑外窗采光性能分级及检测方法》（GB/T 11976—2002）；

（7）《采暖通风与空气调节设计规范》（GB 50019—2003）；

（8）《通风与空调工程施工质量验收规范》（GB 50243—2002）；

（9）《建筑给水排水及采暖工程施工质量验收规范》（GB 50242—2002）。

7.2 节能措施

合理布局，减少能耗；采用节能灯具；变压器尽量置于负荷中心；尽量采用自然通风和采光；选用节能设备和采用合理的保温材料；加强能源管理，抓好节能教育。

8 组织管理与运营策略

8.1 组织管理

本项目采取村有关职能办公室领导下的经理负责制，下设办公室、财务组及工程管理组，项目竣工后更名管理部。

8.2 劳动定员和人员培训

项目劳动定员5人，即经理1人，工程管理组2人，办公室及财务组各1人，所有管理人员由村统筹安排并负责统一培训，不足部分向社会招聘。

8.3 运营策略

为加快本区域创新的步伐，在项目建设过程中，通过配套建设部分通用性标准厂房作为产业化基地。在对中小科技企业开放的同时，这部分通用性标准厂房将以优惠租金接纳从市内外迁入的科技企业。通过这些进入快速成长期科技企业的迁入，带动为其配套的相关科技企业进入本基地落户，营造产业聚集效应。

9　项目建设进度

项目	2008 年					2009 年												2010 年	
	8	9	10	11	12	1	2	3	4	5	6	7	8	9	10	11	12	1	2
编制可行性研究报告并报批相关用地手续	■	■																	
土建设计及工程招投标			■	■	■														
土建施工					■	■	■	■	■	■	■	■	■	■	■	■	■		
项目竣工验收交付使用																		■	■

10　投资估算和资金筹措

10.1　投资估算

本基建项目投资估算 3417 万元，具体分布如下。

类别	名称	单位	数量	单价造价（元）	金额（万元）	备注
土建	三层楼	m²	46 443	600	2787	
	小计	m²	46 443		2787	
征地及配套费					480	
设备费用					100	
不可预见费					50	
合计					3417	

10.2　资金筹措

本基建项目所需总投资，全部由村经济合作社自筹解决。

11　经济效益和社会效益分析

11.1　经济效益分析

根据市场实际，考虑出租标准厂房价格定位在 10～12 元/m²，标准厂房出租每年可收取房租 50 多万元，租房企业还可新增产值约 2.5 亿元，新增利税约 1600 万元，无论是村集体还是各中小企业，均会产生很好的经济效益。

11.2　社会效益分析

本项目的投资建设可以增进地方政府的财政税收，加强相关产业的配套，增加当地的劳动力就业，带动相关产业的发展，从而也可以拉动当地的 GDP 的增长，因此，投资本项目社会效益显著。

附件：

××市固定资产投资项目合理用能登记表

项目名称：××镇××村标准厂房项目　　　　　　　填表日期：××××年××月××日

<table>
<tr><td rowspan="6">项目概况</td><td>项目单位</td><td colspan="2">××镇××村经济合作社（盖章）</td><td>单位负责人</td><td>×××</td></tr>
<tr><td>通信地址</td><td colspan="2">××镇××村</td><td>负责人电话</td><td>×××××××××××</td></tr>
<tr><td>建设地点</td><td colspan="2">××镇××村</td><td>邮编</td><td></td></tr>
<tr><td>联系人</td><td colspan="2">×××</td><td>联系人电话</td><td>×××××××××××</td></tr>
<tr><td>项目性质</td><td colspan="2">□新建　□改建　□扩建</td><td>总投资</td><td>3417万元</td></tr>
<tr><td>项目类型</td><td colspan="4">□公用建筑　□居住建筑　□工业项目　□基础设施　□其他</td></tr>
<tr><td rowspan="19">年消耗需求量</td><td>能源种类</td><td>计量单位</td><td>年需要实物量</td><td>参考折标系数</td><td>年需要标煤量
（吨标煤）</td></tr>
<tr><td>电力</td><td>万 kW·h</td><td></td><td>1.229</td><td></td></tr>
<tr><td>天然气</td><td>万 m³</td><td></td><td>12.143</td><td></td></tr>
<tr><td>热力</td><td>百万 kJ</td><td></td><td>0.034 1</td><td></td></tr>
<tr><td>原煤</td><td>t</td><td></td><td>0.714 3</td><td></td></tr>
<tr><td>洗精煤</td><td>t</td><td></td><td>0.9</td><td></td></tr>
<tr><td>其他洗煤</td><td>t</td><td></td><td>0.285</td><td></td></tr>
<tr><td>型煤</td><td>t</td><td></td><td>0.6</td><td></td></tr>
<tr><td>原油</td><td>t</td><td></td><td>1.428 6</td><td></td></tr>
<tr><td>汽油</td><td>t</td><td></td><td>1.471 4</td><td></td></tr>
<tr><td>煤油</td><td>t</td><td></td><td>1.471 4</td><td></td></tr>
<tr><td>柴油</td><td>t</td><td></td><td>1.457 1</td><td></td></tr>
<tr><td>燃料油</td><td>t</td><td></td><td>1.428 6</td><td></td></tr>
<tr><td>液化石油气</td><td>t</td><td></td><td>1.714 3</td><td></td></tr>
<tr><td>焦炭</td><td>t</td><td></td><td>0.971 4</td><td></td></tr>
<tr><td>其他焦化产品</td><td>t</td><td></td><td>1.3</td><td></td></tr>
<tr><td>炼厂干气</td><td>t</td><td></td><td>1.571 4</td><td></td></tr>
<tr><td>其他石油制品</td><td>t</td><td></td><td>1.2</td><td></td></tr>
<tr><td>其他燃料</td><td>t</td><td></td><td>1</td><td></td></tr>
<tr><td colspan="6">项目节能措施简述（采用的节能设计标准、规范以及节能新技术、新产品并说明项目能源利用效率）：
　　本项目在建筑热工设计、通风、空调等方面严格执行相关标准和规范的要求，经综合测算，本项目单位建筑面积年能耗为_____ kgce/m²，单位投资能耗为_____ kgce/万元，符合国家及省、市节能设计的要求</td></tr>
<tr><td colspan="6">其他需要说明的情况：</td></tr>
</table>

四、某房地产投资项目可行性研究报告案例

1. 项目概况

（1）地理位置及现状。此住宅商业区位于××新区，小区与新区体育广场紧密相连，周边是大学城，小区能够方便达到公园、本市市政府、音乐喷泉、郊区石窟等。该住宅商业区具有十分优越的地理位置和极为便利的交通条件，消费人口众多，是作为住宅商业的理想位置。

（2）项目建设规模及建设内容。依照该市计划局下达的计划设计条件，拟建的住宅商业小区计划建设总建筑面积 400 200m²，总占地面积 133 400m²，绿化率 30%，主要包括 14 栋小高层住宅塔楼 120 960m² 和 4 层框架商业楼 80 000m²。

（3）配套市政设施情况。此住宅商业小区为新区开发项目之一。该地块自新区开发以来，周边陆续铺设了供电、电信、自来水、污水、燃气、热力等配套市政设施管网，小区开发已具有了有利的市政配套条件。其中，接入广外雨污水干管工程业已完成，燃气、电信、电力、给排水市政工程正在实施当中，都可从周边距离 100m 左右的大街市政管网中方便接入和接出。

（4）主要技术经济指标。本项目工程的主要技术经济参数：

住宅平均销售单价 3999 元/m²，商业平均出租单价每年 600 元/m²。

2. 投资环境及市场情况

在市场需求的快速消化和高房价的抑制下，房地产行业慢慢放缓了前行的脚步。在信贷支持、推动投资、刺激内需等政策的有力支持下，目前经济运行良好。

3. 项目地理环境和周围地域竞争性进展项目

（1）周边环境。本项目地址位于新区大学城，周围交通极为便利，有七八条公交车线在项目周边设站，还有多条远程车线从项目门口通过。有众多学校和科研机构，学术气氛浓厚，治安状况良好。新区整体绿化、美化环境良好，市场前景好，适宜居住及商业开发。

（2）项目周边主要楼盘调查分析。

1）世贸中心。大楼主体建筑为蝴蝶结形，分为 A、B、C、D 四座，其中临开元大道的 A 座、B 座为写字楼，另外两座为高级公寓。世贸中心主体层二楼设计为餐厅，其他楼层还设置有自助银行、商务中心、便利店、咖啡厅、美容健身中心，有专门的净水系统和废旧物粉碎系统。地下停车场为 3 层立体停车位，能够停放 400 多辆轿车。

2）××财富中心。该项目位于新区市政府大楼对面，是集商业、办公、居住为一体的复合型地产项目。其中商业形态包括综合商场、大型超市、酒店式公寓、休闲娱乐中心等。住宅都为高层建筑，旁边有中国移动通信、中国电信、中国联通、中国邮政办公楼。

3）××社区：该社区由加拿大有沿街配套商业与独立商业、双语幼儿园，是集住宅、商业、公寓为一体的花园式人文社区。该项目位于王城大道与古城路交汇处西北角，坐拥新区高贵住宅区金三角中心位置，周边休闲娱乐健身场所、标准游泳池、五星级皇家会所、沿街商业配套、双语幼儿园。

（3）新区整体区域分析。新区建设整体方案，目标定位是5～10年建成城乡一体化示范区。省委、省政府明确提出把新区建设成为该省经济社会进展的重要增加极。

由于该市位于省计划的中原城市群三大产业带的交会点，是国家豫西、山西、陕西能源重化工基地的组成部分，经济总量在中部六省所有地级以上城市中居第四位。因此，省政府要求，利用好新一轮土地利用和城市整体计划修编，高水平计划建设新区，巩固提升该市中原城市群副中心城市地位。

依照"复合城市"理念，将打破行政区划界限，实行区域计划统筹、交通一体、产业链接、服务共享和生态共建，力争通过5～10年把新区建设成为现代产业进展示范、文化旅游精品区、城乡统筹改革进展实验区、现代复合型新区和对外开放示范区。

新区计划要求设立正厅级架构管理"六个区"，新区的综合改革实验和开发建设在省委、省政府统一领导下实施，重大问题报请省委、省政府研究决定。在体制上，成立新区两级组织管理机构。

该市成立新区计划建设领导小组，主要负责新区进展战略、重大计划、产业布局、重大基础设施等计划建设中的重大问题决策，审议各产业集聚区提出的年度计划和建设任务，指导新区依照"小政府、大社会"模式运作等。

同时，还要成立新区工委和管委会，作为该市市委、市政府的派出机构，按正厅级架构设置，下辖原新区、科技园区、经济技术开发区、工业园区、文化旅游园区五个产业集聚区。管委会是新区计划建设的执行机构，具有统一计划编制、人事管理、财政管理等职权。

4. 计划方案及建设条件

（1）项目整体计划建设。

1）建设方案。经该市计划管理局审定，本项目的建设方案如下：

本项目计划在靠近××学院（西区）一侧建大学生商业城：为4层框架结构，占地75亩、建筑面积80 000m²。住宅楼土地东侧拟建7栋住宅楼，各地下一层，地上12层；总建筑面积为60 480m²，另外，还将完成部分公建配套设施的建设。

2）计划目标。以建造具有世界先进性水平的优质城市住宅为目标，满足人们生活环境和居住条件的舒适性、安全性和生态性的要求，为人们提供多样化、可选择、适应性强的住宅，创造具有良好居住环境、有完善基础设施、文明卫生的示范小区。

建设具有时尚特色的大学生商业娱乐城。面向周边大学生及居民和新区公事员提供最优秀的商业服务。

依托科技进步，推行新材料、新产品、新技术，提高住宅功能质量水平，提高小区与住宅的节能、节地、节材效果，使住宅商业区具有较高的文化品质。

合理组织绿化、交通体系，完善公建布局和住宅散布性，使整个小区具有良好的空间布局形态。

吸收各项好的居住计划特点，创造有特色的、满足住户居住生活需要的环境功能。

（2）建设方式及进度安排。

1）建设方式。采用公开招标方式选择施工单位，并聘请工程监理工程师，从而有效地控制项目的工期、本钱、质量。

2）进度安排。项目拟用 2 年分 3 期进行。

1 期：2018 年 3 月—2019 年 10 月，场地平整，商业楼建设装修

2 期：2019 年 11 月—2020 年 6 月，1～7 号楼楼面建设、装修及部分公建配套设施建设

3 期：2020 年 7 月—2021 年 2 月，7～14 号楼楼面建设、装修及部分公建配套设施建设

5. 风险分析

影响本项目的不确定因素主要有以下几个方面：建造成本、售价、贷款利息等。这些因素受本地政治、经济、社会条件的影响，有可能发生转变，影响本项目的经济效益。

（1）盈亏平衡分析。

1）盈亏平衡点。影响本项目税前利润的主要因素分别是总投资、商品房销售价钱、商品房销售率、商业城店铺出租价和商业城店铺出租率等。当发生变更，项目的税前利润为零时，各因素现在的值即为本项目盈亏平横时的临界点值。详见下表：

盈 亏 平 衡 表

项目	不确定因素				
	总投资 （万元）	商品房销售价 （元/m²）	商品房 销售率	商业城店铺出租 价格（每年每平方米）	商业城店 铺出租率
正常情况	63 523.98	3999	100%	600	80%
因素盈亏平衡点变化百分比	45%	−31%	−32.7%	−28%	−36.2%
因素盈亏平衡点值	92 109.771	2759.31	67.3%	432	43.8%
税前利润	0	0	0	0	0
税前利润变化幅度	100%	100%	100%	100%	100%

2）盈亏平衡点分析。综上所述，当项目的投资总本钱增加 45%，可能发生的情况如下：商品房销售价钱下降 31%；商品房销售率下降 32.7%；商业城店铺出租价每年每平方米下降 28%；商业城店铺出租率下降 36.2% 时，达到盈亏平衡点。按照市场预测，该项目的投资总成本增加不会增加 15%，平均销售单价不会低于 3000 元/m²，商品房销售率不会低于 85%，所以，该项目在正常市场经济和稳定的社会治安条件下有盈无亏。

6. 结论和建议

（1）项目具有较好的投资环境与机缘。最近几年，我国经济持续稳固的增加，房地产市场的不断调整和完善，居民对住房的刚性需求和对住房条件和生活水平的要求不断提高，形成了较好的市场前景，再加上本项目周边高校林立，文化底蕴超级浓厚，距市政府一站之隔，大型市政设施举目可见，再加上市政府对新区建设的大力支持及相关的优惠政策，都为本项目提供了一个良好的投资环境与机缘。

（2）项目在经济上具有较强的可行性。

1）本项目工程的主要技术经济参数：建筑面积为 200 960m²。

2）经计算，本项目的主要经济指标如下：住宅平均销售单价 3999 元/m²，商业平均

出租单价 600 元/（m²/a）。

这些经济指标是按照目前市场状况预测得到，且随着新区建设的进展，形势会愈来愈好。

（3）项目开发经营风险较小。本项目有得天独厚的宝贵地段资源，升值潜力大，在新区建设之前，周边无大型商贸城，市场前景较好，招商应该很容易，且本项目属大规模性开发项目，在开发经营进程中政府又给予了特定优惠政策，这些条件都是项目开发优势。只要在实施进程中加以科学的管理和控制，投资风险是很小的。

（4）项目实施的难点。

1）本项目涉及拆迁问题，开发进程中各方面工作协调难度较大。

2）周边有几个与本项目定位相似的楼盘在建，要控制好施工的进度和入市的机会，要按照实际情况不断调整，因此施工难度较大。

（5）项目的社区经济、社会、环境效益评价。

1）经济效益评价。本小区项目收益率高于房地产项目的平均收益率，因此宅项目在经济效益上是可行的。

本商住项目各方面的技术指标均高于平均指标，且有较强的贷款偿还能力。因此，本项目在资金流动上可行。

2）社会效益评价。社区周围因开发而进行的市政配套建设，道路、绿化的改造大大改善了周围的生活环境。

本项目的开发，可为美丽乡村建设提供了一个借鉴，改善环境对新区的建设推进起特别的推动作用，对大学城的项目进展也具有较大的影响。

本项目商业城的建设大大方便了周边大学生和居民的日常生活。

3）环境效益评价。本区要满足商家投资环境的稳定性，居住环境和条件的实用性、舒适性和安全性的要求，为社会提供多样化、开放性、适应性强的商住区域，创造具有良好投资、居住环境，又完善设施的文明小区。

为达到该目标，该项目在规划中注重以人为本，注重生态环境保护，合理进行绿化和安排交通体系设计，力争为住户创造一个安全的居住环境，所以本项目具有良好的环境效益。

（6）预测与防范。项目总投资、项目销售收入和工程进度三项因素是项目投资的主要敏感因素，也是影响本项目开发利润的重要因素。在开发进程中，要严格控制建设成本，降低工程不必要的支出；销售收入对项目的利润影响相当大，每增加一个百分点，对项目利润都有较大影响，所以在销售进程中，要注意价格控制和价格策略的运用，关注项目上市机会和上市技能，注意尾盘销售的时刻控制，销售进度直接影响工程款项的收回，进而影响下一工程的开发和该单位承建项目的可持续性，因此应控制好销售进度的安排，增强销售员的培训或直接找销售代理公司。在推行方面，应该控制好广告费用，避免没有效果的支出。

第二部分　工程项目投资估算

第五章　工程项目投资估算概述

第一节　工程项目投资估算的概念、目的及作用

一、工程项目投资估算的概念

投资估算是指在项目投资决策过程中，依据现有资料和特定的方法，对建设项目的投资数额进行的估计。它是项目建设前期编制项目建议书和可行性研究报告的重要组成部分，是项目决策的重要依据。估算偏高或偏低都会给项目的决策者造成决策失误。如投资估算偏高，则投资收益率低，还款时间长，盈利实现困难，建设项目不易获得批准立项；反之，如投资估算偏低，则投资效益率高，还款时间短，效益好，建设项目能很快地批准实施。但在项目实施过程中，投资失控的现象仍会发生，项目尚未竣工，投资就用完了，缺口资金来不及筹措，使得建设项目不能按国家规定的建设进度完成，不能达到预期目的。而企业仍要向银行缴付巨额贷款利息，却不能给企业创造任何效益。由于资金不足，拖欠工程款现象也就会随之出现，使得施工企业背上沉重的包袱。

投资估算必须综合考虑处理风险与不确定性。估算结果主要用作预算费用或价值分析、业务决策、资产及项目规划的依据，以及项目费用与进度过程控制。对于工程建筑业，投资估算需要预测在规定地点及时间内完成给定项目工作范围所需要的大概费用。利用历史数据以及已经完成项目的经验，采用一定的计算规则与标准，计算与预测规定时间内所采用的资源、方法及管理费用，该费用应综合考虑评估与评测风险。综合考虑风险因素对于 EPC 项目费用估算尤为重要。

投资估算可为项目的不同阶段建立费用基准，是项目管理中最重要的环节。投资估算可以是在项目的某一特定阶段，估算人员在现有数据的基础上对未来费用所作的预测。美国工程造价促进协会（AACE International：the Association for the Advancement of Cost Engineering，前身为 the Association of the American Cost Engineer）将投资估算定义为运用科学理论和技术，根据工程师的经验和判断，解决费用估算、费用控制和盈利能力等问题的活动。

投资估算是预计投资方案、活动或项目所需资源的数量、费用及价格的过程。

投资估算可用于预计投资活动所需资源的数量、费用和价格，如建设楼宇、工厂（发电厂、石油化工厂）、开发软件程序等投资活动。

二、工程项目投资估算编制的目的及作用

1. 工程项目投资估算的目的

（1）用于可行性研究，确定项目的经济可行性。

（2）评价各种项目方案。

（3）优化设计方案。

（4）优化投资方案。

（5）确定项目预算。

（6）基金拨款。

（7）投标报价。

（8）为项目费用和进度控制提供依据。

2. 项目投资估算的作用

由于投资决策过程可进一步分为规划阶段、项目建议书阶段、可行性研究阶段和评审阶段，所以投资估算工作也相应分为四个阶段。由于不同阶段所具备的条件和掌握的信息资料不同，因而投资估算的准确程度也不尽相同，进而导致每个阶段的投资估算所起的作用也不同。但是随着各阶段调查研究的不断深入，掌握的资料越来越丰富，投资估算逐步准确，认知程度更加清晰，其所起作用的重要程度也越来越高。

项目建议书和可行性研究报告的投资估算一经批准。在一般情况下，是不得随意突破的。所以，投资估算直接关系到下阶段的设计概算、施工图预算或工程量清单与计价。涉及整个项目建设期的造价管理与控制。

投资估算的阶段划分和相应作用，有以下几个方面。

（1）在报批项目建议书和可行性研究报告阶段。项目建议书阶段的投资估算，是项目主管部门审批项目建议书的依据，对项目的规划、规模起参考作用。

（2）在工程设计招标投标阶段。按规定，项目设计投标单位在报送的投标文件中，应包括方案设计的图纸、说明、建设工期、工程投资估算和经济分析，以考核设计方案是否技术先进、可靠和经济合理。因此工程投资估算是工程设计投标的重要组成部分。

项目可行性研究阶段的投资估算，是项目投资决策的重要依据，也是研究、分析、计算项目投资经济效果的重要条件。当可行性研究报告被批准之后，其投资估算额就作为设计任务书中下达的投资限额，即作为建设项目投资的最高限额，不得随意突破。

（3）在工程项目初步设计阶段。为了确保不突破可行性研究报告批准的投资估算范围，需要进行多方案的优化设计，实行按专业分块进行投资控制。因此做好投资估算，选择技术先进、经济合理的设计方案，为实施设计或施工图文件编制打下可靠的基础。这样，才能最终保证项目的投资限额不会被突破。

由于项目投资估算对工程设计概算起控制作用，设计概算不得突破批准的投资估算额，因此，必须控制在投资估算额以内。

（4）评审投资估算阶段。项目投资估算可作为项目资金筹措及制订建设贷款计划的依据，建设单位可根据批准的项目投资估算额，进行资金筹措和向银行申请贷款。

项目投资估算是核算建设项目固定资产投资需要额和编制固定资产投资计划的重要依据。

总之，项目投资估算的正确与否直接影响到对项目生产期所需的流动资金和生产成本的估算，对项目未来的经济效益（盈利、税金）和偿还贷款能力的大小也具有重要作用。它不仅决定了项目投资决策的，也影响项目的持续生存发展。

投资估算阶段划分及相应的投资估算主要作用，见表 5-1。

表 5-1　　　　　　　　　　投 资 估 算 作 用

投资估算阶段	投资估算主要作用
规划阶段的投资估算	①说明有关各项目之间的相互关系 ②作为决定是否继续进行该项目的决策依据
项目建议书阶段的投资估算	①判断项目是否应列入投资计划 ②作为领导部门审批项目建议书的依据 ③可否定一个项目，但不能完全肯定一个项目是否可行
可行性研究阶段的投资估算	项目是否初步可行决策的文件
评审阶段的投资估算	①可作为对可行性研究结果进行最后评价的依据 ②可作为对建设项目是否真正可行进行最终决策的文件

第二节　工程项目投资估算编制的依据、范围及步骤

一、工程项目投资估算编制的依据

（1）设计文件。批准的项目建议书、可行性研究报告及其批文、设计方案，设计文件包括文字说明和图纸。

（2）工程所在的地形、地貌、地质条件、水电气源、基础设施条件等情况，以及其他有助于编制投资估算的参考资料。

（3）专门机构发布的工程建设其他费用计算办法和费用标准，以及政府部门发布的物价指数。

（4）专门机构发布的建设工程造价费用构成、估算指标、计算方法，以及其他有关计算工程造价的文件。

（5）拟建项目各单项工程的建设内容及工程量。资金来源与建设工期。

（6）现行建筑安装工程费用定额及其他费用定额指标。

（7）工程项目各类投资估算指标、概算指标、类似工程实际投资情况资料，以及技术经济总指标与分项指标。

（8）工程所在地主要材料价格、工业和民用建筑造价指标、土地征用价格和建设外部条件。

（9）设备现行出厂价格（含非标准设备）及运杂费率。

（10）引进技术设备询价、报价资料。

（11）建设标准和技术、设备、工程方案。

（12）其他有关文件、合同、协议书等。

二、工程项目投资估算编制的范围

（1）项目概况。包括项目的类型（如新建、拟建或改建等），工艺装置的产品种类、规模、建设地点以及项目的整个进度安排。

（2）项目范围。包括项目涉及的主要专业、关键设备，以及设计、采购供应、施工、预试车与开车等较为详细的工作范围。

（3）项目建设所采用的标准规范。

三、工程项目投资估算编制的基本要求

投资估算是一项编纂和分析各项目相关信息的复杂活动。为了保证估算、预算和投资的质量，通常需要对估算过程以及估算结果进行审查，以确保费用估算符合企业要求。

投资估算通常符合下列要求。

（1）反映项目的策略、目标、工作内容与范围以及风险。

（2）满足确切目的，如用于费用分析、决策、控制、投标等。

（3）对项目业主的资金支（垫）付计划或要求做出响应。

（4）确保估算编制与审查人员正确理解估算的基础、内容和结果，包括估算的概率特征（如估算的范围、费用比例与分布等）。

（5）精度要求。投资估算精度应能满足控制初步设计概算要求。

1）项目规划阶段的投资估算，允许误差在 $\pm30\%$。

2）项目建议书阶段的投资估算，误差控制在 $\pm30\%$ 以内。

3）初步可行性研究阶段的投资估算，误差控制在 $\pm20\%$ 以内。

4）详细可行性研究阶段的投资估算，误差控制在 $\pm10\%$ 以内。

（6）选用指标与具体工程之间存在标准或者条件差异时应进行必要的换算或调整。

（7）工程内容和费用构成齐全，计算合理，不重复计算，不提高或者降低估算标准，不漏项、不少算。

对于国际项目，正如美国 AACE 关于费用估算分级推荐实践所述，任何费用估算或任何类型的费用估算都没有绝对标准的精度范围。对于流程工业来说，AACE 对五级估算预计的精度范围要求如下。

1）5 级：考虑到项目技术的复杂程度、相应的参考信息及不可预见情况，低区间及高区间上的 5 级估算精度范围一般分别为 $-20\%\sim-50\%$ 及 $+30\%\sim+100\%$，但异常情况下所涉及的具体区间有可能超过上述范围。

2）4 级：考虑到项目技术的复杂程度、相应的参考信息及不可预见情况，低区间及高区间上的 4 级估算精度范围一般分别为 $-15\%\sim-30\%$ 及 $+20\%\sim+50\%$，但异常情况下所涉及的具体区间有可能超过上述范围。

3）3 级：考虑到项目技术的复杂程度、相应的参考信息及不可预见情况，低区间及

高区间上的 3 级估算精度范围一般分别为 $-10\%\sim-20\%$ 及 $+10\%\sim+30\%$，但异常情况下所涉及的具体区间有可能超过上述范围。

4）2 级：考虑到项目技术的复杂程度、相应的参考信息及不可预见情况，低区间及高区间上的 2 级估算精度范围一般分别为 $-5\%\sim-15\%$ 及 $+3\%\sim+20\%$，但异常情况下所涉及的具体区间有可能超过上述范围。

5）1 级：考虑到项目技术的复杂程度、相应的参考信息及不可预见情况，低区间及高区间上的 1 级估算精度范围一般分别为 $-3\%\sim-10\%$ 及 $+3\%\sim+15\%$，但异常情况下所涉及的具体区间有可能超过上述范围。

工程设计完成比例（或项目定义的完整程度）是决定估算精度的重要因素，除此之外，估算精度还受很多其他因素的影响。这些因素包括项目采用的新技术、用于编制费用估算的参考费用数据信息质量、估算人员的经验和能力、采用的估算技巧、预计用于费用估算的时间和投入以及费用估算的最终用途。其他影响估算可靠性的重要因素包括项目团队对项目进行控制的能力，以及按照项目进展和项目范围变化调整费用估算的能力。因为需要把上述所有因素考虑在内，所以典型估算精度的高低范围变化并不完全确定，不可能仅仅根据工程设计完成比例或估算分级定义一个精确的估算精度范围。第 5 级费用估算的精度范围可能会很窄，尤其是在利用有效的历史项目费用数据对类似项目进行费用估算时更是如此。相反地，第 3 级或第 2 级费用估算的精度范围有可能会很宽，尤其是在对首次实施的项目或引进新技术的项目进行费用估算时更是如此。企业应该评定其用于编制费用估算的可交付设计文件和估算信息的要求，确定各级费用估算所应达到的估算精度的正负比例范围；还可以通过费用风险分析研究，确定根据上述信息得出的项目费用估算的精度范围。然后，根据管理层可接受的置信（或风险）水平，把依据费用风险分析模型得出的结果确定为最终估算费用，以确保估算费用不超出项目预算。表 5-2 是某国际工程公司依据 AACE 估算分级所需达到的各级估算精度要求，图 5-1 为其图示化结果。

表 5-2　　　　　　　　　某国际工程公司费用估算精度范围

等级	精度范围	
	低值	高值
OOM	-50%	100%
5	-35%	50%
4	-25%	30%
3	-15%	20%
2	-10%	12%
1	5%	8%

对于早期概念性估算来说，设计基础差异对费用的影响最大。估算工具和方法虽然重要，但通常不是导致项目早期阶段估算精度低的主要问题。在项目的早期阶段，估算工作的重点应该放在建立并完善设计基础之上，通常不宜考虑采用更详细的估算方法。在考量潜在项目时，需要在项目生命周期的各个重要阶段决策是否继续开发该项目，这就需要在项目所处的相应阶段进行费用估算，以提高估算精度。因此，费用估算会在项目生命周期

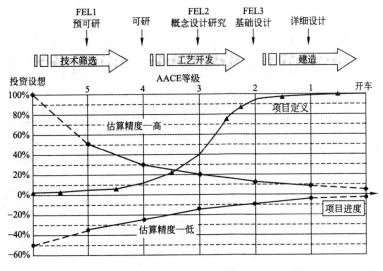

图 5-1　某国际工程公司费用估算分级与精度要求

各个阶段中重复进行，特别是在确定、修改和完善项目范围时均需进行费用估算。

投资估算的准确度对于项目能否成功至关重要。拟定项目的资本投资是衡量项目经济可行性和是否投资该项业务的关键性决策因素。对于业主来说，如果费用估算不准确，就可能无法实现资本投资的财务收益，甚至会使业主不能投资其他值得投资的项目。显而易见，要更好更有效地利用业主有限的预算资本，做好费用估算是决定性的基础。对于承包商来说，准确的费用估算同样重要。在固定总价投标中，承包商的毛利润取决于其费用估算的精度。对于规模特别大的项目，如果总价投标的费用估算不准确，那么承包商有可能面临破产危机。

四、工程项目投资估算编制的步骤

1. 投资估算编制的通用步骤

（1）分别估算各单项工程所需的建筑工程费、设备及工器具购置费、安装工程费。

（2）在汇总单项工程费用的基础上，估算工程建设其他费用和基本预备费。

（3）估算涨价预备费和建设期利息。

（4）估算流动资金。

2. 美国 AACE 关于投资估算的步骤

美国 AACE 完整的工程项目投资估算程序主要包括以下几方面的工作，详见图 5-2 美国 AACE 投资估算主要流程图。

（1）确定估算要求。建立与项目组及业主的界面，用于确定与费用估算有关的需求。

（2）编制费用估算计划及结构。建立与项目组之间的界面，用于确定编制估算涉及的费用、计划及资源，如费用分解结构、费用报告结构及制订编制费用估算的计划。

1）编制并确定估算策划书，落实估算交付责任矩阵。

2）投资估算编制统一规定，明确需要业主和/或承包商估算的范围。

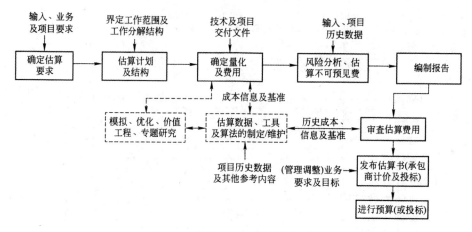

图 5 - 2　美国 AACE 投资估算步骤

（3）编制费用估算。根据项目组提供的文件，量化项目工作范围，通过相关参考资料或供应商的信息，获得辅助的费用信息，根据其他项目及历史信息情况，确定估算基准，最终确定初步的费用估算。

1）设备与大宗材料的询价。

2）确定施工劳动力工效与劳动力工时单价，估算施工人工时数和费用。

3）确定设计工时单价，估算设计工时数和费用。

4）确定设计裕量，估算设备费、大宗材料费。

5）确定分包合同计价方法，并询价。

6）确定施工间接费估算方法，估算施工间接费。

7）估算各项管理与服务费、其他费用和总部管理费。

8）计算主要费用估算指标。

（4）分析费用风险，确定风险费。通过风险分析评估、范围预测或类似方法，估算涨价费及不可预见费。

（5）提交工程项目费用估算交付文件。根据确定的估算要求编制需提交项目组的费用估算交付文件。

（6）审查估算费用。项目组、企业管理层与决策层审查和审定费用估算，包括根据相关估算基准进行费用分析，投资估算组根据审查意见对估算文件进行调整与修改完善等。

（7）发布费用估算书。向项目组发布投资估算书。

3. 详细费用估算（按 AACE 的费用组成）的编制步骤

（1）编制项目费用估算统一规定和进度计划。编制详细费用估算的第一步就是确定项目费用估算编制统一规定和进度计划，也是费用估算的预先计划阶段。

1）投资估算组应确定用于编制费用估算的估算资源、技术和数据，并检查记录现阶段已知的费用估算款项。

2）投资估算组应在编制费用估算之前召开估算开工会议，与项目组一起检查费用估算编制统一规定和进度计划。在费用估算开工会上，整个项目团队可以了解各成员的角色和责任，检查投资估算工作计划和进度计划。对特大型项目，可以指定若干主要联系人，负责费用估算组和工程设计组之间的沟通协调工作。联系人员应收集、汇总费用估算人员在编制费用估算过程中提出的问题，再后与相关专业设计人员讨论，并回答费用估算人员提出的问题。

（2）估算现场直接费（direct field cost，DFC）。编制现场直接费估算是投资估算组需要审查并了解项目范围，汇总所有可交付的技术文件。对大型项目，工程设计组会陆续提交设计图纸和技术信息，估算组在收到工程设计组的图纸或其他信息后，应及时登记，并对其进行跟踪。按照估算导则量化各种材料和劳动力数量，估算人员应该注意确保准确计算所有工程量，且没有重复计算。利用目前掌握的计价信息和材料数量对材料进行定价；确定劳动力工时，并根据劳动生产效率和劳动力的工资水平调整工时数；确定估算预留金；列明业主提供的材料或其他费用；编制、汇总并审查现场直接费估算，以确保估算完整准确。

（3）估算现场间接费（indirect field cost，IFC）。现场直接费估算编制完成后，接着开始估算现场间接费。估算人员通过审查现场直接费估算，确定直接劳动力总工时。在大多数情况下，直接劳动力工时数可作为现场间接费的计算基础。费用估算人员应确定间接费用估算系数、间接劳动力和服务支持人员的劳动力工时单价，并列明间接费用估算裕量。编制、汇总并审查现场间接费估算，以确保估算完整准确。施工经理应专门参与现场间接费估算的初步审查。

（4）估算总部费用（home office cost，HOC）：指在企业总部从事项目管理服务与设计的费用。在详细费用估算中，工程项目管理与设计专业应提供关于项目管理服务与设计的详细工时估算，然后按照适当的人工时单价估算工时费用，确定并运用总部费用系数来计算总部费用，最后汇总、编制并审查总部费用估算。

（5）估算销售税、关税。

（6）汇总项目费用估算。

（7）估算涨价费。

（8）进行费用风险分析，确定不可预见费。

（9）审查、验证估算。如按当地销售税率估算税费，估算进口材料的关税，根据项目进度计划估算涨价费用，根据项目交付方式和承包策略计算相关的项目费用等。最后，进行费用风险分析，并在估算中计入适当的不可预见费。与设备系数估算法一样，在进行详细费用估算时应特别注意设备费，因为设备费在工程项目费用中所占的比例较大，通常占工程项目总费用的20%～35%。

工程设计组连同采购组应负责向估算人员提供设备与大宗材料的采购费用信息，以便估算人员把上述费用计入工程项目费用估算。尽管大宗材料费的定价通常由估算人员负责，但工艺工程师和机械工程师最好能准确地提供设备和大宗材料定价，并与潜在设备供应商保持密切联系。设备规格的细微差异有时可能会导致巨大的定价差额，而估算人员未必能够意识到这一点。在对设备进行定价时，最好能够获得供应商的正式报价，但有时由于编制费用估算的技术条件及时间限制，不具备要求供应商提供正式报价的条件。在这种情况下，可依据供应商的非正式报价（如电话磋商）、内部定价数据、近期订单情况、类似设备的能力系数估算或参数定价模型进行设备定价。

第六章　工程项目投资估算的编制

第一节　工程项目投资估算编制的内容

由于不同企业对费用估算的要求不同，对费用估算也就存在不同的观点。

一、设计费用的估算

对于业主或其指定的设计专业人员而言，在规划和设计过程中需要同时进行以下费用估算。

（1）匡算（即量级费用估算）。

（2）概念性估算（即初步估算）。

（3）详细估算（即确定性估算）。

（4）估算人员根据设计以及技术规范进行的预算。

对于以上每一个不同的费用估算阶段，设计所提供的信息量通常会越来越详细。

二、投标费用的估算

对于承包商而言，提交给业主的投标费用估算主要应考虑竞争性，或者用于与业主谈判。用于投标的费用估算包括直接费、间接费（包括现场监督管理以及在此基础上增加的总部管理费用和利润）。一般情况下，用于投标费用估算的直接费经常要结合以下内容计算。

（1）根据分包商的报价。

（2）估计的工程量。

（3）项目执行方案与策略。

三、控制费用的估算

为在项目执行过程中进行管理监控，需要根据以下信息编制用于控制费用的估算。

（1）融资预算估算。

（2）签订合同之后、开工之前的费用预算。

（3）完工之前的费用估算。

美国国家标准学会（ANSI，1991 年）定义了三种估算类型，包括量级估算、初步估算和确定性估算。

第一类为量级估算。此类估算在项目最早阶段完成，也称为筛选性估算。通常由业主、运营商或开发商实施，旨在确立适当的投资水平，同时可用该信息计算投资回报率或预算费用。此类估算目的是决策该项目是否应该进入下一阶段或终止。在此阶段对项目进行估算，有助于确定项目下一步拟开展工作的定位。

量级估算预期的精度范围在$-30\%\sim+50\%$。量级估算通常建立在费用—生产能力曲线和费用—生产能力比率的基础上，而且不需要开展任何设计工作。

　　第二类为初步估算。是指完成初步设计之后进行的费用估算，也称为概念性估算。此估算由业主、运营商和开发商实施，但可能会涉及管理承包商和总承包商，旨在更准确地确定投资水平。初步估算用于制定预算或确定拨款需求。目的是要确定是否继续开发项目，还是要相应缩减费用估算，以符合投资回报率的阈值。

　　初步估算的精度范围在$-15\%\sim+30\%$，通常在设计工作完成 $5\%\sim20\%$ 时，才允许进行初步估算。

　　第三类为确定性估算，也称为控制估算，一般在项目开发的最终阶段完成。此时项目基础设计，甚至是详细设计已完成，设计已确定了项目的所有细节，以便总承包商或供应商可就施工或供货提供真实的价格。此估算旨在确定费用参考点或投标价格，并将与实际工程费相比较，故此估算也称为控制估算。大部分控制估算的精度在 $\pm10\%$ 以内。确定性估算需要有确定的工程数据，如现场数据、技术规格、基本图纸、详细设计图和设备报价等，通常在设计工作完成 $20\%\sim100\%$ 时，才允许实行确定性估算，确定性估算的精度范围应该在$-5\%\sim+15\%$。

　　精度范围分布的不一致性（如$-5\%\sim+15\%$，而不是$-10\%\sim+10\%$）反映出一个事实，大部分估算都趋向于比实际费用低，而不是比实际费用高。

四、工程项目投资估算方案的比选

　　建设项目设计方案比选应遵循以下原则。

　　（1）建设项目设计方案比选要协调好技术先进性和经济合理性的关系。

　　（2）建设项目设计方案比选除考虑一次性建设投资的比选外，还应考虑项目运营过程中的费用比选。

　　（3）建设项目设计方案比选要兼顾近期与远期的要求。当出现多个设计方案时，各设计方案的投资估算均应根据设计深度，按内容进行编制。

　　建设项目设计方案的比选应包括建设规模、建设场址、产品方案等；建设项目本身有厂区（或居住小区）总平面布置、主体工艺流程选择、主要设备选型等；工程设计标准、工业与民用建筑的结构形式、建筑安装材料的选择等。

　　（4）建设项目设计方案比选的方法。可采用投资回收期法、计算费用法、净现值法、净年值法、内部收益率法以及几种方法同时用等。

　　优化设计的投资估算编制应根据方案比选后确定的设计方案，对投资估算进行调整。限额设计的投资估算编制应按照基本建设程序，前期设计的投资估算应准确和合理，进一步细化建设项目投资估算，按项目实施内容和标准合理分解投资额度和预留金。

第二节　工程项目投资估算编制文件及表式

　　投资估算文件一般由封面、签署页、编制说明、投资估算分析、总投资估算表、单项工程估算表、主要技术经济指标等内容组成。投资估算编制说明一般论述以下内容：工程概况；编制范畴；编制方式；编制依据；主要技术经济指标；有关参数、率值选定的说明；特殊问题的说明（包括采用新技术、新材料、新设备、新工艺）；必须说明的价格的确定；进口材料、设备、技术费用的构成与计算参数；采用巨型结构、异形结构的费用估算方法；环保（不限于）投资占总投资的比重；未包括项目或费用的必要说明等。

采用限额设计的工程还应对投资限额和投资分解做进一步说明。采用方案比选的工程还应对方案比选的估算和经济指标做进一步说明。投资分析应包括以下内容：

（1）工程投资比例分析。一般建筑工程要分析土建、装潢、给水排水、电气、暖通、空调、能源等主体工程和道路、广场、围墙、大门、室外管线、绿化等室外附属工程总投资的比例；一般工业项目要分析主要生产项目（列出各生产装置）、帮助生产项目、公用工程项目（给水排水、供电和电信、供气、总图运输及外管）、服务性工程、生活福利设施、厂外工程占建设总投资的比例。

（2）分析设备购置费、建筑工程费、安装工程费、工程建设其他费用、预备费占建设总投资的比例；分析引进设备费用占全部设备费用的比例等。

（3）分析影响投资的主要因素。

（4）与国内类似工程项目的比较，分析说明投资高低的原因。

总投资估算包括汇总单项工程估算，工程建设其他费用，估算基本预备费、价差预备费，计算建设期利息等。单项工程投资估算，应按建设项目划分的各个单项工程分别计算组成工程费用的建筑工程费、设备购置费、安装工程费。工程建设其他费用估算应按预期将要发生的工程建设其他费用种类逐项具体估算其费用金额。估算还应根据项目特点、计算并分析整个建设项目、各单项工程和主要单位工程的主要技术经济指标。

一、建设项目总投资组成表

建设项目总投资组成见表 6-1。

表 6-1　　　　　　　　　　　　　建设项目总投资组成

费用项目名称			资产类别归并（限项目经济评价用）
建设投资	第一部分 工程费用	建筑工程费	固定资产费用
		设备购置费	
		安装工程费	
	第二部分 工程建设其他费用	建设管理费	
		建设用地费	
		可行性研究费	
		研究试验费	
		勘察设计费	
		环境影响评价费	
		劳动安全卫生评价费	
		场地准备及临时设施费	
		引进技术和引进设备其他费	
		工程保险费	
		联合试运转费	
		特殊设备安全监督检验费	
		市政公用设施费	
		……	

续表

费用项目名称			资产类别归并（限项目经济评价用）
建设投资	第二部分工程建设其他费用	专利及专有技术使用费	无形资产费用
		……	
		生产准备及开办费	其他资产费用（递延资产）
		……	
	第三部分预备费用	基本预备费	固定资产费用
		价差预备费	
	建设期利息		固定资产费用
	固定资产投资方向调节税（暂停征收）		
	流动资金		流动资产

二、投资估算汇总表

投资估算汇总表见表 6-2。

表 6-2 　　　　　　　　**投 资 估 算 汇 总 表**

工程名称：

序号	工程和费用名称	估算价值（万元）					技术经济指标			
		建筑工程费	设备及工器具购置费	安装工程费	其他费用	合计	单位	数量	单位价值	%
一	工程费用									
（一）	主要生产系统									
1										
2										
3										
（二）	辅助生产系统									
1										
2										
3										
（三）	公用及福利设施									
1										
2										
3										

序号	工程和费用名称	估算价值（万元）					技术经济指标			
		建筑工程费	设备及工器具购置费	安装工程费	其他费用	合计	单位	数量	单位价值	％
（四）	外部工程									
1										
2										
3										
	小计									
二	工程建设其他费用									
1										
2										
3										
	小计									
三	预备费									
1	基本预备费									
2	价差预备费									
	小计									
四	建设期贷款利息									
五	流动资金									
	投资估算合计（万元）									
	％									

编制人：　　　　　　　审核人：　　　　　　　审定人：

三、单项工程投资估算汇总表

单项工程投资估算汇总表见表 6-3。

表 6-3　　　　　　　　　　　　单项工程投资估算汇总表

工程名称：

序号	工程和费用名称	估算价值（万元）					技术经济指标			
		建筑工程费	设备及工器具购置费	安装工程费	其他费用	合计	单位	数量	单位价值	％
一	工程费用									
（一）	主要生产系统									
1	××车间									
	一般土建									
	给水排水									
	采暖									
	通风空调									
	照明									
	工艺设备及安装									
	工艺金属结构									
	工艺管道									
	工业筑炉及保温									
	变配电设备及安装									
	仪表设备及安装									
	小计									
二										
三										

编制人：　　　　　　审核人：　　　　　　审定人：

四、某工程维修改造项目投资估算表

数据见表 6-4。

表 6 - 4　　　　　　　　某工程维修改造项目投资估算表

序号	项目及费用名称	工程规模		单价（元）	估算值（万元）					备 注
		单位	数量		建筑工程	设备购置	安装工程	其他费用	合 计	
一	工程费	m²	700	2422	63.73	40.00	65.80		169.53	
1	建筑装饰工程	m²	700	910	63.73				63.73	
(1)	地面装饰维修改造	m²	460.00	180	8.28				8.28	
(2)	墙体结构改造	m²	80.00	300	2.40				2.40	
(3)	屋顶结构改造	m²	100.00	1300	13.00				13.00	
(4)	吊顶维修改造工程	m²	460.00	250	11.50				11.50	
(5)	墙面装饰工程	m²	1125.00	200	22.50				22.50	
(6)	卫生间装饰工程	项	1.00	30 000	3.00				3.00	
(7)	门窗洞口迁改	m²	15.00	1500	2.25				2.25	含拆、砌墙及更换门、窗
(8)	新增室外洗手池	座	1.00	8000	0.80				0.80	
2	给排水消防工程	m²	700.00	240			16.80		16.80	
3	采暖通风工程	m²	700.00	250			17.50		17.50	
4	电气工程	m²	700.00	450			31.50		31.50	
5	厨房设备购置	项	1.00	350 000		35.00			35.00	
6	餐具及家具购置	项	1.00	50 000		5.00			5.00	
二	其他费用							17.38	17.38	
1	建设单位管理费							3.81	3.81	
2	设计费							7.12	7.12	
3	监理费							5.59	5.59	
4	造价咨询服务费							0.86	0.86	川价发〔2008〕141 号
三	基本建设预备费							7.48	7.48	预备费费率取 4%
	合计（一＋二＋三）				63.73	40.00	65.80	24.86	194.39	

第三节　工程项目投资估算编制要点及应考虑的因素

一、工程项目投资估算编制要点

（1）估算人员应负责对照工艺流程图（或管道仪表流程图）核对设备清单，确保所有设备已计价。

（2）估算人员还必须核实所有设备的内部构件和零配件（如塔盘、隔板、扶梯等）

费用都已包括在相应设备费内。与大宗材料不同，设备的运费可能较高，需要明确说明。

（3）还应该确认供应商提供协助支持的费用，并把上述费用包括在设备费中。估算还应说明并包括设备的主要备件。

（4）设备安装费通常由估算人员编制，必要时可要求施工人员提供协助，尤其是当安装大型/超重设备或使用特殊安装方法时，更需要施工人员的协助；估算人员还需要特别关注在现有厂房内安装大型设备的费用估算。安装设备的劳动力工时通常以设备重量和设备规格为基础，这些信息可从设备表中获得。

（5）估算人员可利用设备重量（或规格），根据历史数据曲线得出安装工时，也可以使用其他内部数据和相关出版物上公开发表的数据。当参考设备安装工时数据时，估算人员必须注意计算与设备部件（容器的内部构件等）相关的所有安装劳动力工时。根据可利用信息的不同，大型设备的安装工时一般不包括起重机、起重桅杆或其他特定起重设备的组立、移位和拆除所需工时。

（6）估算人员还应确保费用估算中已包括仪器仪表校验、土壤沉降、内部特殊涂层、水压试验以及其他测试费。对于由分包商或供应商安装的设备，该些费用应包括在材料采购费中。

（7）尽管不同企业具体项目的费用分类可能会与 AACE 稍有差异，但费用估算的程序基本相同，因此，任何一个项目的费用估算都可参考上述估算程序进行编制。

二、工程项目投资估算应考虑的因素

1. 项目规划阶段的投资估算

项目规划阶段，投资者仅以市场要求和利益刺激，拟建造某种规模和产品的工厂。此时项目投资估算的工程量条件提不出来，作为投资估算编制人员，只能利用已建成某些该产品的生产厂家已有生产方法和投资，利用"生产能力指数法"来进行投资估算，帮业主做出项目筛选决策。计算公式为

$$C_2 = C_1(Q_2/Q_1)n \cdot f$$

式中　C_2——拟建项目或装置的投资额；

　　　C_1——已建类似项目或装置的投资额；

　　　Q_2——拟建项目或装置的生产规模；

　　　Q_1——已建类似项目或装置的生产规模；

　　　n——生产能力指数；

　　　f——不同时期、不同地点的定额、单价、费用变更等的综合调整系数。

工程项目大部分都采用生产能力指数法进行投资估算。

用生产能力指数法编制投资估算应考虑的影响因素如下：

（1）拟建项目和已建项目的生产方法要相同。首先要了解项目的工艺流程，根据不同工艺流程，来选择所需要的资料。针对不同的工艺流程，选用不同的基础资料来进行估算，这样编制出来的投资估算才能更符合实际情况。

（2）对生产能力指数的选用，一定要看拟建项目的规模扩大或缩小，是靠增大或缩小

设备规模来达到的，还是靠增加或减小相同规格设备的数量达到的。若已建项目或装置的规模相差不大于 50 倍，且拟建项目规模的扩大仅靠增大设备规模来达到时，则 n 取值在 0.6～0.7；若是靠增加相同规格设备的数量达到时，n 取值在 0.8～0.9。生产能力指数反映了不同类型，不同生产方法和生产规模造价组成值的客观规律，世界各国均有自己测定的数值，在刊物上发表较多，但大体是接近的，该值一般由工程造价管理部门委托其所属协会结合国情测算发布。

（3）对引进项目硬件费的估算，在设计人员提不出的情况下，也可用生产能力指数法，但是对软件费的估算就不能硬套公式。软件费包括基础设计、工艺软件包、技术资料、专利技术、技术秘密和技术服务等费用，其中专利技术和技术秘密费不随着年代的增加而增加。相反，随着年代的增加，以及这项技术的广泛应用，它的价值也随之慢慢降低。因此在编制投资估算时，就应考虑这方面的因素，不能盲目使用公式。

有时项目规划的产品，在国内还没有类似的装置可供参考，这一阶段也不可能获得国外的询价资料，那么，作为估算人员，就要去寻求各种可供利用的资料，来完成项目的估算工作。美国斯坦福国际咨询研究所（SRI）编制的 PEP 报告，每年要根据市场变动情况用计算机分析一次，这个资料是供其内部及参加 PEP 组织的客户使用的，并不对外公开，这部分资料都是通过非正式渠道得到的，但是用来编制规划阶段的投资估算，也有一定的参考价值。

2. 可行性研究阶段的投资估算

可行性研究阶段设计深度可以对工艺生产设备逐台进行估算，但是安装、土建处于笼统状态，此时可采用比例估算法和指标估算法来确定项目的投资估算。比例估算法又分两种：一种是以拟建项目或装置的设备费为基数，根据已建成的同类项目或装置的建筑安装费和其他工程费等占设备价值的百分比，求出相应的建筑安装费及其他工程费用等，再加上拟建项目的其他有关费用，其总和即为项目或装置的投资；另一种是以拟建项目中的最主要，投资比重较大并与出产能力直接相关的工艺设备的投资（包括运杂费及安装费）为基数，根据同类型的已建项目的有关统计资料，计算出拟建项目的各专业工程与工艺设备投资的百分比，据以求出各专业的投资，然后将各部分投资费用（包括工艺设备费）求和，再加上工程其他有关费用，即为项目的总投资。

（1）设备费的确定。依据设计提供的主要设备清单，对通用设备可利用已投产装置到货设备价、近期产品目录价以及询报价资料，用近年设备价格指数调整到位。对非标设备也可利用已投产装置到货设备价以及询报价资料。作为估算人员，首先就需要了解国外钢号与国内钢号的对应关系，这样才能正确地确定该设备的价格。例如，日本的 SPVB36、美国的 A299 金属板材对应的是我国的 16MnR 板材；日本 SUS302、美国的 A167－302、A240－302 金属板材对应的是我国的 1Cr18N19 板材等。只有这样，才能做到心中有数，对设备费的估算才能比较贴近实际。

（2）安装工程费的确定。这一阶段的安装工程量，设计人员尚提不出详细数值，只能参考已建类似装置，求出其占设备费的比例进行估算，仪表部分可按台件数测算比例，电气部分可按电动机千瓦数来测算它的安装费。对于设备材质较高，吨位较少的装置，在估算它的安装费时，也值得注意，系数取值相对较低。像一些医药项目，就属于这一类情况。

（3）建筑工程费的确定。建筑工程费的编制，一般采用各种具体的估算指标，来进行单位工程的估算。投资估算指标的表示形式较多，如元/m、元/m²、元/m³、元/t 等。这些指标都是以当前已编制的施工图预算资料测算出来的。在实际应用中应结合工程具体情况，以及该建筑物建筑及结构特征特点、自然条件、抗震等级、装修标准、地基处理情况等，根据建设项目所在地的人工费标准、材料价格以及机械费水平等，对指标进行调整，使估算投资能正确反映其设计参数，切勿盲目地单纯套用同一种单位指标。

在采用指标估算法编制投资估算时，一定要注意指标测算的时间和地点，进行调整使用。像土建的平米造价指标，每个地区都不相同。例如，编制水厂、污水处理以及长输管线的投资估算时，经常需要查阅相关给排水工程与概预算技术经济评价手册，使用时就要根据不同的流程，以及项目所在地现在的人工费、材料价格及机械台班费用调整使用。

对于估算阶段第二部分其他费用的计算，一般应根据项目所属行业的规定，以及项目所在地的一些地方规定进行计算。

概预算专业与各专业有着密切的联系，作为一个合格的概预算编制人员，要想搞好本职工作，就必须对各专业的基本知识有一个比较全面的了解。除了掌握本专业知识外，在平时注意学习其他专业知识，掌握一些设计及施工规范，虚心向设计人员和施工人员请教，在编制投资估算中，对所参与的项目内容要有一个全面的了解，充分发挥自己的专业特长，参与设计方案的比较，提供切合实际的资料和科学的方法，从经济的角度去优化设计方案，提高投资效益，使编制出的投资估算既不缺项漏项、也不重项。随着国内外经济发展的大潮流，概预算和国际估价工作的接轨将是摆在我们面前的重大课题，为了适应日益激烈的市场竞争，应充分调动概预算人员的工作积极性，大力开展市场调研，充分利用现代信息技术，注重对数据的收集、积累、筛选、分析和总结，培养一支高素质的费用估算队伍，建立起动态的估算指标，做好前期工作的投资估算编制工作，在市场竞争中为用户当好参谋。

投资估算几条注意事项。

（1）应了解文化和合同的差异，再开展投资估算业务。

（2）应重视项目所在国政府的投资目的。

（3）切忌将工程项目设施建设看作开展业务的唯一方法。

（4）应使用反映技术、文化、法律和气候差异的投资估算结果。

（5）不要忽视必须进口的设备，以及其对费用和进度的影响。

（6）在彻底了解数据信息所包含的内容和进行适当测试之前，不要将其他国家的费用数据看作是正确的。

（7）在计算劳动力费用时，不要忽略生产力、气候、习俗和项目实施方法的影响。

（8）不要忽略与 EPC 项目费用和进度有关的附加风险。

（9）不要忘记 AACE 和 ICEC（International Cost Engineering Council，国际造价工程联合会）成员的重要性，投资估算的专业机构能够并愿意为承包商提供帮助。

3. 国际工程项目投资估算应考虑的影响因素

对于国际性项目，则应考虑以下几方面。

（1）工程设计。

1）工程设计适用的标准规范、法律法规和程序。例如，按照抗震或抗台风等自然灾害的地方法规；采用钢结构建筑还是采用混凝土结构建筑；采用国际标准或项目所在国的国家、地方或行业标准。

2）项目所在地的气候条件：①是否有特殊气候；②项目所在地是否会遭受极端温度、特大暴雨或水灾，例如：东南亚季风；北部的霜冻以及北极地区的永冻区；有无专用的惯例。

3）必须考虑诸如地震、罕见土壤结构情况等特殊地质条件。

4）合同文件和图纸等使用哪种语言。

（2）项目管理与服务。

1）哪些项目管理职位无法在当地聘用到合格人员，因聘用境外人员的费用较高，故聘用的境外人员的语言与专业能力应能满足项目要求。寻找与试用本地的双语雇员，并作为潜在的永久雇员。

2）提供给各种人员的营地设施（主要指居住条件）的要求以及相应的费用如何；伙食是外包还是自建食堂；营地的安全情况如何，是否需要为营地修建大门，安装报警装置等。

3）是否需要专项服务，如聘请家政服务人员、司机等。

（3）设备。

1）当设备采用国际定价时，全球某些地区的价格就可能比其他地区的价格更具有竞争力。例如，某项目上有一台汽轮发电机，在美国购买的价格为1400万美元，但是如果在中国向同一家美国企业订购，由于竞争的缘故，该发电机的价格可能只有1200万美元。为此，应尽可能按项目所在地区索取设备报价，而不是使用其他地理区域的最新定价。如果必须使用其他区域的价格信息或者需要进口设备，一定要综合考虑各潜在供应商所在地区的运输费用和关税等相关费用。

2）选择设备供应商时，务必评估设备总费用。除了设备出厂价外，还需要考虑运输费用、关税和汇率。

3）备品备件需求的评估也很重要。由于某些零配件的交货时间较长，特别是那些必须进口的零部件，可能需要较多的零部件库存。例如，一家美国企业在美国国内采购汽轮发电机备品备件费用只需50万美元，但对于其他国家项目上使用的同种汽轮发电机，采用同一供应商的备品备件费可能需200万美元。

（4）大宗材料。

1）项目所在地能够提供什么样的材料，质量是否能够满足要求。例如，在沙特阿拉伯等沙漠地区，尽管当地不缺砂，但是当地的砂可能不适用于配制混凝土，这时砂子就可能需要进口。这听上去就像是将煤卖到煤都那样荒谬，其实不然，在实际工程项目中这是非常值得考虑的重要问题。

2）材料在项目所在地购买与进口相比哪个更便宜。例如，在墨西哥比索贬值以前，钢筋进口比从当地购买更便宜。在某些情况下，本地材料可能征收增值税，但进口材料可以免除关税，这样从国外进口材料就有可能比在当地购买材料更便宜。通常业主可以在进口口岸获取货物所有权，以避免关税和税收；同样，有时业主也可申请增值税退税。

3）是否可采用不同的施工方法。例如，如果施工劳动力费用非常低廉，在现场预制钢结构就比在工厂预制钢结构更为经济。同样，在某些地方进行人工搅拌配制混凝土比使用商品混凝土更经济。

（5）设备及大宗材料的交付方式。

按照国际商会的国际贸易术语（《Incoterms 2000》），货物有不同的交付状况，对应的运输保险、清关等费用也有很大差别。为此，应综合项目所在地条件，业主在当地可提供的支持与帮助，或者当地可用代理能提供的服务范围，综合考虑设备材料的交付方式。

1）是否应合并运输。合并运输能够节约大量的运输费用，但是可能会影响项目进度，为此应进行相应的专项评估。

2）清关时需要支付哪些费用。清关费用可能非常高。例如，根据理查森国际建筑费用地域因子手册（Aspen Richardson-s International Construction Cost Factor Location Manual），在巴西进口货物需要支付的关税和费用（截至 2003 年 1 月）如下。

①关税：0%～40%，平均 14%。

②商船海事合格证更新税：运费的 25%。

③工会费：到岸价的 2.2%。

④手续费：到岸价的 1%。

⑤库房管理税：进口关税的 1%。

⑥货物处理费：20～100 美元。

⑦行政手续费：50 美元。

⑧进口证书费：100 美元。

⑨附加港口费：到岸价的 2%。

巴西的货物进口费用非常高，但通常可能也有相应的免税规定，需要进行详细研究和了解。同样，印度会征收 40%～100% 的关税，甚至更多。

有些设备有进口限制，要求使用当地生产的设备。例如，在沙特阿拉伯有使用当地建材的比例要求，一般电缆、普通碳钢设备宜选择当地供应商。

3）将设备运送到项目现场需要缴纳多少运输保险。

4）将设备从港口运送到项目现场拟采用什么途径（如铁路、公路或驳船）。如果采用公路运输，现有道路和桥梁是否能承受设备重量，或者是否需要加固或修建临时便道/便桥；是否有能从船上、公路和现场进行超重货物装卸的特殊设备。

5）货船的运输进度是否能够与项目进度相匹配。如果需要使用带起重设备的船舶，由于其数量有限，则可能会影响项目进度。

6）现场设备需采取什么样的保护措施，是否存在设备偷盗现象，设备是否必须采取防腐等保护措施。

7）项目融资是否要求使用特殊的运输方式。例如，通过美国进出口银行融资的项目可能要求使用美国军舰运送货物，运输费用大约增加 3 倍。

（6）劳动力。

1）是否能够聘到熟练的劳动力，劳动力拥有的技能是否满足项目需求，有时招聘有经验的技术工人存在一定的困难。

2）当地的生产力如何。这可通过一些公开发布的地区平均生产力与诸如美国休斯敦或海湾地区等基本参考地区相对比来了解，但项目所在地的实际生产力可能与平均生产力存在很大差异。例如，与美国相比，沙特阿拉伯的平均生产力系数约为 1.6，但是根据不同项目的具体情况和混合使用本地和境外劳动力，有些地方的生产力系数与美国类似，可以超过 3.0；即使在美国国内，不同地区的生产力也有很大区别。

3）是否需要提供住宿和医疗设施等服务，某些地区要求提供餐饮和淋浴等设施。例如，在巴西，通常会要求提供早餐、晚餐和前往项目工作地点的交通工具。

4）如何获取当地劳动力。要为项目招募劳动力，可能需要向劳动力经纪人支付费用。通常采取劳务分包形式比较合适。

5）当地有关工资税的规定如何。在某些国家，工资税超过工资的 100%。

6）是否需要从国外引进熟练的劳动力；引进劳动力是否合法，需办理哪些审批手续以及费用如何。

（7）施工机械设备。施工设备机具的资源与可用性对工程项目的费用影响较大，尤其是大型设备吊装的费用差别会更大。因此，施工机械设备需要充分关注以下事项。

1）当地是否有项目所需的主要施工设备资源；若有，则租赁费是多少。如果施工机械设备租赁市场供应短缺，则在当地购置施工机械设备的费用可能要比国内的费用高。

2）如果需要进口施工机械设备，则应落实是否需要支付关税。有时可以通过缴保证金或银行保函来免缴关税，但需保证项目结束后将该施工机械设备再出口。

3）项目结束后，有关施工机械设备的处置有哪些规定。有时会禁止施工机械设备出口，这可能会成为潜在的重大风险。

4）项目所在地的直接劳动力是否需要进行施工机械设备的操作培训。某些地区的工人可能只会使用手动工具，而不知道怎样使用电动工具。

5）经过培训的当地劳动力可能无法满足项目的技术需求。例如，中国企业在沙特阿拉伯的某个项目，就是因为没有足够拥有焊接资格证书的工人，无法按照计划进度要求完成专项焊接工作。

（8）税收与保险。不同国家与地区，税收与保险的差别较大。

1）地方税收。工程项目费用估算之前应了解并落实下列税收事项。

①在项目所在国进行作业，必须支付什么样的地方营业税。有些国家会加重征税，目的是拿走在这个国家获取的利润。

②项目会被征收什么样的地方销售税、物业税、增值税或其他税收，其中增值税是在税金基础上加收的税费。例如，承包商购买材料和设备需要支付增值税，而业主支付合同款项时又一次支付增值税。有时增值税可以获得退税，但是如果业主直接购买材料（在进口时获取所有权）可以不用缴纳增值税。

2）保险。保险费是工程项目不可避免且必须发生的费用，为了准确预测出该部分的费用，应该了解并落实下列事项。

①工程项目必须购买的保险有哪些，有什么具体的要求（如雇主责任保险、第三者责任险的最低投保限额）。

②是否允许购买商业保险；如果不允许，可能需要联系项目所在国的政府机构购买保险，而不是向项目承包商常用的保险公司购买。

③是否需要为国际货运损失购买特殊的保险；海洋货运保险可能涵盖将货物运输至现场，但通常不包括由于设备丢失导致项目延期的保险。为此需要为建设期延迟、应急更换设备的费用进行投保。

④项目所在国是否可以使用信用证；如果不能，则可能要求使用某种类似的信用凭证。

（9）工程分包。工程分包应重点考虑业主指定分包以及必须分包给项目所在国企业的工作，主要集中在某些专业，如生产与生活临时设施、打桩、土木建筑、采暖通风（Heating，Ventilation and Air Conditioning，HVAC）、消防、无损检测（Non - Destructive Testing，NDT）、仪表器具校验、脚手架搭拆等。了解与落实当地分包资源与价格情况，搞清楚哪些工作分包更有利于节省费用和项目顺利实施，对于费用估算工作十分必要。

（10）业主相关的费用。业主为了管理好项目，也会发生与承包商费用相对应的费用，可能的费用项主要包括以下几个方面。

1）直接费：业主与承包商或者分包商一样，也会发生一些直接费用。直接费可以按照前述的设备与大宗材料费、劳动力费、施工机械设备费等进行分解。

2）拆除：项目所在区域内现存设施或其他障碍物的拆除。如果直接费中未包括，则应单独列项。

3）项目管理费。

①项目管理人员的费用：包括项目管理、施工监理、安全、现场工程师、采购、合同、运营支持、会计核算、行政管理、资料管理、咨询师等人员的费用。

②个人劳动防护装备：如安全帽、靴子、阻燃套装等；需说明是否由业主为承包商提供，或由承包商为业主提供这些劳保用品。

③生产与办公临时设施及运行费：包括业主管理人员办公所需的办公设施、办公设备、通信费、差旅费、会议费，以及业主的设备材料堆场、仓库设施与管理等费用。

4）项目设计。

①业主直接雇用人员及其费用。

②业主雇用的外部承包商或服务（不包括 EPC、EPCM 承包商等）。

③技术输出方的工程开发和设计（不包括技术购置费或专利费）。

④编写工程设计与采购规格书的统一规定（如果需要）。

5）操作人员及其费用。

①许可费用，包括工程日常热操作和冷操作许可。

②设计检查。

③设施关停或启动费用，如清洗、蒸汽吹扫、烘炉、冲洗等费用。

④操作人员培训。

6）试车和开车。

①试车/开车人员费用。

②服务和咨询。

③材料和供货。

④施工机械设备/机具的租赁。

⑤初始原料费用和工艺废品费用。

⑥润滑油、化学品、干燥剂等。

7）IT 设施。

①网络设施和设备。

②办公硬件。

③标准办公软件。

④专业应用软件（如 Primavera、AutoCAD、文档管理等）。

⑤视频接收塔、基站和许可证（包括扩音对讲系统）。

8）土地费用：仅指土地购置。项目建设期间的临时占用土地租赁费属于间接费。

9）项目其他管理费。

①管理和审批。

②公关和宣传。

③向政府和/或土地所有人办理道路通行证和许可证等。

④技术购置费及专利费。

⑤保险费和可扣除免税项目。

⑥融资和利息费用。

⑦外汇费用，非特殊采购或合同项目部分。

⑧计入项目的汇率避险费用。

⑨企业管理费摊销。

⑩财产税（如果项目建设期间需要支付）。

⑪法律服务。

⑫未包含的关税应计入国际采购费用项，且可减免的关税也应计入各相应的费用项中。

⑬国际项目对当地雇员的培训和培养费用。

10）固定资产采购（如果未计入直接费或间接费时）。

①备件（含建设、试车、开车、操作运转等期间的备件）。

②初始库存。

③家具（如果建筑物中不包括）。

④移动设备（如叉车、汽车等）。

⑤催化剂和化学药剂（如果没有另外包含）。

11）公用工程及消耗：电、水、气/汽、废物或废水处理，脱盐水处理。

12）环境治理和监控。

①受污染或有害土壤的改良。

②空气、土壤、水质的监控。

③清除石棉和铅涂料。

13）国际运费：国际运费及相关费用应包括税费和关税，按照可能出现的费用进行收缴，需要和更多当地资源进行精确比价。可能会需要专用的追踪代码来区分货物的自身价值和相应的物流运输费用。

（11）其他因素。

1）进度。

①项目动遣时间需要多长。如果要设立基地、营地、进口设备，项目动遣所需时间可能较长。

②设备交付时间对进度有什么影响。应考虑为进口设备留出足够长的交付时间，包括海运、卸货、清关和运送到现场的时间。如果港口设施不能满足要求，可能需要准备自卸码头或添加港口设施。

③天气是否会对计划进度产生影响。如热带地区的季风期可能会延误进度。

④当地的生产力、工作习惯、文化、宗教（如祈祷时段）、工作能力和教育水平会对进度产生什么样的影响。

2）当地基础设施要求。

①当地是否能够提供供水、排污、电力和其他服务；如果不能，是否需要在现场建设与配备相应的设施（如发电机）。如在沙特阿拉伯，当地通常能够提供供水，却是经过海水淡化的水，可能不适于直接饮用。

②是否通有高速公路和/或铁路，能否满足要求或是否需要改造。例如，公路和桥梁可能无法承载大的荷载，大型设备运输需要对部分道路与桥梁进行加固。

③是否需要重新安置居住在项目现场的居民，重新安置有什么要求。通常必须考虑重新安置居民的费用，并为他们提供住所。如我国为了建设三峡大坝重新安置了 113 万居民。

④当地港口是否有足够能力处理项目货物，水深和码头是否符合要求。起重机是否能够处理大型设备，是否需要自卸船或货物驳船。

3）工程进度付款（现金流）。

①预付款比例是多少。比较常见的工程预付款为合同额的 10%～20%。发展中国家的承包商往往缺乏现金，可能要求支付较多的预付款，以补充执行项目的资金。当地金融机构可能不能为承包商提供资金，即使提供，利息也可能很高。

②如果由外国政府提供付款，每一期的付款周期有多长。官僚主义可能导致付款发票处理时间非常长。

③准备用何种货币支付。如果使用项目所在国货币支付，则应考虑兑换费用。有时可能无法兑换成国际流通货币。

④如果使用项目所在国货币支付，是否存在汇率剧烈变动或由于政府政策变化影响汇率的风险。例如，亚洲的 4 个国家（泰国、菲律宾、马来西亚和印度尼西亚）在 1997 年

遭受了 30%或更高的货币损失，而在此之前，这些国家的货币汇率一直相当稳定。

⑤本地劳动力工资的结算方式，是日结、周结还是月结。

4）法律追索。

①如果项目所在国的业主通过取消项目、不支付或破产等方式不履行合同，承包商可以进行什么样的法律追索。

②当地分包商不作为，承包商可以进行什么样的法律追索或诉讼。

③是否需要政府审批或颁发许可证。通常在项目启动前必须获得许多政府机构的批准。

第七章　工程项目投资费用组成、计算及编制方法

第一节　工程项目投资费用组成及计算

一、工程项目总投资组成

建设工程项目总投资，一般是指进行某项工程建设花费的全部费用。生产性建设工程项目总投资包括建设投资和铺底流动资金两部分；非生产性建设工程项目总投资则只包括建设投资。

建设工程项目总投资由设备及工器具购置费、建筑安装工程费、工程建设其他费用、预备费（包括基本预备费和涨价预备费）和建设期利息组成，即固定资产总投资，如图 7-1 所示。

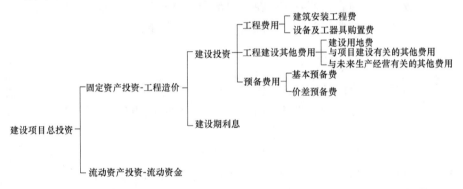

图 7-1　建设工程项目总投资组成

设备及工器具购置费，是指按照建设工程设计文件要求，建设单位（或其委托单位）购置或自制达到固定资产标准的设备和新、扩建项目配置的首套工器具及生产家具所需的费用。设备及工器具购置费由设备原价、工器具原价和运杂费（包括设备成套公司服务费）组成。在生产性建设工程项目中，设备及工器具投资主要表现为其他部门创造的价值向建设工程项目中的转移，但这部分投资是建设工程投资中的积极部分，它占项目投资比重的提高，意味着生产技术的进步和资本有机构成的提高。

建筑安装工程费，是指建设单位用于建筑和安装工程方面的投资，它由建筑工程费和安装工程费两部分组成。建筑工程费是指建设工程涉及范围内的建筑物，构筑物，场地平整，道路、室外管道铺设，大型土石方工程费用等。安装工程费是指主要生产、辅助生产、公用工程等单项工程中需要安装的机械设备、电器设备、专用设备、仪器仪表等设备的安装及配件工程费，以及工艺、供热、供水等各种管道、配件、闸门和供电外线安装工

程费用等。

工程建设其他费用，是指未纳入以上两项的，根据设计文件要求和国家有关规定应由项目投资支付的为保证工程建设顺利完成和交付使用后能够正常发挥效用而发生的一些费用。工程建设其他费用可分为三类：第一类是土地使用费，包括土地征用及迁移补偿费和土地使用权出让金；第二类是与项目建设有关的费用，包括建设管理费、勘察设计费、研究试验费等；第三类是与未来企业生产经营有关的费用，包括联合试运转费、生产准备费、办公和生活家具购置费等。

铺底流动资金，是指生产性建设工程项目为保证生产和经营正常进行，按规定应列入建设工程项目总投资的铺底流动资金，一般按流动资金的 30% 计算。

建设投资可以分为静态投资部分和动态投资部分。静态投资部分由建筑安装工程费、设备及工器具购置费、工程建设其他费和基本预备费构成。动态投资部分，是指在建设期内，因建设期利息和国家新批准的税费、汇率、利率变动以及建设期价格变动引起的建设投资增加额，包括涨价预备费、建设期利息等。

工程造价，一般是指一项工程预计开支或实际开支的全部固定资产投资费用，在这个意义上工程造价与建设投资的概念是一致的。因此，我们在讨论建设投资时，经常使用工程造价这个概念。需要指出的是，在实际应用中工程造价还有另一种含义，那就是指工程价格，即为建成一项工程，预计或实际在土地市场、设备市场、技术劳务市场以及承包市场等交易活动中所形成的建筑安装工程的价格和建设工程的总价格。

二、设备及工器具购置费

设备及工器具购置费用是由设备购置费用和工具、器具及生产家具购置费用组成。在工业建设工程项目中，设备及工器具费用与资本的有机构成相联系，设备及工器具费用占投资费用的比例大小，意味着生产技术的进步和资本有机构成的程度。

（1）设备购置费的组成和计算。设备购置费是指为建设工程项目购置或自制的达到固定资产标准的设备、工具、器具的费用。所谓固定资产标准，是指使用年限在一年以上，单位价值在国家或各主管部门规定的限额以上。例如，1992 年财政部规定，大、中、小型工业企业固定资产的限额标准分别为 2000 元、1500 元和 1000 元以上。新建项目和扩建项目的新建车间购置或自制的全部设备、工具、器具，不论是否达到固定资产标准，均计入设备及工器具购置费中。设备购置费包括设备原价和设备运杂费，即

设备购置费＝设备原价或进口设备抵岸价＋设备运杂费

式中，设备原价是指国产标准设备、非标准设备的原价。设备运杂费是指设备原价中未包括的包装和包装材料费、运输费、装卸费、采购费及仓库保管费、供销部门手续费等。如果设备是由设备成套公司供应的，成套公司的服务费也应计入设备运杂费中。

1）国产标准设备原价。国产标准设备是指按照主管部门颁布的标准图纸和技术要求，由设备生产厂批量生产的，符合国家质量检验标准的设备。国产标准设备原价一般指的是设备制造厂的交货价，即出厂价。如设备由设备成套公司供应，则以订货合同价为设备原价。有的设备有两种出厂价，即带有备件的出厂价和不带有备件的出厂价。在计算设备原价时，一般按带有备件的出厂价计算。

2）国产非标准设备原价。国产非标准设备是指国家尚无定型标准，各设备生产厂不可能在工艺过程中采用批量生产，只能按一次订货，并根据具体的设备图纸制造的设备。非标准设备原价有多种不同的计算方法，如成本计算估价法、系列设备插入估价法、分部组合估价法、定额估价法等。但无论哪种方法都应该使非标准设备计价的准确度接近实际出厂价，并且计算方法要简便。

3）进口设备抵岸价的构成及其计算。进口设备抵岸价是指抵达买方边境港口或边境车站，且交完关税以后的价格。

①进口设备的交货方式。进口设备的交货方式可分为内陆交货类、目的地交货类、装运港交货类。

内陆交货类即卖方在出口国内陆的某个地点完成交货任务。在交货地点，卖方及时提交合同规定的货物和有关凭证，并承担交货前的一切费用和风险；买方按时接受货物，交付货款，承担接货后的一切费用和风险，并自行办理出口手续和装运出口。货物的所有权也在交货后由卖方转移给买方。

目的地交货类即卖方要在进口国的港口或内地交货，包括目的港船上交货价，目的港船边交货价（FOS）和目的港码头交货价（关税已付）及完税后交货价（进口国目的地的指定地点）等几种交货价。它们的特点是：买卖双方承担的责任、费用和风险是以目的地约定交货点为分界线，只有当卖方在交货点将货物置于买方控制下方算交货，方能向买方收取货款。这类交货价对卖方来说承担的风险较大，在国际贸易中卖方一般不愿意采用这类交货方式。

装运港交货类即卖方在出口国装运港完成交货任务。主要有装运港船上交货价（FOB），习惯称为离岸价；运费在内价（CFR）；运费、保险费在内价（CIF），习惯称为到岸价。它们的特点主要是：卖方按照约定的时间在装运港交货，只要卖方把合同规定的货物装船后提供货运单据便完成交货任务，并可凭单据收回货款。

采用装运港船上交货价（FOB）时卖方的责任是：负责在合同规定的装运港口和规定的期限内，将货物装上买方指定的船只，并及时通知买方；负责货物装船前的一切费用和风险；负责办理出口手续；提供出口国政府或有关方面签发的证件；负责提供有关装运单据。买方的责任是：负责租船或订舱，支付运费，并将船期、船名通知卖方；承担货物装船后的一切费用和风险；负责办理保险及支付保险费，办理在目的港的进口和收货手续；接受卖方提供的有关装运单据，并按合同规定支付货款。

②进口设备抵岸价的构成。进口设备如果采用装运港船上交货价（FOB），其抵岸价构成为

$$进口设备抵岸价＝货价＋国外运费＋国外运输保险费＋银行财务费$$
$$＋外贸手续费＋进口关税＋增值税＋消费税$$

a. 进口设备的货价。一般可采用下列公式计算

$$进口设备的货价＝离岸价（FOB价）×人民币外汇牌价$$

b. 国外运费，我国进口设备大部分采用海洋运输方式，小部分采用铁路运输方式，个别采用航空运输方式。公式如下：

$$国外运费＝离岸价×运费率$$

或

$$国外运费 = 运量 \times 单位运价$$

式中，运费率或单位运价参照有关部门或进出口公司的规定。计算进口设备抵岸价时，再将国外运费换算为人民币。

c. 国外运输保险费。对外贸易货物运输保险是由保险人（保险公司）与被保险人（出口人或进口人）订立保险契约，在被保险人交付议定的保险费后，保险人根据保险契约的规定对货物在运输过程中发生的承保责任范围内的损失给予经济上的补偿。计算公式为

$$国外运输保险费 = \frac{离岸价 + 国外运费}{1 - 国外运输保险费率} \times 国外运输保险费率$$

计算进口设备抵岸价时，再将国外运输保险费换算为人民币。

d. 银行财务费。一般指银行手续费，计算公式为

$$银行财务费 = 离岸价 \times 人民币外汇牌价 \times 银行财务费率$$

银行财务费率一般为 0.4% ～ 0.5%。

e. 外贸手续费。是指按商务部规定的外贸手续费率计取的费用，外贸手续费率一般取 1.5%。计算公式为

$$外贸手续费 = 进口设备到岸价 \times 人民币外汇牌价 \times 外贸手续费率$$

式中，进口设备到岸价（CIF）= 离岸价 + 国外运费 + 国外运输保险费

f. 进口关税。关税是由海关对进出国境的货物和物品征收的一种税，属于流转性课税。计算公式为

$$进口关税 = 到岸价 \times 人民币外汇牌价 \times 进口关税率$$

g. 增值税。是我国政府对从事进口贸易的单位和个人，在进口商品报关进口后征收的税种。我国增值税条例规定，进口应税产品均按组成计税价格，依税率直接计算应纳税额，不扣除任何项目的金额或已纳税额。即

$$进口产品增值税额 = 组成计税价格 \times 增值税率$$

$$组成计税价格 = 到岸价 \times 人民币外汇牌价 + 进口关税 + 消费税$$

增值税基本税率为 17%。

h. 消费税。对部分进口产品（如轿车等）征收。计算公式为

$$消费税 = \frac{到岸价 \times 人民币外汇牌价 + 关税}{1 - 消费税率} \times 消费税率$$

4）设备运杂费。

①设备运杂费的构成。设备运杂费通常由下列各项构成。

国产标准设备由设备制造厂交货地点起至工地仓库（或施工组织设计指定的需要安装设备的堆放地点）止所发生的运费和装卸费。

进口设备则由我国到岸港口、边境车站起至工地仓库（或施工组织设计指定的需要安装设备的堆放地点）止所发生的运费和装卸费。

在设备出厂价格中没有包含设备包装和包装材料器具费；在设备出厂价或进口设备价格中如已包括了此项费用，则不应重复计算。

供销部门的手续费，按有关部门规定的统一费率计算。

建设单位（或工程承包公司）的采购与仓库保管费。它是指采购、验收、保管和收发设备所发生的各种费用，包括设备采购、保管和管理人员工资、工资附加费、办公费、差旅交通费、设备供应部门办公和仓库所占固定资产使用费、工具用具使用费、劳动保护费、检验试验费等。这些费用可按主管部门规定的采购保管费率计算。

②设备运杂费的计算。设备运杂费按设备原价乘以设备运杂费率计算。其计算公式为

$$设备运杂费＝设备原价×设备运杂费率$$

式中，设备运杂费率按各部门及省、市等的规定计取。

一般来讲，沿海和交通便利的地区，设备运杂费率相对低一些；内地和交通不很便利的地区就要相对高一些，边远地区则要更高一些。对于非标准设备来讲，应尽量就近委托设备制造厂，以大幅度降低设备运杂费。进口设备由于原价较高，国内运距较短，因而运杂费比率应适当降低。

【例 7 - 1】　某公司拟从国外进口一套机电设备，重量 1500t，装运港船上交货价，即离岸价（FOB 价）为 400 万美元。其他有关费用参数为：国际运费标准为 360 美元/t，海上运输保险费率为 0.266%，中国银行手续费率为 0.5%，外贸手续费率为 1.5%，关税税率为 22%，增值税的税率为 17%，美元的银行外汇牌价为 1 美元＝6.1 元，设备的国内运杂费率为 2.5%。估算该设备购置费。

解　根据上述各项费用的计算公式。则有

$$进口设备货价＝400×6.1＝2440（万元）$$
$$国际运费＝360×1500×6.1＝329.4（万元）$$
$$国外运输保险费＝[(2440＋329.4)/(1-0.266\%)]×0.266\%＝7.386（万元）$$
$$进口关税＝(2440＋329.4＋7.386)×22\%＝610.89（万元）$$
$$增值税＝(2440＋329.4＋7.386＋610.89)×17\%＝575.9（万元）$$
$$解行财务费＝2440×0.5\%＝12.2（万元）$$
$$外贸手续费＝(2440＋329.4＋7.386)×1.5\%＝41.65（万元）$$
$$国内运杂费＝2440×2.5\%＝61（万元）$$
$$设备购置费＝2440＋329.4＋7.386＋610.89＋575.9＋12.2＋41.65＋61$$
$$＝4078.426（万元）$$

【例 7 - 2】　某公司拟进口一套工艺设备和技术，其设备购置费计算。

拟由某国公司引进全套工艺设备和技术，在我国某港口城市郊区建设生产某种产品的工业项目，建设期 2 年，总投资 1.18 亿元。合同总价 682 万美元。辅助生产装置、公用工程等均由国内设计配套。引进合同价款的详细如下。

（1）硬件费 620 万美元。

（2）软件费 62 万美元，其中计算关税的项目有：设计费、非专利技术及技术诀窍费用 48 万美元；不计算关税的有：技术服务及资料费 14 万美元（不计海关监管手续费）。

人民币兑换美元的外汇牌价均按 1 美元＝6.3 元计算。

（3）中国远洋公司的现行海运费率 6%，海运保险费率 3.5‰，现行外贸手续费率、中国银行财务手续费率、增值税率和关税税率分别按 1.5%、5‰、17%、17% 计取。

（4）国内供销手续费率 0.4%，运输、装卸和包装费率 0.1%，采购保管费率 1%。

本案例引进部分为工艺设备的硬、软件，其从属费用包括货价、国外运输费、国外运输保险费、外贸手续费、银行财务费、关税和增值税等费用。引进部分购置投资为引进部分的原价与国内运杂费之和，其中引进部分的原价是指引进部分的从属费用之和。按照表7-1计算各项费用。

表 7-1　　　　　　　　　　引进设备硬、软件原价计算表　　　　　　　　（单位：万元）

费用名称	计　算　公　式	费用
货价	货价＝620×6.3＋62×6.3＝3906＋390.6＝4296.60	4296.60
国际运输费	国际运输费＝4296.60×6％＝257.80	257.80
国际运输保险费	国际运输保险费＝(4296.60＋257.80)×3.5‰/(1－3.5‰)＝16.00	16.00
关税	关税＝(4296.60＋257.80＋16.00＋48×6.3)×17％＝828.38	828.38
增值税	增值税＝(4872.80＋828.38)×17％＝5701.18×17％＝969.20	969.20
银行财务费	银行财务费＝4296.60×5‰＝21.48	21.48
外贸手续费	外贸手续费＝(3906＋257.80＋16.00＋48×6.3)×1.5％＝67.23	67.23
引进设备原价		6456.69

解　由表7-1得知，引进部分的原价为6456.69万元。

$$国内运杂费＝6456.69×(0.4％＋0.1％＋1％)＝96.85（万元）$$
$$引进设备购置投资＝6456.69＋96.85＝6553.54（万元）$$

（2）工具、器具及生产家具购置费的构成及计算。工器具及生产家具购置费是指新建项目或扩建项目初步设计规定所必须购置的不够固定资产标准的设备、仪器、工卡模具、器具、生产家具和备品备件的费用。其一般计算公式为

$$工器具及生产家具购置费＝设备购置费×定额费率$$

三、建筑安装工程费用项目的组成

1. 按费用构成要素划分的建筑安装工程费用项目组成

按照费用构成要素划分，建筑安装工程费由人工费、材料（包含工程设备，下同）费、施工机具使用费、企业管理费、利润、规费和增值税组成。其中人工费、材料费、施工机具使用费、企业管理费和利润包含在分部分项工程费、措施项目费、其他项目费中（见图7-2）。

（1）人工费。人工费是指按工资总额构成规定，支付给从事建筑安装工程施工的生产工人和附属生产单位工人的各项费用。内容包括以下几个方面。

1）计时工资或计件工资，是指按计时工资标准和工作时间或对已做工作按计件单价支付给个人的劳动报酬。

2）奖金，是指对超额劳动和增收节支支付给个人的劳动报酬。如节约奖、劳动竞赛奖等。

3）津贴补贴，是指为了补偿职工特殊或额外的劳动消耗和因其他特殊原因支付给个

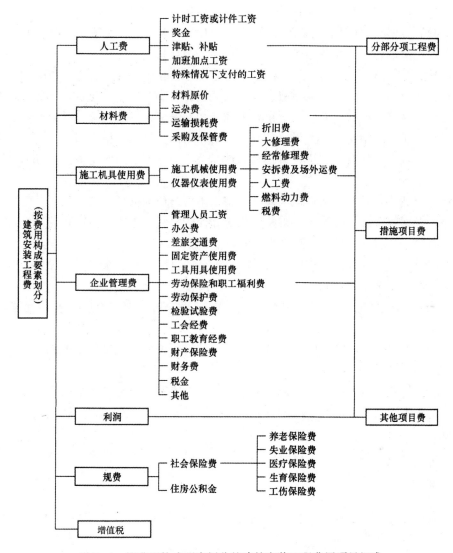

图 7-2　按费用构成要素划分的建筑安装工程费用项目组成

人的津贴，以及为了保证职工工资水平不受物价影响支付给个人的物价补贴。如流动施工津贴、特殊地区施工津贴、高温（寒）作业临时津贴、高空津贴等。

4）加班加点工资，是指按规定支付的在法定节假日工作的加班工资和在法定日工作时间外延时工作的加点工资。

5）特殊情况下支付的工资，是指根据国家法律、法规和政策规定，因病、工伤、产假、计划生育假、婚丧假、事假、探亲假、定期休假、停工学习、执行国家或社会义务等原因按计时工资标准或计时工资标准的一定比例支付的工资。

（2）材料费。材料费是指施工过程中耗费的原材料、辅助材料、构配件、零件、半成品或成品、工程设备的费用。内容包括以下几个方面。

材料费的基本计算公式：材料费＝∑（材料消耗量×材料单价）

当采用一般计税方法时，材料单价需扣除增值税进项税额。

1）材料消耗量。材料消耗量是指在正常施工生产条件下，完成规定计量单位的建筑安装产品所消耗的各类材料的净用量和不可避免的损耗量。

2）材料单价。材料单价是指建筑材料从其来源地运到施工工地仓库直至出库形成的综合平均单价。由材料原价、运杂费、运输损耗费、采购及保管费组成。当采用一般计税方法时，材料单价中的材料原价、运杂费等均应扣除增值税进项税额。

①材料原价，是指材料、工程设备的出厂价格或商家供应价格。

②运杂费，是指材料、工程设备自来源地运至工地仓库或指定堆放地点所发生的全部费用。

③运输损耗费，是指材料在运输装卸过程中不可避免的损耗。

④采购及保管费，是指为组织采购、供应和保管材料、工程设备的过程中所需要的各项费用。包括采购费、仓储费、工地保管费、仓储损耗。

工程设备是指构成或计划构成永久工程一部分的机电设备、金属结构设备、仪器装置及其他类似的设备和装置。

（3）施工机具使用费。施工机具使用费是指施工作业所发生的施工机械、仪器仪表使用费或其租赁费。内容包括以下几个方面。

当采用一般计税方法时，施工机械台班单价和仪器仪表台班单价中的相关子项均需扣除增值税进项税额。

①施工机械使用费：以施工机械台班耗用量乘以施工机械台班单价表示，施工机械台班单价通常由折旧费、检修费、维护费、安拆费及场外运费、人工费、燃料动力费和其他费用组成。

②仪器仪表使用费：以施工仪器仪表耗用量乘以仪器仪表台班单价表示，施工仪器仪表台班单价由四项费用组成，包括折旧费、维护费、校验费、动力费等。施工仪器仪表台班单价中的费用组成不包括检测软件的相关费用。

（4）企业管理费。企业管理费是指建筑安装企业组织施工生产和经营管理所需的费用。内容包括以下几个方面。

1）管理人员工资，是指按规定支付给管理人员的计时工资、奖金、津贴补贴、加班加点工资及特殊情况下支付的工资等。

2）办公费，是指企业管理办公用的文具、纸张、账表、印刷、邮电、书报、办公软件、现场监控、会议、水电、烧水和集体取暖降温（包括现场临时宿舍取暖降温）等费用。

3）差旅交通费，是指职工因公出差调动工作的差旅费、住勤补助费，市内交通费和误餐补助费，职工探亲路费，劳动力招募费，职工退休、退职一次性路费，工伤人员就医路费，工地转移费以及管理部门使用的交通工具的油料、燃料等费用。

4）固定资产使用费，是指管理和试验部门及附属生产单位使用的属于固定资产的房屋、设备、仪器等的折旧、大修、维修或租赁费。

5）工具用具使用费，是指企业施工生产和管理使用的不属于固定资产的工具、器具、家具、交通工具和检验、试验、测绘、消防用具等的购置、维修和摊销费。

6）劳动保险和职工福利费，是指由企业支付的职工退职金、按规定支付给离休干部的经费，集体福利费、夏季防暑降温费、冬季取暖补贴、上下班交通补贴等。

7）劳动保护费，是指企业按规定发放的劳动保护用品的支出。如工作服、手套、防暑降温饮料以及在有碍身体健康的环境中施工的保健费用等。

8）检验试验费，是指施工企业按照有关标准规定，对建筑以及材料、构件和建筑安装物进行一般鉴定、检查所发生的费用，包括自设试验室进行试验所耗用的材料等费用。不包括新结构、新材料的试验费，对构件做破坏性试验及其他特殊要求检验试验的费用和发包人委托检测机构进行检测的费用，对此类检测发生的费用，由发包人在工程建设其他费用中列支。但对施工企业提供的具有合格证明的材料进行检测其结果不合格的，该检测费用由施工企业支付。

9）工会经费，是指企业按《中华人民共和国工会法》规定的全部职工工资总额比例计提的工会经费。

10）职工教育经费，是指按职工工资总额的规定比例计提，企业为职工进行专业技术和职业技能培训，专业技术人员继续教育、职工职业技能鉴定、职业资格认定以及根据需要对职工进行各类文化教育所发生的费用。

11）财产保险费，是指施工管理用财产、车辆等的保险费用。

12）财务费，是指企业为施工生产筹集资金或提供预付款担保、履约担保、职工工资支付担保等所发生的各种费用。

13）税金，是指企业按规定缴纳的房产税、非生产性车船使用税、土地使用税、印花税、城市维护建设税、教育费附加、地方教育附加等。

14）其他，包括技术转让费、技术开发费、投标费、业务招待费、绿化费、广告费、公证费、法律顾问费、审计费、咨询费、保险费等。

（5）利润。利润是指施工企业完成所承包工程获得的盈利。

（6）规费。规费是指按国家法律、法规规定，由省级政府和省级有关权力部门规定必须缴纳或计取的费用。规费包括以下几个方面。

1）社会保险费。包括以下5项费用。

①养老保险费，是指企业按照规定标准为职工缴纳的基本养老保险费。

②失业保险费，是指企业按照规定标准为职工缴纳的失业保险费。

③医疗保险费，是指企业按照规定标准为职工缴纳的基本医疗保险费。

④生育保险费，是指企业按照规定标准为职工缴纳的生育保险费。

⑤工伤保险费，是指企业按照规定标准为职工缴纳的工伤保险费。

2）住房公积金，是指企业按规定标准为职工缴纳的住房公积金。其他应列而未列入的规费，按实际发生计取。

根据《财政部、国家发展和改革委员会、环境保护部、国家海洋局关于停征排污费等行政事业性收费有关事项的通知》（财税〔2018〕4号），原列入规费的工程排污费已经于2018年1月停止征收。

（7）增值税。建筑安装工程费用中的增值税是指按照国家税法规定的应计入建筑安装工程造价内的增值税额，按税前造价乘以增值税适用税率确定。

2. 按造价形成划分的建筑安装工程费用项目组成

建筑安装工程费按照工程造价形成由分部分项工程费、措施项目费、其他项目费、规费、增值税组成，分部分项工程费、措施项目费、其他项目费包含人工费、材料费、施工机具使用费、企业管理费和利润（见图 7-3）。

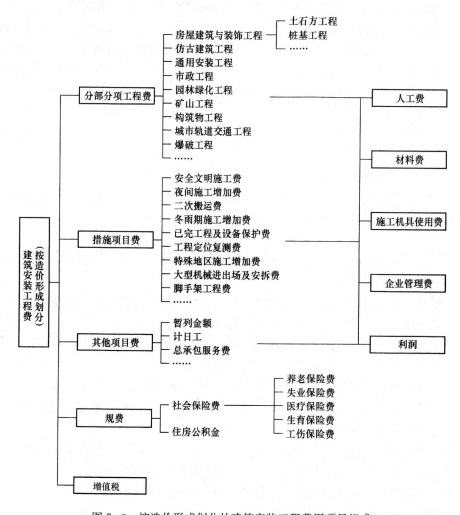

图 7-3　按造价形成划分的建筑安装工程费用项目组成

（1）分部分项工程费。分部分项工程费是指各专业工程的分部分项工程应予列支的各项费用。

1）专业工程，是指按现行国家计量规范划分的房屋建筑与装饰工程、仿古建筑工程、通用安装工程、市政工程、园林绿化工程、矿山工程、构筑物工程、城市轨道交通工程、爆破工程等各类工程。

2）分部分项工程指按现行国家计量规范对各专业工程划分的项目。如房屋建筑与装饰工程划分的土石方工程、地基处理与桩基工程、砌筑工程、钢筋及钢筋混凝土工程等。

各类专业工程的分部分项工程划分见现行国家或行业计量规范。

（2）措施项目费。措施项目费是指为完成建设工程施工，发生于该工程施工前和施工过程中的技术、生活、安全、环境保护等方面的费用。内容包括以下几个方面。

1）安全文明施工费。共包括以下 4 种费用。

①环境保护费，是指施工现场为达到环保部门要求所需要的各项费用。

②文明施工费，是指施工现场文明施工所需要的各项费用。

③安全施工费，是指施工现场安全施工所需要的各项费用。

④临时设施费，是指施工企业为进行建设工程施工所必须搭设的生活和生产用的临时建筑物、构筑物和其他临时设施费用。包括临时设施的搭设、维修、拆除、清理费或摊销费等。

2）夜间施工增加费，是指因夜间施工所发生的夜班补助费、夜间施工降效、夜间施工照明设备摊销及照明用电等费用。

3）二次搬运费，是指因施工场地条件限制而发生的材料、构配件、半成品等一次运输不能到达堆放地点，必须进行二次或多次搬运所发生的费用。

4）冬雨期施工增加费，是指在冬期或雨期施工需增加的临时设施、防滑、排除雨雪，人工及施工机械效率降低等费用。

5）已完工程及设备保护费，是指竣工验收前，对已完工程及设备采取的必要保护措施所发生的费用。

6）工程定位复测费，是指工程施工过程中进行全部施工测量放线和复测工作的费用。

7）特殊地区施工增加费，是指工程在沙漠或其边缘地区、高海拔、高寒、原始森林等特殊地区施工增加的费用。

8）大型机械设备进出场及安拆费，是指机械整体或分体自停放场地运至施工现场或由一个施工地点运至另一个施工地点，所发生的机械进出场运输、转移费用及机械在施工现场进行安装、拆卸所需的人工费、材料费、机械费、试运转费和安装所需的辅助设施的费用。

9）脚手架工程费，是指施工需要的各种脚手架搭、拆、运输费用以及脚手架购置费的摊销（或租赁）费用。

措施项目及其包含的内容详见各类专业工程的现行国家或行业计量规范。

（3）其他项目费。

1）暂列金额，是指发包人在工程量清单中暂定并包括在工程合同价款中的一笔款项。用于施工合同签订时尚未确定或者不可预见的所需材料、工程设备、服务的采购，施工中可能发生的工程变更、合同约定调整因素出现时的工程价款调整以及发生的索赔、现场签证确认等的费用。

2）计日工，是指在施工过程中，承包人完成发包人提出的施工图纸以外的零星项目或工作所需的费用。

3）总承包服务费，是指总承包人为配合、协调发包人进行的专业工程发包，对发包人自行采购的材料、工程设备等进行保管以及施工现场管理、竣工资料汇总整理等服务所需的费用。

(4) 规费与按生产要素划分的费用组成相同。

(5) 增值税与按生产要素划分的费用组成相同。

3. 建筑安装工程费用计算方法

(1) 各费用构成要素计算方法如下。

1) 人工费。

$$人工费 = \sum (工日消耗量 \times 日工资单价)$$

$$日工资单价 = \frac{生产工人平均月工资（计时、计件）+ 平均月（奖金 + 津贴补贴 + 特殊情况下支付的工资）}{年平均每月法定工作日}$$

注：上述公式主要适用于施工企业投标报价时自主确定人工费，也是工程造价管理机构编制计价定额确定定额人工单价或发布人工成本信息的参考依据。

$$人工费 = \sum (工程工日消耗量 \times 日工资单价)$$

注：上述公式适用于工程造价管理机构编制计价定额时确定定额人工费，是施工企业投标报价的参考依据。

日工资单价是指施工企业平均技术熟练程度的生产工人在每工作日（国家法定工作时间内）按规定从事施工作业应得的日工资总额。

工程造价管理机构确定日工资单价应根据工程项目的技术要求，通过市场调查，参考实物工程量人工单价综合分析确定，最低日工资单价不得低于工程所在地人力资源和社会保障部门所发布的最低工资标准：普工 1.3 倍；一般技工 2 倍；高级技工 3 倍。

工程计价定额不可只列一个综合工日单价，应根据工程项目技术要求和工种差别适当划分多种日人工单价，确保各分部工程人工费的合理构成。

2) 材料费。

$$材料费 = \sum (材料消耗量 \times 材料单价)$$

$$材料单价 = \{(材料原价 + 运杂费) \times [1 + 运输损耗率(\%)]\} \times [1 + 采购保管费率(\%)]$$

3) 工程设备费。

$$工程设备费 = \sum (工程设备量 \times 工程设备单价)$$

$$工程设备单价 = (设备原价 + 运杂费) \times [1 + 采购保管费率(\%)]$$

4) 施工机具使用费。

$$施工机械使用费 = \sum (施工机械台班消耗量 \times 机械台班单价)$$

$$机械台班单价 = 台班折旧费 + 台班大修费 + 台班经常修理费 + 台班安拆费及场外运费 + 台班人工费 + 台班燃料动力费 + 台班车船税费$$

折旧费计算公式为

$$台班折旧费 = \frac{机械预算价格 \times (1 - 残值率)}{耐用总台班数}$$

$$耐用总台班数 = 折旧年限 \times 年工作台班$$

大修理费计算公式为

$$台班大修理费 = \frac{一次大修理费 \times 大修次数}{耐用总台班数}$$

工程造价管理机构在确定计价定额中的施工机械使用费时，应根据《建筑施工机械台班费用计算规则》结合市场调查编制施工机械台班单价。施工企业可以参考工程造价管理机构发布的台班单价，自主确定施工机械使用费的报价，如租赁施工机械，公式为

$$施工机械使用费 = \sum(施工机械台班消耗量 \times 机械台班租赁单价)$$

5）仪器仪表使用费。

$$仪器仪表使用费 = 工程使用的仪器仪表摊销费 + 维修费$$

【例7-3】　某施工机械预算价格为100万元，折旧年限为10年，年平均工作225个台班，残值率为4%，则该机械台班折旧费为多少元。

解　根据计算规则

$$台班折旧费 = \frac{机械预算价格 \times (1-残值率)}{耐用总台班数}$$
$$= 100 \times 10\,000 \times (1-4\%)/(10 \times 225) = 426.67(元)$$

6）企业管理费费率。

以分部分项工程费为计算基础

$$企业管理费费率(\%) = \frac{生产工人年平均管理费}{年有效施工天数 \times 人工单价} \times 人工费占分部分项工程费比例(\%)$$

以人工费和机械费合计为计算基础

$$企业管理费费率(\%) = \frac{生产工人年平均管理费}{年有效施工天数 \times (人工单价 + 每一工日机械使用费)} \times 100\%$$

以人工费为计算基础

$$企业管理费费率(\%) = \frac{生产工人年平均管理费}{年有效施工天数 \times 人工单价} \times 100\%$$

注：上述公式适用于施工企业投标报价时自主确定管理费，是工程造价管理机构编制计价定额确定企业管理费的参考依据。

工程造价管理机构在确定计价定额中企业管理费时，应以定额人工费或（定额人工费＋定额机械费）作为计算基数，其费率根据历年工程造价积累的资料，辅以调查数据确定，列入分部分项工程和措施项目中。

7）利润。施工企业根据企业自身需求，并结合建筑市场实际自主确定，列入报价中。

工程造价管理机构在确定计价定额中利润时，应以定额人工费或定额人工费与定额机械费之和作为计算基数，其费率根据历年工程造价积累的资料，并结合建筑市场实际确定，以单位（单项）工程测算，利润在税前建筑安装工程费的比重可按不低于5%且不高于7%的费率计算。利润应列入分部分项工程和措施项目中。

8）规费。社会保险费和住房公积金。

社会保险费和住房公积金应以定额人工费为计算基础，根据工程所在地省、自治区、直辖市或行业建设主管部门规定费率计算。

$$社会保险费和住房公积金 = \sum(工程定额人工费 \times 社会保险费率和住房公积金费率)$$

式中，社会保险费率和住房公积金费率可按每万元发承包价的生产工人人工费、管理人员工资含量与工程所在地规定的缴纳标准综合分析取定。

工程排污费等其他应列而未列入的规费应按工程所在地环境保护等部门规定的标准缴纳，按实计取列入。

9）税金。

$$税金＝税前造价×综合税率（\%）$$

$$综合税率＝\left[\frac{1}{1-a×(1+b+c_1+c_2)}-1\right]×100\%$$

式中，a 为营业税税率，b 为城市维护建筑税税率，c_1 为教育费附加费率，c_2 为地方教育附加费率。

纳税地点在市区的企业：

$$综合税率（\%）＝\left[\frac{1}{1-3\%-(3\%×7\%)-(3\%×3\%)-(3\%×2\%)}-1\right]×100\%$$
$$=3.48\%$$

纳税地点在县城、镇的企业：

$$综合税率（\%）＝\left[\frac{1}{1-3\%-(3\%×5\%)-(3\%×3\%)-(3\%×2\%)}-1\right]×100\%$$
$$=3.41\%$$

纳税地点不在市区、县城、镇的企业：

$$综合税率（\%）＝\left[\frac{1}{1-3\%-(3\%×1\%)-(3\%×3\%)-(3\%×2\%)}-1\right]×100\%$$
$$=3.28\%$$

实行营业税改增值税的，按纳税地点现行税率计算。

规费和税金的计价方法见表 7-2。

表 7-2　　　　　　　　　　规费、税金项目计价表

工程名称：　　　　　　　　　　　　　标段：

序号	项目名称	计算基础	计算基数	计算费率（%）	金额（元）
1	规费	定额人工费			
1.1	社会保险费	定额人工费			
（1）	养老保险费	定额人工费			
（2）	失业保险费	定额人工费			
（3）	医疗保险费	定额人工费			
（4）	工伤保险费	定额人工费			
（5）	生育保险费	定额人工费			
1.2	住房公积金	定额人工费			
1.3	工程排污费	按工程所在地环境保护部门收取标准，按实计入			

续表

序号	项目名称	计算基础	计算基数	计算费率（%）	金额（元）
2	税金	分部分项工程费＋措施项目费＋其他项目费＋规费－按规定不计税的工程设备金额			
合　计					

（2）建筑安装工程计价公式。

1）分部分项工程费。

$$分部分项工程费 = \sum（分部分项工程量 \times 综合单价）$$

式中，综合单价包括人工费、材料费、施工机具使用费、企业管理费和利润以及一定范围的风险费用（下同）。

2）措施项目费。

国家计量规范规定应予计量的措施项目，其计算公式为

$$措施项目费 = \sum（措施项目工程量 \times 综合单价）$$

国家计量规范规定不宜计量的措施项目计算方法如下

$$安全文明施工费 = 计算基数 \times 安全文明施工费费率（\%）$$

式中，计算基数应为定额基价（定额分部分项工程费＋定额中可以计量的措施项目费）、定额人工费或（定额人工费＋定额机械费），其费率由工程造价管理机构根据各专业工程的特点综合确定。

$$夜间施工增加费 = 计算基数 \times 夜间施工增加费费率（\%）$$
$$二次搬运费 = 计算基数 \times 二次搬运费费率（\%）$$
$$冬雨期施工增加费 = 计算基数 \times 冬雨期施工增加费费率（\%）$$
$$已完工程及设备保护费 = 计算基数 \times 已完工程及设备保护费费率（\%）$$

上述 4 项措施项目的计费基数应为定额人工费或（定额人工费＋定额机械费），其费率由工程造价管理机构根据各专业工程特点和调查资料综合分析后确定。

3）其他项目费。

暂列金额由发包人根据工程特点，按有关计价规定估算，施工过程中由发包人掌握使用、扣除合同价款调整后如有余额，归发包人。

计日工由发包人和承包人按施工过程中的签证计价。

总承包服务费由发包人在招标控制价中根据总包服务范围和有关计价规定编制，承包人投标时自主报价，施工过程中按签约合同价执行。

4）规费和税金。发包人和承包人均应按照省、自治区、直辖市或行业建设主管部门发布的标准计算规费和税金，不得作为竞争性费用。

【例 7-4】 某施工企业在现场搭建可周转使用的建筑物 $400m^2$，现假定该建筑物每平方米造价为 180 元，可周转使用 3 年，年利用率为 85%，不计其一次性拆除费用，项目合同工期为 280 天（以一年 365 天计算），那么该建筑项目应该计算的周转使用的临建费用

为多少?

解　周转使用的临建费用 $=\sum$ [（临建面积×每平方米造价）×

工期（d）/使用年限×365×年利用率] +一次性拆除费

$=\sum$ [（400×80）×280/3×365×0.85] +0

=21 660（元）

【例7-5】　某施工企业施工适用的是自有模板，已知一次使用量为1200m²，模板价格为30元/m²，如果周转次数为8，补损率为10%，施工损耗为10%，不考虑支、拆、运输费，则模板费用为多少?（折旧率按50%计算）

解　模板费用={（一次使用量×模板单价）[1+（周转次数-1）×补损率] /周转次数-（1-补损率）×回收折价系数/周转次数}（1+施工损耗）

=1200×30×{ [1+（8-1）×10%] /8-（1-10%）×（1-50%)}（1+10%）

=6187.5（元）

【例7-6】　某地方材料经货源调查后确定，甲地可以供货20%，原价93.50元/t；乙地可以供货30%，原价91.20元/t，丙地可以供货15%，原价94.80元/t，丁地可以供货35%，原价90.80元/t。甲、乙两地为水路运输，甲地运距103km，乙地运距115km，运费0.35元/（km·t），装卸费3.4元/t，驳船费2.5元/t，途中损耗3%，丙、丁两地为汽车运输，运距分别为62km和68km，运费0.45元/（km·t），装卸费3.6元/t，调车费2.8元/t，途中损耗2.5%，材料包装费均为10元/t，采购保管费率2.5%，计算该材料的预算价格。

解　1. 原价：（93.5×0.2+91.2×0.3+94.8×0.15+90.8×0.35）=92.06（元/t）

2. 包装费：10元/t

3. 运杂费：

1）运费：（0.2×103+0.3×115）×0.35+（0.15×62+0.35×68）×0.45=34.18（元/t）

2）装卸费：（0.2+0.3）×3.4+（0.15+0.35）×3.6=3.5（元/t）

3）调车驳船费：（0.2+0.3）×2.5+（0.15+0.35）×2.8=2.65（元/t）

4）途中损耗费：

损耗费：（0.2+0.3）×3%+（0.15+0.35）×2.5%=2.75%

（92.06+10+34.18+3.5+2.65）×2.75%=3.92（元/t）

所以，运杂费=34.18+3.5+2.65+3.92=44.25（元/t）

因此，该材料的预算价格为：（92.06+10+44.25）×（1+2.5%）=149.97（元/t）

4. 建筑安装工程计价程序

发包人工程招标控制价计价程序见表7-3，承包人工程投标报价计价程序见表7-4，竣工结算计价程序见表7-5。

表7-3　　　　　　　　　　　　　发包人工程招标控制价计价程序

工程名称：　　　　　　　　　　　　　标段：

序号	内　　容	计算方法	金额（元）
1	分部分项工程费	按计价规定计算	
1.1			
1.2			
1.3			
⋮			
2	措施项目费	按计价规定计算	
2.1	其中：安全文明施工费	按规定标准计算	
3	其他项目费		
3.1	其中：暂列金额	按计价规定估算	
3.2	其中：专业工程暂估价	按计价规定估算	
3.3	其中：计日工	按计价规定估算	
3.4	其中：总承包服务费	按计价规定估算	
4	规费	按规定标准计算	
5	税金（扣除不列入计税范围的工程设备金额）	（1＋2＋3＋4）×规定税率	

招标控制价合计＝1＋2＋3＋4＋5

表7-4　　　　　　　　　　　　　承包人工程投标报价计价程序

工程名称：　　　　　　　　　　　　　标段：

序号	内　　容	计算方法	金额（元）
1	分部分项工程费	自主报价	
1.1			
1.2			
1.3			
⋮			
2	措施项目费	自主报价	
2.1	其中：安全文明施工费	按规定标准计算	
3	其他项目费		
3.1	其中：暂列金额	按招标文件提供金额计列	
3.2	其中：专业工程暂估价	按招标文件提供金额计列	

续表

序号	内　　　容	计算方法	金额（元）
3.3	其中：计日工	自主报价	
3.4	其中：总承包服务费	自主报价	
4	规费	按规定标准计算	
5	税金（扣除不列入计税范围的工程设备金额）	(1+2+3+4)×规定税率	

投标报价合计＝1+2+3+4+5

表 7-5　　　　　　　　　　竣 工 结 算 计 价 程 序

工程名称：　　　　　　　　　　　　标段：

序号	内　　　容	计算方法	金额（元）
1	分部分项工程费	按合同约定计算	
1.1			
1.2			
1.3			
⋮			
2	措施项目费	按合同约定计算	
2.1	其中：安全文明施工费	按规定标准计算	
3	其他项目费		
3.1	其中：专业工程结算价	按合同约定计算	
3.2	其中：计日工	按计日工签证计算	
3.3	其中：总承包服务费	按合同约定计算	
3.4	索赔与现场签证	按发承包双方确认数额计算	
4	规费	按规定标准计算	
5	税金（扣除不列入计税范围的工程设备金额）	(1+2+3+4)×规定税率	

竣工结算总价合计＝1+2+3+4+5

【**例 7-7**】　某高层商业办公综合楼工程建筑面积为 90 586m²。根据计算，建筑工程造价为 2300 元/m²，安装工程造价为 1200 元/m²，装饰装修工程造价为 1000 元/m²，其中定额人工费占分部分项工程造价的 15%。措施费以分部分项工程费为计费基础，其中安全文明施工费费率为 1.5%，其他措施费费率合计 1%。其他项目费合计 800 万元，规费费率为 8%，税率 3.41%，计算招标控制价。

解　招标控制价计价程序见表 7-6。

表7-6　　　　　　　　　　　　　招标控制价计价程序

序号	内　　容	计算方法	金额（万元）
1	分部分项工程费	（1.1＋1.2＋1.3）	40 763.7
1.1	建筑工程	90 586×2300	20 834.78
1.2	安装工程	90 586×1200	10 870.32
1.3	装饰装修工程	90 586×1000	9058.6
2	措施项目费	分部分项工程费×2.5%	1019.092 5
2.1	其中：安全文明施工费	分部分项工程费×1.5%	611.455 5
3	其他项目费		800
4	规费	分部分项工程费×15%×8%	489.16
5	税金（扣除不列入计税范围的工程设备金额）	（1＋2＋3＋4）×3.41%	1468.75

招标控制价合计＝（1＋2＋3＋4＋5）＝44 540.7(万元)

四、工程建设其他费

工程建设其他费用是指工程项目从筹建到竣工验收交付使用的整个建设期间，除建筑安装工程费用、设备及工器具购置费以外的，为保证工程建设顺利完成和交付使用后能够正常发挥效用而发生的一些费用。

工程建设其他费用，按其内容大体可分为三类。第一类为土地使用费，由于工程项目固定于一定地点与地面相连接，必须占用一定量的土地，也就必然要发生为获得建设用地而支付的费用；第二类是与项目建设有关的费用；第三类是与未来企业生产和经营活动有关的费用。

1. 土地使用费

土地使用费是指按照现行《中华人民共和国土地管理法》等规定，建设工程项目征用土地或租用土地应支付的费用。

（1）农用土地征用费。农用土地征用费由土地补偿费、安置补助费、土地投资补偿费、土地管理费、耕地占用税等组成，并按被征用土地的原用途给予补偿。

征用耕地的补偿费用包括土地补偿费、安置补助费以及地上附着物和青苗的补偿费。

1）征用耕地的土地补偿费，为该耕地被征用前三年平均年产值的6~10倍。

2）征用耕地的安置补助费，按照需要安置的农业人口数计算。需要安置的农业人口数，按照被征用的耕地数量除以征地前被征用单位平均每人占有耕地的数量计算。每一个需要安置的农业人口的安置补助费标准，为该耕地被征用前三年平均年产值的4~6倍。但是，每公顷被征用耕地的安置补助费，最高不得超过被征用前三年平均年产值的15倍。

征用其他土地的土地补偿费和安置补助费标准，由省、自治区、直辖市参照征用耕地的土地补偿费和安置补助费的标准规定。

3）征用土地上的附着物和青苗的补偿标准，由省、自治区、直辖市规定。

4）征用城市郊区的菜地，用地单位应当按照国家有关规定缴纳新菜地开发建设基金。

（2）取得国有土地使用费。取得国有土地使用费包括土地使用权出让金、城市建设配套费、房屋征收与补偿费等。

1）土地使用权出让金是指建设工程通过土地使用权出让方式，取得有限期的土地使用权，依照现行《中华人民共和国城镇国有土地使用权出让和转让暂行条例》规定，支付的费用。

2）城市建设配套费是指因进行城市公共设施的建设而分摊的费用。

3）房屋征收与补偿费。根据现行《国有土地上房屋征收与补偿条例》的规定，房屋征收对被征收人给予的补偿包括：被征收房屋价值的补偿；因征收房屋造成的搬迁、临时安置的补偿；因征收房屋造成的停产停业损失的补偿。

市、县级人民政府应当制定补助和奖励办法，对被征收人给予补助和奖励。对被征收房屋价值的补偿，不得低于房屋征收决定公告之日被征收房屋类似房地产的市场价格。被征收房屋的价值，由具有相应资质的房地产价格评估机构按照房屋征收评估办法评估确定。被征收人可以选择货币补偿，也可以选择房屋产权调换。被征收人选择房屋产权调换的，市、县级人民政府应当提供用于产权调换的房屋，并与被征收人计算、结清被征收房屋价值与用于产权调换房屋价值的差价。因旧城区改建征收个人住宅，被征收人选择在改建地段进行房屋产权调换的，做出房屋征收决定的市、县级人民政府应当提改建地段或者就近地段的房屋。因征收房屋造成搬迁的，房屋征收部门应当向被征收人支付搬迁费；选择房屋产权调换的，产权调换房屋交付前，房屋征收部门应当向被征收人支付临时安置费或者提供周转用房。对因征收房屋造成停产停业损失的补偿，根据房屋被征收前的效益、停产停业期限等因素确定。具体办法由省、自治区、直辖市制定。房屋征收部门与被征收人依照条例的规定，就补偿方式、补偿金额和支付期限、用于产权调换房屋的地点和面积、搬迁费、临时安置费或者周转用房、停产停业损失、搬迁期限、过渡方式和过渡期限等事项，订立补偿协议。实施房屋征收应当先补偿、后搬迁。做出房屋征收决定的市、县级人民政府对被征收人给予补偿后，被征收人应当在补偿协议约定或者补偿决定确定的搬迁期限内完成搬迁。

2. 与项目建设有关的其他费用

（1）建设管理费。建设管理费是指建设单位从项目筹建开始直至工程竣工验收合格或交付使用为止发生的项目建设管理费用。费用内容包括以下几个方面。

1）建设单位管理费。建设单位管理费是指建设单位发生的管理性质的开支。包括工作人员工资、工资性补贴、施工现场津贴、职工福利费、住房基金、基本养老保险费、基本医疗保险费、失业保险费、工伤保险费、办公费、差旅交通费、劳动保护费、工具用具使用费、固定资产使用费、必要的办公及生活用品购置费、必要的通信设备及交通工具购置费、零星固定资产购置费、招募生产工人费、技术图书资料费、业务招待费、设计审查费、工程招标费、合同契约公证费、法律顾问费、咨询费、完工清理费、竣工验收费、印花税和其他管理性质开支。如建设管理采用工程总承包方式，其总包管理费由建设单位与总包单位根据总包工作范围在合同中商定，从建设管理费中支出。

建设单位管理费以建设投资中的工程费用为基数乘以建设单位管理费费率计算，公式如下

$$建设单位管理费＝工程费用×建设单位管理费费率$$

工程费用是指建筑安装工程费用和设备及工器具购置费用之和。

2) 工程监理费。工程监理费是指建设单位委托工程监理单位实施工程监理的费用。

由于工程监理是受建设单位委托的工程建设技术服务，属建设管理范畴。如采用监理，建设单位部分管理工作量转移至监理单位。监理费应根据委托的监理工作范围和监理深度在监理合同中商定或按当地或所属行业部门有关规定计算。

3) 工程质量监督费。工程质量监督费是指工程质量监督检验部门检验工程质量而收取的费用。

(2) 可行性研究费。可行性研究费是指在建设工程项目前期工作中，编制和评估项目建议书（或预可行性研究报告）、可行性研究报告所需的费用。

可行性研究费依据前期研究委托合同计列，或参照国家计委关于建设工程项目前期工作咨询收费相关规定计算。编制预可行性研究报告参照编制项目建议书收费标准并可适当调增。

(3) 研究试验费。研究试验费是指为本建设工程项目提供或验证设计数据、资料等进行必要的研究试验及按照设计规定在建设过程中必须进行试验、验证所需的费用。

研究试验费按照研究试验内容和要求进行编制。研究试验费不包括以下项目。

1) 应由科技三项费用（即新产品试制费、中间试验费和重要科学研究补助费）开支的项目。

2) 应在建筑安装费用中列支的施工企业对建筑材料、构件和建筑物进行一般鉴定、检查所发生的费用及技术革新的研究试验费。

3) 应由勘察设计费或工程费用中开支的项目。

(4) 勘察设计费。勘察设计费是指委托勘察设计单位进行工程水文地质勘察、工程设计所发生的各项费用。包括：工程勘察费；初步设计费（基础设计费）、施工图设计费（详细设计费）；设计模型制作费。

勘察设计费依据勘察设计委托合同计列，或参照国家计委、建设部关于工程勘察设计收费管理规定的通知计算。

(5) 环境影响评价费。环境影响评价费是指按照现行《中华人民共和国环境保护法》《中华人民共和国环境影响评价法》等规定，为全面、详细评价建设工程项目对环境可能产生的污染或造成的重大影响所需的费用。包括编制环境影响报告书（含大纲）、环境影响报告表和评估环境影响报告书（含大纲）、评估环境影响报告表等所需的费用。

环境影响评价费依据环境影响评价委托合同计列，或按照国家计委、国家环境保护总局关于规范环境影响咨询收费有关问题的规定计算。

(6) 劳动安全卫生评价费。劳动安全卫生评价费是指按照劳动部现行《建设工程项目（工程）劳动安全卫生监察规定》和《建设工程项目（工程）劳动安全卫生预评价管理办法》的规定，为预测和分析建设工程项目存在的职业危险、危害因素的种类和危险危害程度，并提出先进、科学、合理可行的劳动安全卫生技术和管理对策所需的费用。包括编制建设工程项目劳动安全卫生预评价大纲和劳动安全卫生预评价报告书以及为编制上述文件所进行的工程分析和环境现状调查等所需费用。

劳动安全卫生评价费依据劳动安全卫生预评价委托合同计列，或按照建设工程项目所在省（市、自治区）劳动行政部门规定的标准计算。

（7）场地准备及临时设施费。场地准备及临时设施费是指建设场地准备费和建设单位临时设施费。

1）场地准备费是指建设工程项目为达到工程开工条件所发生的场地平整和对建设场地遗留的有碍于施工建设的设施进行拆除清理的费用。

2）临时设施费是指为满足施工建设需要而供到场地界区的，未列入工程费用的临时水、电、路、信、气等其他工程费用和建设单位的现场临时建（构）筑物的搭设、维修、拆除、摊销或建设期间租赁费用，以及施工期间专用公路或桥梁的加固、养护、维修等费用。此项费用不包括已列入建筑安装工程费用中的施工单位临时设施费用。

场地准备及临时设施应尽量与永久性工程统一考虑。建设场地的大型土石方工程应计入工程费用中的总图运输费用中。

新建项目的场地准备和临时设施费应根据实际工程量估算，或按工程费用的比例计算。改扩建项目一般只计拆除清理费。

$$场地准备和临时设施费＝工程费用×费率＋拆除清理费$$

发生拆除清理费时可按新建同类工程造价或主材费、设备费的比例计算。凡可回收材料的拆除工程采用以料抵工方式冲抵拆除清理费。

（8）引进技术和进口设备其他费。引进技术及进口设备其他费用，包括出国人员费用、国外工程技术人员来华费用、技术引进费、分期或延期付款利息、担保费以及进口设备检验鉴定费。

1）出国人员费用。指为引进技术和进口设备派出人员到国外培训和进行设计联络、设备检验等的差旅费、制装费、生活费等。这项费用根据设计规定的出国培训和工作的人数、时间及派往国家，按财政部、外交部规定的临时出国人员费用开支标准及中国民用航空公司现行国际航线票价等进行计算，其中使用外汇部分应计算银行财务费用。

2）国外工程技术人员来华费用。指为安装进口设备、引进国外技术等聘用外国工程技术人员进行技术指导工作所发生的费用。包括技术服务费、外国技术人员的在华工资、生活补贴、差旅费、医药费、住宿费、交通费、宴请费、参观游览等招待费用。这项费用按每人每月费用指标计算。

3）技术引进费。指为引进国外先进技术而支付的费用。包括专利费、专有技术费（技术保密费）、国外设计及技术资料费、计算机软件费等。这项费用根据合同或协议的价格计算。

4）分期或延期付款利息。指利用出口信贷引进技术或进口设备采取分期或延期付款的办法所支付的利息。

5）担保费。指国内金融机构为买方出具保函的担保费。这项费用按有关金融机构规定的担保率计算（一般可按承保金的5‰计算）。

6）进口设备检验鉴定费用。指进口设备按规定付给商品检验部门的进口设备检验鉴定费。这项费用按进口设备货价的3‰～5‰计算。

（9）工程保险费。工程保险费是指建设工程项目在建设期间根据需要对建筑工程、安装工程、机器设备和人身安全进行投保而发生的保险费用。包括建筑安装工程一切险、进口设备财产保险和人身意外伤害险等。不包括已列入施工企业管理费中的施工管理用财产、车辆保险费。不投保的工程不计取此项费用。

不同的建设工程项目可根据工程特点选择投保险种，根据投保合同计列保险费用。编制投资估算和概算时可按工程费用的比例估算。

（10）特殊设备安全监督检验费。特殊设备安全监督检验费是指在施工现场组装的锅炉及压力容器、压力管道、消防设备、燃气设备、电梯等特殊设备和设施，由安全监察部门按照有关安全监察条例和实施细则以及设计技术要求进行安全检验，应由建设工程项目支付的，向安全监察部门缴纳的费用。

特殊设备安全监督检验费按照建设工程项目所在省（市、自治区）安全监察部门的规定标准计算。无具体规定的，在编制投资估算和概算时可按受检设备现场安装费的比例估算。

（11）市政公用设施建设及绿化补偿费。市政公用设施建设及绿化补偿费是指使用市政公用设施的建设工程项目，按照项目所在地省级人民政府有关规定建设或缴纳的市政公用设施建设配套费用，以及绿化工程补偿费用。该项费用按工程所在地人民政府规定标准计列；不发生或按规定免征项目不计取。

3. 与未来企业生产经营有关的其他费用

（1）联合试运转费。联合试运转费是指新建项目或新增加生产能力的项目，在交付生产前按照批准的设计文件所规定的工程质量标准和技术要求，进行整个生产线或装置的负荷联合试运转或局部联动试车所发生的费用净支出（试运转支出大于收入的差额部分费用）。试运转支出包括试运转所需原材料、燃料及动力消耗、低值易耗品、其他物料消耗、工具用具使用费、机械使用费、保险金、施工单位参加试运转人员工资以及专家指导费等；试运转收入包括试运转期间的产品销售收入和其他收入。

联合试运转费不包括应由设备安装工程费用开支的调试及试车费用，以及在试运转中暴露出来的因施工原因或设备缺陷等发生的处理费用。

不发生试运转或试运转收入大于（或等于）费用支出的工程，不列此项费用。

当联合试运转收入小于试运转支出时

$$联合试运转费＝联合试运转费用支出－联合试运转收入$$

试运行期按照以下规定确定：引进国外设备项目按建设合同中规定的试运行期执行；国内一般性建设工程项目试运行期原则上按照批准的设计文件所规定期限执行。个别行业的建设工程项目试运行期需要超过规定试运行期的，应报项目设计文件审批机关批准。试运行期一经确定，建设单位应严格按规定执行，不得擅自缩短或延长。

（2）生产准备费。生产准备费是指新建项目或新增生产能力的项目，为保证竣工交付使用进行必要的生产准备所发生的费用。费用内容包括以下两个方面。

1）生产职工培训费。自行培训、委托其他单位培训人员的工资、工资性补贴、职工福利费、差旅交通费、学习资料费、学费、劳动保护费。

2）生产单位提前进厂参加施工、设备安装、调试等以及熟悉工艺流程及设备性能等人员的工资、工资性补贴、职工福利费、差旅交通费、劳动保护费等。

新建项目按设计定员为基数计算，改扩建项目按新增设计定员为基数计算

生产准备费＝设计定员×生产准备费指标(元/人)

（3）办公和生活家具购置费。办公和生活家具购置费是指为保证新建、改建、扩建项目初期正常生产、使用和管理所必须购置的办公和生活家具、用具的费用。改、扩建项目所需的办公和生活用具购置费，应低于新建项目。其范围包括办公室、会议室、资料档案室、阅览室、文娱室、食堂、浴室、理发室和单身宿舍等。这项费用按照设计定员人数乘以综合指标计算。

一般建设工程项目很少发生或一些具有明显行业特征的工程建设其他费用项目，如移民安置费、水资源费、水土保持评价费、地震安全性评价费、地质灾害危险性评价费、河道占用补偿费、超限设备运输特殊措施费、航道维护费、植被恢复费、种质检测费、引种测试费等，具体项目发生时依据有关政策规定列入。

五、预备费的组成

按我国现行规定，预备费包括基本预备费和涨价预备费。

1. 基本预备费

基本预备费是指在项目实施中可能发生难以预料的支出，需要预先预留的费用，又称不可预见费。主要指设计变更及施工过程中可能增加工程量的费用。计算公式为

基本预备费＝(设备及工器具购置费＋建筑安装工程费＋工程建设其他费)
×基本预备费率

2. 涨价预备费

涨价预备费是指建设工程项目在建设期内由于价格等变化引起投资增加，需要事先预留的费用。涨价预备费以建筑安装工程费、设备及工器具购置费之和为计算基数。计算公式为

$$PC = \sum_{t=1}^{n} I_t [(1+f)^t - 1]$$

式中　PC——涨价预备费；

　　　I_t——第 t 年的建筑安装工程费、设备及工器具购置费之和；

　　　n——建设期；

　　　f——建设期价格上涨指数。

【例 7-8】　某建设工程项目在建设期初的建筑安装工程费、设备及工器具购置费为45 000万元。按本项目实施进度计划，项目建设期为 3 年，投资分年使用比例为：第一年25％，第二年55％，第三年20％，建设期内预计年平均价格总水平上涨率为5％。建设期贷款利息为 1395 万元，建设工程项目其他费用为 3860 万元，基本预备费率为 10％。试估算该项目的建设投资。

解　（1）计算项目的涨价预备费

第一年末的涨价预备费＝45 000×25％×[(1+0.05)^1-1]＝562.5(万元)

第二年末的涨价预备费＝45 000×55％×[(1+0.05)^2-1]＝2536.88(万元)

第三年末的涨价预备费＝45 000×20％×[(1+0.05)^3-1]＝1418.63(万元)

该项目建设期的涨价预备费＝562.5＋2536.88＋1418.63＝4518.01(万元)

　（2）计算项目的建设投资

$$建设投资=静态投资+建设期贷款利息+涨价预备费$$
$$=(45\,000+3860)\times(1+10\%)+1395+4518.01$$
$$=59\,659.01(万元)$$

六、建设期利息的计算

　　建设期利息是指项目借款在建设期内发生并计入固定资产的利息。为了简化计算，在编制投资估算时通常假定借款均在每年的年中支用，借款第一年按半年计息，其余各年份按全年计息。计算公式为

$$各年应计利息=(年初借款本息累计+本年借款额/2)\times年利率$$

　　【例7-9】 某新建项目，建设期为3年，共向银行贷款1300万元，贷款情况为：第1年300万元，第2年600万元，第3年400万元，年利率为6%，计算建设期利息。

　　解　在建设期，各年利息计算如下：

$$第1年应计利息=\frac{1}{2}\times300\times6\%=9(万元)$$

$$第2年应计利息=\left(300+9+\frac{1}{2}\times600\right)\times6\%=36.54(万元)$$

$$第3年应计利息=\left(300+9+600+36.54+\frac{1}{2}\times400\right)\times6\%=68.73(万元)$$

　　建设期利息总和为114.27万元。

七、铺底流动资金

　　铺底流动资金是项目总资金中的一个组成部分，是保证项目投产初期，可以进行正常生产经营所需要投入的最基本的周转资金。所以，在项目决策阶段，这部分资金就要落实。铺底流动资金可按下式计算

$$铺底流动资金=流动资金\times30\%$$

　　流动资金，是指建设项目投产后，为维持正常生产年份的正常经营，用于购买原材料、燃料、支付工资及其他生产经营费用等，必不可少的周转资金。

　　流动资金伴随固定资产投资，而发生的永久性流动资产，它等于项目投产运营后所需全部流动资产扣除流动负债后的余额。

　　流动资产是指应收账款、现金和存货。流动负债是指应付账款。流动资金实际上就是财务中的劳动资金。流动资金的估算，一般可以采用下述两种方法考虑。

　　对于非生产性工程项目来说，建设工程项目的建设投资也就是建设工程项目的总投资。

　　对于生产性建设项目来说，其总投资中除了建设投资外，还应包含生产必需的流动资金。

　　流动资金估算的方法有扩大指标估算法和分项详细估算法。

1. 扩大指标估算法

　　扩大指标估算法，是指按照流动资金占某种基数的比率来估算流动资金。

某种基数一般有销售收入、经营成本、总成本费用或固定资产投资等。究竟采用何种基数可以参照行业习惯。所采用的比率，可以根据经验现有同类企业的实际资料或行业给定的参考值来加以认定。

扩大指标估算法简便易行，但准确度不高，适用于项目建议书阶段的估算。

(1) 产值资金率估算法。产值资金率估算法，或销售收入资金率估算法。可采用下式表述

$$流动资金 = 年产值(年销售收入) \times 产值(销售收入)资金率$$

【例 7 - 10】　某建设工程项目投产后，年产值为 2.0 亿元。同类企业的百元产值流动资金占用额为 20.5 元，计算该项目的流动资金。

解　流动资金 = 年产值 × 产值资金率 = 20 000 × 20.5/100 = 4100(万元)

(2) 经营成本资金率估算法。经营成本资金率估算法，或总成本资金率估算法。由于经营成本是一项反映物质、劳动消耗和技术水平、生产管理水平的综合指标。所以，一些工业项目尤其是采掘工业项目，常用经营成本或总成本资金率估算流动资金。计算公式如下

$$流动资金 = 年经营成本(年总成本) \times 经营成本资金率(总成本资金率)$$

(3) 固定资产投资资金率估算法。固定资产投资资金率估算法是利用固定资产投资资金率估算流动资金的方法。固定资产投资资金率是流动资金占固定资产投资的百分比。行业不同，流动资金占固定资产投资的比率也不同。如化工项目为 15%～20%，一般工业项目为 5%～12%。固定资产投资资金率估算法可采用下式计算

$$流动资金 = 固定资产投资 \times 固定资产投资资金率$$

(4) 单位产量资金率估算法。单位产量资金率估算法是利用单位产量资金进行估算流动资金的方法。单位产量资金率，即单位产量占用流动资金的数额。

$$流动资金 = 年生产能力 \times 单位产量资金率$$

2. 分项详细估算法

分项详细估算法，也称分项定额估算法。它是国际上通行的流动资金估算方法，有下列公式，可进行分项详细估算。

$$流动资金 = 流动资产 - 流动负债$$
$$流动资产 = 现金 + 应收账款 + 存货$$
$$流动负债 = 应付账款$$
$$流动资金本年增加额 = 本年流动资金 - 上年流动资金$$

流动资产和流动负债各项构成估算：

(1) 现金估算。

$$现金 = (年工资及福利费 - 年其他费用)/周转次数$$

年其他费用 = 制造费用 + 管理费用 + 财务费用 + 销售费用 - 以上四项包括的工资及福利费、折旧费、维护费、摊销费和修理费

$$周转次数 = 365 天/最低需要周转天数$$

(2) 应收账款估算。

$$应收账款 = 年销售收入/周转次数$$

（3）存货估算。存货包括各种外购原材料、燃料、包装物、低值易耗品、在产品、外购商品、协作件、自制半成品和产成品等。而估算的存货，一般仅考虑外购原材料、燃料、在产品、产成品，也可考虑备品备件。

$$外购原材料燃料＝年外购原材料燃料费/周转次数$$

$$在产品＝\frac{年外购原材料燃料及动力费＋年工资及福利费＋年修理费＋年其他制造费用}{周转次数}$$

$$产成品＝年经营成本/周转次数$$

（4）应付账款估算。

$$应付账款＝年外购原材料燃料动力及备品备件费/周转次数$$

【例7-11】　拟建年产10万t炼钢厂，根据可行性研究报告提供的主厂房工艺设备清单和询价资料估算出该项目主厂房设备投资约3600万元。已建类似项目资料：与设备有关的其他各专业工程投资系数，见表7-7；与主厂房投资有关的辅助工程及附属设施投资系数，见表7-8。

表7-7　　　　　　　主厂房与设备投资有关的各专业工程投资系数

加热炉	汽化冷却	余热锅炉	自动化仪表	起重设备	供电与传动	建安工程
0.12	0.01	0.04	0.02	0.09	0.18	0.40

表7-8　　　　　　　主厂房投资有关的辅助及附属设施投资系数

动力系统	机修系统	总图运输系统	行政及生活福利设施工程	工程建设其他费
0.30	0.12	0.20	0.30	0.20

本项目的资金来源为自有资金和贷款，贷款总额为8000万元，贷款利率8%（按年计息）。建设期3年，第1年投入30%，第2年投入50%，第3年投入20%。预计建设期物价平均上涨率3%，基本预备费率5%，投资方向调节税率为0%。问：

（1）试用系数估算法估算该项目主厂房投资和项目建设的工程费与其他费投资。

（2）估算该项目的建设投资额，并编制建设投资估算表。

解　（1）主厂房投资＝3600×（1＋12%＋1%＋4%＋2%＋9%＋18%＋40%）

＝3600×1.86＝6696（万元）

其中，建安工程投资＝3600×0.4＝1440（万元）

设备购置投资＝3600×（1.86－0.40）＝5256（万元）

由表7-7求得工程费与工程建设其他费（建设投资）

6696×（1＋30%＋12%＋20%＋30%＋20%）＝6696×（1＋1.12）＝14 195.52（万元）

（2）基本预备费计算：（5%～10%）。

基本预备费＝14 195.52×5%＝709.78（万元）

由此得：静态投资＝14 195.52＋709.78＝14 905.30（万元）

按建设期各年投资比例计算各年的静态投资额：

第1年　14 905.3×30%＝4471.59（万元）

第2年　14 905.3×50%＝7452.65（万元）

第 3 年　14 905.3×20％＝2981.06(万元)

$$涨价预备费＝4471.59×[(1+3\%)-1]+7452.65×[(1+3\%)^2-1]+2981.06$$
$$×[(1+3\%)^3-1]$$
$$＝134.15+453.87+276.42＝864.44(万元)$$

由此得：预备费＝709.78+864.44＝1574.22(万元)

投资方向调节税＝(14 905.3+864.44)×0％＝0(万元)

建设期贷款利息计算：

第 1 年贷款利息＝(0+8000×30％/2)×8％＝96(万元)

第 2 年贷款利息＝[(2400+96)+(8000×50％/2)]×8％

＝(2400+96+4000/2)×8％＝359.68(万元)

第 3 年贷款利息＝[(2400+96+4000+359.68)+(8000×20％/2)]×8％

＝(6855.68+1600/2)×8％＝612.45(万元)

建设期贷款利息＝96+359.68+612.45＝1068.13(万元)

由此得：项目建设投资额＝14 195.52+1574.22+0+1068.13＝16 837.87(万元)

编制拟建项目建设投资估算表，见表 7-9。

表 7-9　　　　　　　　　　　拟建项目建设投资估算表　　　　　　　　　(单位：万元)

序号	工程费用名称	系数	建安工程费	设备购置费	工程建设其他费	合计	占总投资比例(％)
1	工程费		7600.32	5256.0		12 856.3	81.53
1.1	主厂房		1440.00	5256.0		6696.00	
1.2	动力系统	0.30	2008.80			2008.80	
1.3	机修系统	0.12	803.52			803.52	
1.4	总图运输系统	0.20	1339.20			1339.20	
1.5	行政、生活福利设施	0.30	2008.80			2008.80	
2	工程建设其他费	0.20			1339.20	1339.20	8.49
	(1)+(2)		7600.32	5256.0	1339.2	14 195.5	
3	预备费				1574.22	1574.22	9.98
3.1	基本预备费				709.78		
3.2	涨价预备费				864.44		
4	投资方向调节税				0.00	0.00	
5	建设期贷款利息				1068.13	1068.13	
固定资产总投资＝(1)+(2)+…+(5)			7600.32	5256.0	3981.55	16 837.87	100

注：表中计算占固定资产投资比例时，其固定资产中不含投资方向调节税和建设期贷款利息。即：

各项费用占固定资产投资比例＝各项费用÷(工程费+工程建设其他费+预备费)。

【例 7-12】　若固定资产投资资金率为 6％，试用扩大指标估算法估算项目的流动资金。确定项目的总投资。

解
$$流动资金＝16\ 837.87×6\%＝1010.27（万元）$$
$$拟建项目总投资＝16\ 837.87＋1010.27＝17\ 848.14（万元）$$

【例7-13】 分项详细估算法建设项目投资估算与财务评价

某地区拟建一石化生产项目设施，该项目设计生产能力45万t，已知生产能力为30万t的同类项目投入设备费用为30 000万元，设备综合调整系数1.1，该项目生产能力指数估计为0.8。该类项目的建筑工程费用是设备费的10%，安装工程费用是设备费的20%，其他工程费用是设备费的10%，这三项的综合调整系数为1.0。其他投资费用估算为1000万元。该项目资本金30 000万元，其余通过银行贷款获得，年利率为12%，每半年计息一次。建设期为3年，投资进度分别为40%、40%、20%，基本预备费率为10%，建设期物价年平均上涨率为5%。

若本项目投资估算到开工的时间按一年考虑。资本金筹资计划为：第1年12 000万元，第2年10 000万元，第3年8000万元。建设期间不还贷款利息。该项目达到设计生产能力以后，全厂定员1100人，工资与福利费按照每人每年12 000元估算，每年的其他费用为860万元，生产存货占用流动资金估算为8000万元，年外购原材料、燃料及动力费为20 200万元，年经营成本为24 000万元，各项流动资金的最低周转天数分别为：应收账款30d，现金45d，应付账款30d。试计算项目建设投资、建设期借款利息及拟建项目的流动资金。

解　（1）估算项目建设投资、计算建设期借款利息。

①用生产能力指数法估算设备费为：$30\ 000×（45/30）^{0.8}×1.1＝45\ 644.3$（万元）

②用比例法估算工程费和工程建设其他费用：

工程费为：$45\ 644.3×（1＋10\%＋20\%＋10\%）^{1.0}＋1000＝64\ 902$（万元）

基本预备费为：$64\ 902×10\%＝6490.2$（万元）

基本预备费的静态投资为：$64\ 902＋6490.2＝71\ 392.2$（万元）

③计算价差预备费：

第一年含价差预备费的投资额$＝71\ 392.2×40\%×（1＋5\%）×（1＋5\%）^{0.5}×（1＋5\%）^{1-1}＝30\ 725.20$（万元）

第二年含价差预备费的投资额$＝71\ 392.2×40\%×（1＋5\%）×（1＋5\%）^{0.5}×（1＋5\%）^{2-1}＝32\ 261.46$（万元）

第三年含价差预备费的投资额$＝71\ 392.2×20\%×（1＋5\%）×（1＋5\%）^{0.5}×（1＋5\%）^{3-1}＝16\ 937.27$（万元）

④计算建设期借款利息：

实际年利率$＝（1＋12\%/2）^2－1＝12.36\%$

第一年的借款额＝第一年的投资计划额－自有资金投资额$＝30\ 725.2－12\ 000＝18\ 725.2$（万元）

第一年借款利息$＝（0＋18\ 725.2/2）×12.36\%＝1157.22$（万元）

第二年的借款额$＝32\ 261.46－10\ 000＝22\ 261.46$（万元）

第二年借款利息$＝（18\ 725.2＋1157.22＋22\ 261.46/2）×12.36\%＝3833.23$（万元）

第三年的借款额$＝16\ 937.27－8000＝8937.27$（万元）

第三年借款利息＝（18 725.2＋1157.22＋22 261.46＋3833.23＋8937.27/2）×12.36%＝6235.09（万元）

建设投资＝30 725.2＋32 261.46＋16 937.27＝79 923.27（万元）

建设期利息＝1157.22＋3833.23＋6235.09＝11 225.54（万元）

（2）用分项详细估算法估算拟建项目的流动资金。

估算流动资金为：应收账款＝年经营成本/年周转次数＝24 000/（360/30）＝2000（万元）

现金为：（年工资福利费＋年其他费用）/年周转次数＝（1.2×1100＋860）/（360/45）＝272.5（万元）

流动资产＝应收账款＋存货＋现金＝2000＋8000＋272.5＝10 272.5（万元）

应付账款＝年外购原材料、燃料及动力总费用/年周转次数＝20 200/（360/30）＝1683.33（万元）

第二节　工程项目投资估算的编制方法

工程项目建设投资，按性质可分为建筑安装工程费、设备及工器具购置费、工程建设其他费、预备费、固定资产投资方向调节税和建设期贷款利息等内容。

根据国家对建设投资实行静态控制与动态管理的要求，将建设投资分为静态投资和动态投资两部分。

不同阶段的投资估算，其方法和允许误差都是不同的。项目规划和项目建议阶段，投资估算的精度低，可采取简单的计算法，如单位生产能力法、生产能力指数法、比例法、系数法等。

在可行性研究阶段尤其是详细可行性研究阶段，投资估算精度要求高，需采用相对详细的投资估算方法，即指标估算法。

下面分别举例介绍几种估算法。

1. 单位生产能力估算法

依据调查的统计资料，利用相近规模的单位生产能力投资乘以建设规模，即得拟建项目投资。其计算公式为

$$C_2 = \left(\frac{C_1}{Q_1}\right)Q_2 f$$

式中　C_1——已建类似项目的静态投资额；

C_2——拟建项目静态投资额；

Q_1——已建类似项目的生产能力；

Q_2——拟建项目的生产能力；

f——不同时期、不同地点的定额、单价、费用变更等的综合调整系数。

【例 7 - 14】　某地拟建一座 200 套客房的宾馆，另有一座宾馆最近在该地竣工，其资料如下，它有 250 套客房，有门厅、餐厅、会议室、游泳池、夜总会、网球场等设施。总造价为 10 250 万美元。试估算拟新建项目的总投资。

解　根据以上材料，可推算出折算为每套客房的造价

$$\frac{总造价}{客房总套数}=\frac{10\ 250}{250}=41(万美元/套)$$

据此，即可计算出在同一个地方，且各方面有可比性的具有200套客房的豪华旅馆造价估算值为

$$41\times200=8200(万美元)$$

2. 生产能力指数法

生产能力指数法，是由已建成生产装置或类似建设项目生产能力的投资额，以及拟建项目或生产装置的生产能力，估算建设项目投资额的方法。可采用的计算公式为

$$C_2=C_1(A_2/A_1)^n f$$

式中　C_1，C_2——分别为已建类似项目或装置，拟建项目或装置的投资额；

$\qquad A_1$，A_2——分别为已建类似项目或装置，拟建项目或装置的生产能力；

$\qquad f$——不同时期、不同地点的定额、单价、费用变更等的综合调整系数；

$\qquad n$——生产能力指数，$0\leqslant n\leqslant1$。

若已建和拟建的项目或装置规模相差不大，生产规模比值在0.5～2，指数 n 的取值近似为1。

若已建与拟建的项目或装置规模相差不大于50倍，且拟建项目的扩大仅靠增大设备规格来达到时，则 n 取值在0.6～0.7；若是靠增加相同规格设备的数量达到时，则 n 值取在0.8～0.9。

生产能力指数法计算简单，速度快，但要求类似工程或装置的条件基本相同，数据资料可靠，否则误差就会增大。

【例7-15】　已知建设年产20万t乙烯装置的投资额为40 000万元，试估计建设年产50万t乙烯装置的投资额（生产能力指数 $n=0.6$，$f=1.2$）。

解　$C_2=C_1(A_2/A_1)^n f=40\ 000\times(50/20)^{0.6}\times1.2=83\ 177.38(万元)$

【例7-16】　已知建设日产10t氢氰酸装置的投资额为2000美元，试估计建设日产30t氢氰酸装置的投资额（生产能力指数 $n=0.6$，$f=1.2$）。

解　$C_2=C_1(A_2/A_1)^n f=20\ 000\times(30/10)^{0.6}\times1.2=46\ 396.37(美元)$

【例7-17】　若将设计中的化工生产系统的生产能力在原有的基础上增加一倍，投资额大约增加多少？

解　对于一般未确定生产能力指数的化工生产系统，可按 $n=0.6$，估算投资额。

$$C_2/C_1=(A_2/A_1)^n=(3/1)^{0.6}=1.5$$

计算结果表明，生产能力增加一倍，投资额大约增加50%。

【例7-18】　若将设计中的化工生产系统的生产能力提高两倍，投资额大约增加多少？

解　$$C_2/C_1=(A_2/A_1)^n=(3/1)^{0.6}=1.9$$

计算结果表明，生产能力提高两倍，投资额增加90%。

【例7-19】　1973年在某地兴建一座30万t合成氨的工厂，总投资为28 000万元，假如在该地开工兴建45万t合成氨的工厂，合成氨的生产能力指数为0.81，则所需静态投资为多少？（设从1972年到1995年年平均工程造价综合调整指数为1.10）

解　$C_2 = C_1 \times \left(\dfrac{A_2}{A_1}\right)^{0.81} \times f = 28\,000 \times \left(\dfrac{45}{30}\right)^{0.81} \times (1.10)^{22} = 316\,541.77(万元)$

3. 比例法

$$I = \frac{1}{K} \sum_{i=1}^{n} Q_i P_i$$

式中　I——拟建项目的建设投资；

　　　K——已建项目主要设备投资占拟建项目投资的比例；

　　　n——设备种类数；

　　　Q_i——第 i 种设备的数量；

　　　P_i——第 i 种设备的单价（到厂价格）。

4. 郎格系数法

这种方法是以设备费为基数，乘以适当系数来推算项目的建设费用。这种方法是现行项目投资估算常采用的方法。该方法的基本原理是将总成本费用中的直接成本和间接成本分别计算，再合为项目建设的总成本费用。其计算公式为

$$C = E \cdot (1 + \sum K_i) \cdot K_c$$

式中　C——总建设费用；

　　　E——主要设备费；

　　　K_i——管线、仪表、建筑物等项费用的估算系数；

　　　K_c——管理费、合同费、应急费等项费用的估算系数。

总建设费用与设备费用之比为郎格系数 K_L。即

$$K_L = (1 + \sum K_i) \cdot K_c$$

【例 7-20】　在非洲某地建设一座年产 30 万套轮胎的工厂，已知该工厂的设备到达工地的费用为 2204 万美元。试估算该工厂的投资，见表 7-10。

表 7-10　　　　　　　　　　　　　项 目 及 计 算 公 式

项　　目		固体流程	固流流程	流体流程
郎格系数 K_L		3.1	3.63	4.74
内容	(a) 包括基础、设备、绝热、油漆及设备安装费	1.43E		
	(b) 包括上述在内和配管工程费	(a) ×1.1	(a) ×1.25	(a) ×1.6
	(c) 装置直接费	(b) ×1.5		
	(d) 包括上述在内和间接费，总费用（I_F）	(c) ×1.31	(c) ×1.35	(c) ×1.38

解　轮胎厂的生产流程基本上属于固体流程，在采用郎格系数法时，全部数据应采用固体流程的数据。现计算如下：

（1）设备到达现场的费用 2204 万美元。

（2）根据表 7-10 计算费用（a）。

　　　　　(a)＝E×1.43＝2204×1.43＝3151.72(万美元)

则设备基础、绝热、刷油及安装费用为：
$$3151.72-2204=947.72(万美元)$$

（3）计算费用（b）
$$(b)=E×1.43×1.1=2204×1.43×1.1=3466.89(万美元)$$

则其中配管（管道工程）费用为：
$$3466.89-3151.72=315.17(万美元)$$

（4）计算费用（c）即装置直接费
$$(c)=E×1.43×1.1×1.5=5200.34(万美元)$$

则电气、仪表、建筑等工程费用为：
$$5200.34-3466.89=1733.45(万美元)$$

（5）计算投资 C
$$C=E×1.43×1.1×1.5×1.31=6812.45(万美元)$$

则间接费用为：
$$6812.45-5200.34=1612.11(万美元)$$

由此估算出该工厂的总投资为 6812.45 万美元，其中间接费用为 1612.11 万美元。

5. 指标法

这种方法是把建设项目划分为建筑工程、设备安装工程、设备及工器具购置费及其他基本建设费等费用项目或单位工程，再根据各种具体的投资估算指标，进行各项费用或单位工程投资的估算，在此基础上，可汇总成每一单项工程的投资。另外再估算工程建设其他费用及预备费，即求得建设项目总投资。

（1）单位产品指标法。单位产品投资造价指标法计算项目投资时，要求其产品在品种规格、工艺流程和建设规模上基本一致，这样才能使计算出来的投资额比较准确。单位产品投资造价指标法可采用下式计算

$$y = K_c \cdot A \cdot F_1 \cdot F_2$$
$$F_1 = (1 + f_1)^m$$
$$F_2 = (1 + f_2)^{n/2}$$

式中　y——工程项目投资额；

　　　A——项目生产能力或设计规模，（t/年）；

　　　K_c——同类型企业单位产品投资造价指标；

　f_1，f_2——分别为时间因素引起的定额、价格、费用等变化的综合系数。相对于 f_1，f_2 的年数，分别为 m，n。

【例 7-21】　某工厂年产量为 30 000t，于 1999 年建成，单位产品投资指标为 4000 美元/（年·t）。计划于 2001 年，拟建设同类型企业年产量为 25 000t，建设期三年，于 2013 年建成。根据 1999—2000 年基建设备与材料的价格年平均增长指数为 6%，预测在建设期三年中的设备与材料价格年平均增长指数为 5%。采用单位产品投资造价指标法计算拟建项目的投资额。

解　$K_c=4000$ 美元/（年·t），$A=25\,000/$年，$f_1=6\%$，$m=2$ 年；$f_2=5\%$，$n=3$ 年。

按照单位产品投资造价指标法公式计算出拟建项目的投资额为：

$$y = K_c \cdot A \cdot F_1 \cdot F_2 = K_c \cdot A \cdot (1+f_1)^m (1+f_2)^{n/2}$$
$$= 4000 \times 25\,000 \times (1+6\%)^2 \times (1+5\%)^{3-2} = 120\,891\,475.7(美元)$$

（2）综合指标投资估算法，适用于房屋等建筑物或构筑物进行造价估算。综合指标投资估算法根据各种具体的投资估算指标、取费标准，以及设备或材料价格等，进行单位工程的投资估算。综合指标投资估算法可采用的估算指标形式较多，如元/m、元/m²、元/m³、元/kVA、元/t 等。根据这些投资估算指标，乘以所需的长度、面积、体积、容量、重量等，就可以求出相应的土建工程、给水排水工程、照明工程、采暖工程、变配电工程等各单位工程的投资。

单位工程的投资估算完成后，可汇总成每一单项工程的投资。另外再估算工程建设其他费用及预备费等，就可以完成建设项目总投资估算。综合指标投资估算法计算的精确度相对较高。一般房屋建筑工程普遍采用。采用综合指标投资估算法时，一方面要注意套用的指标与具体工程之间的标准或条件有差异时，应加以必要的局部换算或调整；另一方面，也要注意使用的指标单位应密切结合每个单位工程的计量单位特点，正确反映其设计参数。

在编制可行性研究报告的投资估算时，应根据可行性研究报告的内容、国家有关规定和估算指标等，以估算编制时期的市场价格进行编制，并应按照有关规定，合理地预测估算编制后到竣工期间，工程的价格、利率、汇率等动态因素的变化，估算建设投资总量，不留缺口，确保投资估算的编制质量。

【例 7 - 22】 某水力发电站装机总容量 1800MW，年发电量 88.48 亿 kW·h，电站枢纽由拦河重力坝、溢流坝、引水隧洞、压力客道地下厂房、主变洞室及尾水调压井等水工建筑物组成。经编制完成的某水电站工程项目估算表，见表 7 - 11。

表 7 - 11　　　　　　　　　某水电站工程项目估算表　　　　　　　　（单位：万元）

工程或费用名称	建安工程费	设备购置费	其他费用	合计	占投资额（%）
第一部分　建筑工程	265 241			265 241	43.26
拦水工程	128 548			128 548	
防空洞工程	4015			4015	
引水工程	14 935			14 935	
发电厂工程	57 770			57 770	
升压变电站工程	5250			5250	
木筏道工程	15 000			15 000	
水库防渗处理工程	2064			2064	
交通工程	23 391			23 391	
房屋建筑工程	1638			1638	
其他工程	12 631			12 631	
第二部分　机电设备及安装工程	22 175	127 323		149 499	23.38
主要机电设备及安装工程	13 320	86 364		99 684	
其他机电设备及安装工程	8855	13 891		22 746	

续表

工程或费用名称	建安工程费	设备购置费	其他费用	合计	占投资额（%）
设备储备贷款利息		27 069		27 069	
第三部分　金属结构设备及安装工程	16 155	22 310		38 465	6.27
泄洪工程	675	3745		4420	
引水工程	14 624	3490		18 114	
发电厂工程	426	1732		2158	
木筏道工程	430	8600		9030	
设备储备贷款利息		4743		4743	
第四部分　临时工程	101 389			101 389	16.54
导流工程	45 049			45 049	
交通工程	12 166			12 166	
场外供电线路工程	1200			1200	
缆机平台	550			550	
房屋建筑工程	15 578			15 578	
其他临时工程	26 846			26 846	
第五部分　水库淹没处理补偿费			1442	1442	0.24
农村移民安置迁建费			1389	1389	
城镇迁建补偿费					
专业项目恢复改建费			31	31	
库底清理费			21	21	
防护工程费					
环境影响补偿费					
第六部分　其他费用			57 138	57 138	9.32
建设管理费			6602	6602	
生产准备费			2277	2277	
科研勘察设计费			20 499	20 499	
其他费用			27 760	27 760	
一至六部分合计				613 174	100.00
编制期价差				137 991	
基本预备费				90 140	
静态总投资				841 304	
建设期价差预备费				298 796	
建设期还贷利息				640 597	
总投资				1 780 697	
开工至第一台机组发电期内静态投资				763 843	
开工至第一台机组发电期内总投资				1 306 424	

6. 资金周转率法

资金周转率法是一种用资金周转率来推测投资额的方法。计算公式如下

资金周转率＝年销售总额/总投资＝产品的年产量×产品单价/总投资

投资额＝产品的年产量×产品单价/资金周转率

国外化学工业的资金周转率近似为 1.0。生产合成甘油的化工装置的资金周转率为 1.41。拟建项目的资金周转率可以根据已建相似项目的有关数据进行测算，然后再根据拟建项目的预计产品的年产量及单价，对拟建项目的投资额进行估算。

资金周转率法虽然方法比较简便，计算速度快，但算出结果的精度较低。可用于投资机会研究及项目建议书阶段的投资估算。

第八章 工程项目投资估算的审核及案例

一、审核与验证费用估算的含义

"审查"费用估算本质上属于定性方法。从技术上确保费用估算满足各项要求（如采用相应的质量保证和质量控制程序）。定性审查主要确定估算中的下列事项。

（1）编制费用估算所采用的工具、数据与估算方法是否符合业主招标文件、合同或要求程序的规定。

（2）是否涵盖整个项目范围。

（3）是否存在错误和漏项；一般来讲，验证步骤应该详细指出存在的全部错误和漏项。

（4）是否符合要求的费用划分结构和内容格式。

（5）符合其他适用的规定。

"验证"费用估算本质上属于定量方法，主要是为了确保费用估算的合理性及竞争性（如希望能更精确）以满足投标项目的预期要求，并识别出改进的机会。估算通常与通过市场调研获得的当地价格信息、执行项目所积累的历史经验数据或曾编制过的详细估算（不推荐采用该方法，但如果这是仅有的资料，也可以接受）进行对标或对比。即使审查组已经完成了对估算的审查，也需要进行验证。验证估算阶段会采用不同于估算编制阶段所使用的指标，并从不同的角度进行检查。

在整个估算和预算的编制过程中，可能会要求对全部和部分估算内容反复进行审查和验证。制订估算实施进度计划时，应考虑所有要求进行审查与验证的工作。整个估算进度计划应为估算的修改完善留有足够的时间。

审查与审批估算的最终结果应该形成一套一致、清晰、可靠的估算文件，而且估算文件还应符合项目招投标和企业市场开发战略的要求。

二、估算审核程序

如果是非正式的审查估算过程，通常最好的工具是结构分明、脉络清晰的审查流程。估算审查过程的详细程度和认真程度会随着策略的重要性、总价值及具体估算目的的不同而不同，如图 8-1 所示。

图 8-1 给出了项目在投标阶段的估算编制与审查程序。该阶段的估算由于审查目的、范围和参与方不同，需进行多次审查。例如，审查过程可能包括费用估算组的审查、工程技术组的审查、项目组的审查，还会有企业相关管理部门的审查；估算涉及的专业范围应该由相应的专家或相关领域的专家进行审查。

费用估算编制完成后，应进行质量审查及验证，通常先由项目组组织进行初步审

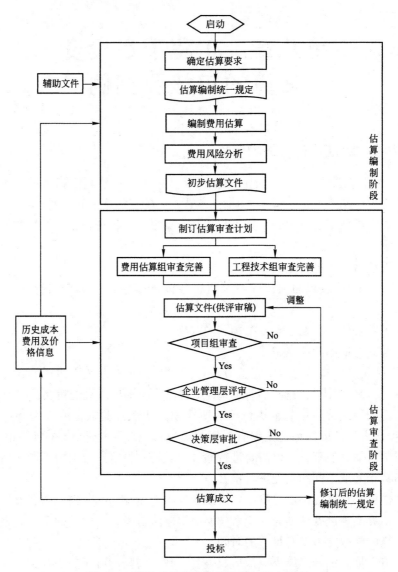

图 8-1　投标项目费用估算编制与审查程序

查，即项目组按企业的管理标准和要求，对费用估算的设计依据、进度依据、费用依据和风险依据等内容进行审查与验证；然后再报送主管部门对估算进行企业层面的最终评审（即投标报价主管部门在确定估算已通过项目组初步审查确认之后再进行评审）；得到企业决策层批准后，方可将该批准估算或预算用于投标。通常项目组组织的专业审查最专业，也最有条理。投标报价主管部门及企业决策层的管理审查专注于估算中的风险是否可控，是否具有竞争力。换句话说，要使决策层相信：估算的质量、依据、采用方法、估算团队及项目组的专业水平与责任心，能保证决策层作出科学的决策。

三、投资估算审核的主要方面

1. 审核和分析投资估算编制依据的时效性、准确性和实用性

估算项目投资所需的数据资料很多，如已建同类型项目的投资、设备和材料价格、运杂费率，有关的指标、标准以及各种规定等。这些资料可能随时间、地区、价格及定额水平的差异，使投资估算有较大的出入，因此要注意投资估算编制依据的时效性、准确性和实用性。针对这些差异必须做好定额指标水平、价差的调整系数及费用项目的调查。同时对工艺水平、规模大小、自然条件、环境因素等对已建项目与拟建项目在投资方面形成的差异进行调整，使投资估算的价格和费用水平符合项目建设所在地年度实际估算投资费用。针对调整的过程及结果要进行深入细致的分析和审查。

2. 审核选用投资估算方法的科学性与适用性

投资估算的方法有许多种，每种估算方法都有各自适用条件和范围。如果使用的投资估算方法与项目的客观条件和情况不相适应，或者超出了该方法的适用范围，那就不能保证投资估算的质量。另外，还要结合设计的阶段或深度等条件，采用适用、合理的估算办法进行估算。

如采用单位工程指标估算法时，应该审核套用的指标与拟建工程的标准和条件是否存在差异，及其对计算结果影响的程度，是否已采用局部换算或调整等方法对结果进行修正，修正系数的确定和采用是否具有一定的科学依据。处理方法不同，技术标准不同，费用相差可能达十倍甚至数十倍。当工程量较大时，对估算总价影响甚大，如果在估算中不按科学进行调整，将会因估算准确程度差造成工程造价失控。

3. 审核投资估算的编制内容与拟建项目规划要求的一致性

审核投资估算的工程内容，如工程规模、自然条件、技术标准、环境要求，与规定要求是否一致，是否在估算时已进行了必要的修正，工程内容是否尽可能量化和质化，有没有出现内容方面的重复或漏项和费用方面的高估或低算。如建设项目的主体工程与附加工程或辅助工程、公用工程、生产与生活服务设施、交通工程等是否与规定的一致，是否漏掉了某些辅助工程、室外工程等的建设费用。

4. 审核投资估算的费用项目、费用数额的真实性

（1）审核各个费用项目与规定要求、实际情况是否相符，有否漏项或多项，估算的费用项目是否符合项目的具体情况、国家规定及建设地区的实际要求，是否针对具体情况作了适当的增减。

（2）项目所在地区的交通、地方材料供应、国内外设备的订货与大型设备的运输等方面，是否针对实际情况考虑了材料价格的差异问题；对偏僻地区或使用大型设备的情况是否已考虑了增加运杂费。

四、某学院教学楼改造项目投资估算费用审查

某学院教学楼改造项目投资估算费用审查见表 8-1。

表 8 - 1　　　　　　　　　　　项目支出预算明细表　　　　　　　　（单位：万元）

<table>
<tr><td rowspan="5">项目总投资</td><td>资金来源</td><td>总投资</td><td>已批复预算数</td><td>截至上年年底结转数</td><td>申请当年预算</td><td>备注</td></tr>
<tr><td>合计</td><td>7317.5</td><td></td><td></td><td>7317.5</td><td></td></tr>
<tr><td>财政拨款</td><td></td><td></td><td></td><td></td><td></td></tr>
<tr><td>财政拨款结余资金</td><td></td><td></td><td></td><td></td><td></td></tr>
<tr><td>教育收费安排支出</td><td></td><td></td><td></td><td></td><td></td></tr>
</table>

<table>
<tr><td rowspan="11">项目总投资及当年预算支出明细</td><td rowspan="11">当年预算支出明细</td><td>其他资金</td><td></td><td colspan="4"></td></tr>
<tr><td>支出明细项目</td><td>金额</td><td colspan="4">测算依据及说明</td></tr>
<tr><td>合计</td><td>7317.5</td><td colspan="4"></td></tr>
<tr><td>第一部分　古建结构加固及修缮</td><td>1822.5</td><td colspan="4"></td></tr>
<tr><td>原结构鉴定并加固</td><td>461</td><td colspan="4">（1）原结构检测及抗震鉴定
5378m²×60元/m²≈32万元
（2）结构承载力复核并加固（碳纤维）
5378m²×300元/m²≈161万元
（3）抗震加固
5378m²×500元/m²≈268万元</td></tr>
<tr><td>原结构屋面工程</td><td>246</td><td colspan="4">（1）原结构拆除屋面瓦、瓦背泥及糟朽木构件
3663m²×70元/m²≈26万元
（2）屋面重做含：
屋面苫泥背（厚4～6cm）滑秸泥
屋面苫青灰背（厚2～3.5cm）坡顶
筒瓦瓦面铺瓦（裹垄）3号瓦
3663m²×300元/m²≈110万元
（3）屋面垂脊及附件含：
筒瓦檐头附件3号瓦
筒瓦过垄脊3号瓦
布瓦屋面　无陡板披水排山脊
布瓦屋面　披水排山脊附件
3663m²×300元/m²≈110万元</td></tr>
<tr><td>椽子、望板更换</td><td>171</td><td colspan="4">（1）更换糟朽望板、连檐拆除
2564m²×30元/m²≈8万元
（2）更换新望板、连檐含：
带柳叶缝望板制安　厚2.1（1.8）cm
顺望板、带柳叶缝望板刨光
大连檐制安（椽径在6cm以内）
小连檐制安（厚在3cm以内）等
2564m²×350元/m²≈90万元
（3）椽子更换含：
方直椽刨光顺接铺钉、飞椽制安等
2930m²×250元/m²≈73万元</td></tr>
</table>

续表

项目总投资及当年预算支出明细	当年预算支出明细	支出明细项目	金额	测算依据及说明
		大木构架	289	(1) 原糟朽拆除 5378m² × 20 元/m² ≈ 11 万元 (2) 更换木构件 5378m² × 500 元/m² ≈ 268 万元 (3) 断白处理 500m² × 200 元/m² ≈ 10 万元
		室外墙体、墙面	291	(1) 原外墙拆除至结构层 3226m² × 40 元/m² ≈ 13 万元 (2) 剔补酥碱墙面 600m² × 1400 元/m² = 84 万元 (3) 外贴 70 厚粘贴增强岩棉（A 级） 3226m² × 300 元/m² ≈ 97 万元 (4) 灰色干挂仿古面砖表面 3226m² × 300 元/m² ≈ 97 万元
		原结构台明等更换	88	(1) 拆除原条阶石、散水等 800m × 100 元/m = 8 万元 (2) 更换条阶石（含石材及安装） 800m × 800 元/m = 64 万元 (3) 重做散水 800m × 200 元/m = 16 万元
		油饰彩绘	161	油饰彩绘包括： 飞椽头片金、檐椽头金边彩画绘制；饰库金、直棂条心屉隔扇、槛窗涂刷颜料光油、金线掐箍头搭包袱苏式彩画绘制等 5378m² × 300 元/m² ≈ 161 万元
		长廊修缮	115.5	(1) 新增 5～9 号楼之间长廊 50m × 15 000 元/m = 75 万元 (2) 原有连廊地面整修、玻璃隔断、顶棚 54m² × 2500 元/m² = 13.5 万元 (3) 原连廊屋顶及彩绘 54m² × 5000 元/m² = 27 万元

		支出明细项目	金额	测算依据及说明
项目总投资及当年预算支出明细	当年预算支出明细	第二部分　建筑室内装修工程	1280	
		室内地面	199	(1) 拆除原地面瓷砖、地毯 5378m²×60元/m²≈32万元 (2) 走廊大厅更换仿古金砖地面 1497m²×500元/m²≈75万元 (3) 室内木地板 2146m²×430元/m²≈92万元
		室内墙面	140	(1) 拆除原墙面壁纸及木质装潢 4290m²×30元/m²≈12万元 (2) 墙体贴墙纸 4290m²×300元/m²≈128万元
		卫生间	585	(1) 拆除原墙面瓷砖、顶棚铝塑板、洁卫具 350m²×100元/m²=3.5万元 (2) 重做防水 350m²×350元/m²≈12万元 (3) 卫生间内新帖地砖与墙砖 1050m²×350元/m²≈37万元 (4) 安装洁具、卫具、五金件 80套×35000元/套=280万元 (5) 安装新的铝扣板吊顶 350m²×350元/m²≈12万元 (6) 淋浴间 80套×30 000元/套=240万元
		窗户	118	(1) 拆除原铝合金窗户 800m²×50元/m²=4万元 (2) 更换仿古、断桥铝窗户 1200m²×950元/m²≈114万元
		门	121	(1) 拆除原入户门 80套×120元/套=1万元 (2) 更换实木门，含五金件 80套×1500元/套=120万元
		吊顶	117	(1) 拆除原吊顶 2146m²×50元/m²≈10万元 (2) 新作仿古吊顶 2146m²×500元/m²≈107万元

		支出明细项目	金额	测算依据及说明
项目总投资及当年预算支出明细	当年预算支出明细	第三部分　水暖电配套设施	1237	
		空调系统改造	348	（1）拆除原壁挂式空调 80 套×120 元/套≈1 万元 （2）采用中央空调通风、制冷 使用 VRV 新风系统，价值 240 万元 （3）增设 PM2.5 空气净化系统 5378m²×200 元/m²≈107 万元
		电气改造	205	（1）拆除全部强、弱电管线 5378m²×50 元/m²≈27 万元 （2）强电更换全部电缆、配电柜，更换灯具 5378m²×200 元/m²≈107 万元 （3）弱电增设网络系统 5378m²×80 元/m²≈43 万元 （4）弱电增设安防门禁监控系统，一套价值约10 万元 （5）弱电增设智能视频系统 6 套×3 万元/套＝18 万元
		给排水改造	402	（1）拆除原给排水、消防管线 5378m²×50 元/m²≈27 万元 （2）重做给排水系统 5378m²×200 元/m²≈107 万元 （3）增设直饮水系统 5378m²×200 元/m²≈107 万元 （4）重做消防管道，增设智能喷淋系统 5378m²×300 元/m²≈161 万元
		暖气改造	202	（1）拆除暖气管道 5378m²×50 元/m²≈27 万元 （2）锅炉房改进，系统升级 经询价，改造费用约为 40 万元 （3）新做地暖采暖系统 5378m²×250 元/m²≈135 万元
		餐厅燃气改造	80	（1）拆除原燃气管线 1073m²×50 元/m²≈5 万元 （2）改进厨房燃气系统，含天然气重做及其改线费 1073m²×750 元/m²≈75 万元

		支出明细项目	金额	测算依据及说明
项目总投资及当年预算支出明细	当年预算支出明细	第四部分　庭院综合整治	1301	
		庭院整治	1088	（1）原地下管网探测、电、气网整治 $5453m^2 \times 300$ 元$/m^2 \approx 166$ 万元 （2）更换给排水管道 $5453m^2 \times 150$ 元$/m^2 \approx 82$ 万元 （3）增设自动喷淋系统 $5453m^2 \times 150$ 元$/m^2 \approx 82$ 万元 （4）草地绿化 $3567m^2 \times 250$ 元$/m^2 \approx 89$ 万元 （5）道路重做，改进行走路线 $370m^2 \times 800$ 元$/m^2 \approx 30$ 万元 （6）增设路灯 $3567m^2 \times 250$ 元$/m^2 \approx 89$ 万元 （7）院墙四周增植树木 银杏 150 株$\times 2$ 万元/株$=300$ 万元 （8）新做人造景观，含喷泉、假山等景观费用为 250 万元
		大门整修	100	北大门和南大门整修（南门为文物） 2 项$\times 50$ 万元/项$=100$ 万元
		增设警卫室	8	一间警卫室预估 8 万元
		增设电梯	105	增设电梯 3 台 35 万/台$\times 3$ 台$=105$ 万元
		第五部分　家具及厨房设施购置	1079	
		家具设施	1079	（1）雕花隔断屏风 $22m^2$ （2）桌椅 38 套 （3）衣柜 77 套 （4）床 40 套 （5）窗帘布 $4752m^2$ （6）沙发 9 套 （7）灯具、电视等 43 套 （8）厨房设备及厨具 1 套，餐具 210 套及相应餐桌椅

续表

		支出明细项目	金额	测算依据及说明
项目总投资及当年预算支出明细	当年预算支出明细	第六部分　工程建设其他费用	598	
			598	（1）建设单位管理费　　　　　　　90 万元 （2）测量费　　　　　　　　　14.56 万元 （3）设计费　　　　　　　　　　200 万元 （4）竣工图编制费　　　　　　8.86 万元 （5）施工图审查费　　　　　　　7.2 万元 （6）施工图预算编制费　　　　10.89 万元 （7）工程监理费　　　　　　　　220 万元 （8）预备费　　　　　　　　　　47 万元

综合评审意见：

1. 总概算项目齐全，取费基数较为合理，总投资基本合理。

2. 部分专业工程工程量需核实调整。

3. 预备费应按工程费的 3%～5%计取。

4. 锅炉升级意见：不用扩充。

5. 地暖：不宜铺设地毯，导热不好，预热很慢，烧起来不能停。

6. PM2.5 空调，不宜使用。

7. 重做部分：前面保温板、贴仿古砖、瓦面。

8. 彩绘：混凝土。

9. 外廊：大师做法，原贝勒行宫别墅。

五、某幼儿园外墙及场地改造项目估算费用审查

某幼儿园外墙及场地改造项目估算费用审查见表8-2～表8-4。

表 8-2　　　　　　　　　　**单位工程招标控制价汇总表**

工程名称：某幼儿园外墙及场地改造——场地改造　　　　　　　第1页　共1页

序号	汇 总 内 容	金额（元）	其中：暂估价（元）
1	分部分项工程费	1 338 845.57	
1.1	A.1 土石方工程	156 298.91	
1.2	A.7 木结构工程	644 210.34	
1.3	F.1 绿化工程	19 177.08	
1.4	F.2 园路、园桥工程	519 159.24	
2	措施项目费	66 808.38	
2.1	其中：安全文明施工费	66 808.38	
3	其他项目	0	
3.1	其中：暂列金额		
3.2	其中：专业工程暂估价		
3.3	其中：计日工		
3.4	其中：总承包服务费		
4	规费	7384.62	
5	税金	49 173.74	
	招标控制价汇总合计＝1＋2＋3＋4＋5	1 462 212.31	0

表8-3　　　　　　分部分项工程和单价措施项目清单与计价表

工程名称：某幼儿园外墙及场地改造——场地改造　　　　　　　　　第1页　共1页

序号	子目编码	子目名称	子目特征描述	计量单位	工程量	金额（元）		
						综合单价	合价	其中 暂估价
	A.1	土石方工程						
1	010101002001	挖一般土方	土壤类别：二类土	m³	2136.8	32.35	69 125.48	
2	010103001001	回填方	填方材料类别：一类土	m³	1335.5	28.44	37 981.62	
3	010103002001	余方弃置	运距：30km	m³	801.3	61.39	49 191.81	
		分部小计					156 298.91	
	A.7	木结构工程						
4	010702001001	防腐木柱		m³	40	6540.06	261 602.4	
5	010702002001	防腐木梁		m³	55	6527.9	359 034.5	
6	010702003001	防腐木檩		m³	8	2946.68	23 573.44	
		分部小计					644 210.34	
	F.1	绿化工程						
7	050102012001	铺种草皮	（1）草皮种类：冷草； （2）养护期：夏季	m²	988	19.41	19 177.08	
		分部小计					19 177.08	
	F.2	园路、园桥工程						
8	050201001002	园路	（1）路床土石类别：普坚土； （2）垫层材料种类：水泥砂浆	m²	93.66	833.66	78 080.6	
9	050201001003	园路	（1）路床土石类别：普坚土； （2）垫层材料种类：水泥砂浆	m²	15.3	618.15	9457.7	
10	050201001004	园路	（1）路床土石类别：普坚土； （2）垫层材料种类：水泥砂浆	m²	850.6	157.32	133 816.39	
11	050201001005	园路	（1）路床土石类别：普坚土； （2）垫层材料种类：水泥砂浆	m²	784.46	379.63	297 804.55	
		分部小计					519 159.24	
		措施项目						
		分部小计						
		本页小计					1 338 845.57	
		合计					1 338 845.57	

注：为计取规费等的使用，可在表中增设"定额人工费"。

表 8－4

工程名称：某幼儿园外墙及场地改造——场地改造

清 单 概 预 算 表

序号	编码	名称	单位	工程量	项目特征	人工费	材料费	机械费	管理费	利润	综合单价	综合合价
	A.1	土石方工程										
1	010101002001	挖一般土方	m³	2136.8	土壤类别：二类土	27.22		0.96	2.05	2.12	32.35	69 125.48
	1-4	人工挖土方	m³	2136.8		27.22		0.96	2.05	2.12	32.35	69 125.48
2	010103001001	回填方	m³	1335.5	填方材料类别：一类土	23.14		1.64	1.8	1.86	28.44	37 981.62
	1-27	回填土 夯填	m³	1335.5		23.14		1.64	1.8	1.86	28.44	37 981.62
3	010103002001	余方弃置	m³	801.3	运距：30km	7.56	21.22	24.7	3.89	4.02	61.39	49 191.81
	1-45+1-46×3	渣土外运 运距15km以内 实际运距（km）：30	m³	801.3		7.56	21.22	24.7		4.02	61.39	49 191.81
		分部小计										156 298.91
	A.7	木结构工程										
1	010702001001	防腐木柱	m³	40		602.8	5070.56	24.08	414.77	427.85	6540.06	261 602.4
	8-8	防腐木柱	m³	40		602.8	5070.56	24.08	414.77	427.85	6540.06	261 602.4
2	010702002001	防腐木梁	m³	55		602.8	5059.96	24.08	414	427.06	6527.9	359 034.5
	8-9	防腐木梁	m³	55		602.8	5059.96	24.08		427.06	6527.9	359 034.5
3	010702003001	防腐木檩	m³	8		339.44	2196.11	31.48	186.88	192.77	2946.68	23 573.44
	7-12	防腐木檩 方木	m³	8		339.44	2196.11	31.48		192.77	2946.68	23 573.44
		分部小计										644 210.34
	F.1	绿化工程										
1	050102012001	铺种草皮	m²	988	(1) 草皮种类：冷草 (2) 养护期：夏季	6.22	9.54	1.15	1.23	1.27	19.41	19 177.08
	2-77	草坪 种草根	10m²	98.8		33.6	65.04	1.33		7.51	114.76	11 338.29
	2-227	后期养护 冷草	10m²	98.8		28.56	30.38	10.13		5.19	79.29	7833.85
		分部小计										19 177.08

第2页　共3页

序号	编码	名称	单位	项目特征	工程量	人工费	材料费	机械费	管理费	利润	综合单价	综合合价
	F.2	园路、园桥工程										
1	050201001002	园路	m²	(1) 路床土石类别：普坚土 (2) 垫层材料种类：水泥砂浆	93.66	51.27	665.37	9.6	52.87	54.54	833.66	78 080.6
	4-38	室外木地板 木龙骨 厚70mm	m²		93.66	38.22	575.29	1.84		46.21	706.36	66 157.68
	1-2	机械平整场地	m²		93.66	0.87	0.49	0.48		0.14	2.11	197.62
	2-8	垫层 水泥砂浆	m³		46.83	24.36	179.19	14.57		16.38	250.38	11 725.3
2	050201001003	园路	m²	(1) 路床土石类别：普坚土 (2) 垫层材料种类：水泥砂浆	15.3	43.78	491.01	3.71	39.2	40.44	618.15	9457.7
	4-35	花岗岩地面 厚50mm	m²		15.3	41.58	471.52	2.92		38.75	592.34	9062.8
	1-2	机械平整场地	m²		15.3	0.87	0.49	0.48		0.14	2.11	32.28
	2-7	垫层 混凝土	m³		0.77	26.46	377.6	6.19		30.81	470.93	362.62
3	050201001004	园路	m²	(1) 路床土石类别：普坚土 (2) 垫层材料种类：水泥砂浆	850.6	27.39	107.76	1.9	9.97	10.29	157.32	133 816.39
	4-20	透水砖铺装 素拼	m²		850.6	25.2	88.39	1.11		8.61	131.66	111 990
	1-2	机械平整场地	m²		850.6	0.87	0.49	0.48		0.14	2.11	1794.77
	2-7	垫层 混凝土	m³		42.53	26.46	377.6	6.19		30.81	470.93	20 028.65

第 3 页 共 3 页

序号	编码	名称	单位	项目特征	工程量	人工费	材料费	机械费	管理费	利润	综合单价	综合合价
4	050201001005	园路	m²	(1) 路床土石类别：普坚土 (2) 垫层材料种类：水泥砂浆	784.46	14.2	314.31	2.21	24.08	24.83	379.63	297 804.55
	4-51	弹性面层 塑胶板	m²		784.46	12.35	263.13	0.46		20.72	316.75	248 477.71
	4-20	沥青混凝土 密级配 沥青稳定碎石 7cm	100m²		7.844 6	223.44	7318.6	212.02		582.3	8900.86	69 823.69
	4-22×−2	沥青混凝土 密级配 沥青稳定碎石 增减 1cm 子目×−2	100m²		7.844 6	−38.64	−2200.18	−37.14		−170.92	−2612.57	−20 494.57
		分部小计										519 159.24
		合 计										1 338 845.57

投标人：_____（盖章）

法定代表人或委托代理人：_____（签字盖章）

日期：××××年××月××日

六、某市政工程项目估算费用审查

某市政工程项目估算费用审查见表 8-5，项目总投资估算见表 8-6。

表 8-5　项目建设投资估算表

序号	项目或费用名称	估算金额（万元）			技术经济指标			合计（万元）	备注
		建筑工程费	设备购置及安装工程费	其他费用	单位	数量	单位价值（元）		
一	工程费用	45 877.71	18 356.97		m²	348 969.5	1840.70	64 234.67	
（一）	建筑安装工程	44 493.59	18 356.97		m²	348 969.5	1801.03	62 850.56	
1	酒店	5748.00	3265.30		m²	44 900	2007.42	9013.30	
1.1	建筑工程	5748.00			m²	44 900	1280.18	5748.00	
1.1.1	地上部分	4668.00			m²	38 900	1200	4668.00	酒店 1200 元/m²
1.1.2	地下部分	1080.00			m²	6000	1800	1080.00	地下 1800 元/m²
1.2	安装工程		3265.30		m²	44 900	727	3265.30	
1.2.1	给排水工程		538.80		m²	44 900	120	538.80	含建筑内给排水管道、给排水设备、卫生洁具等
1.2.2	消防工程		359.20		m²	44 900	80	359.20	含室内消火栓、消防喷淋、消防器材等
1.2.3	变配电（含柴油发电机组）		449.00		m²	44 900	100	449.00	含变压器、配电设备、柴油发电机组等
1.2.4	电气照明工程		224.50		m²	44 900	50	224.50	含电气、插座、照明等
1.2.5	弱电工程		269.40		m²	44 900	60	269.40	含综合布线、智能化系统、有线电视、安防监控等
1.2.6	暖通空调系统		1244.80		m²	38 900	320	1244.80	地源热泵系统及锅炉
1.2.7	电梯		179.60		m²	44 900	40	179.60	
2	其他建筑（含住宅楼、商业办公楼、售楼部等）	38 745.59	15 091.67		m²	304 069.5	1770.56	53 837.26	

续表

序号	项目或费用名称	估算金额（万元）			技术经济指标				备注
		建筑工程费	设备购置及安装工程费	其他费用	单位	数量	单位价值（元）	合计（万元）	
2.1	建筑工程	38 745.59			m²	304 069.5	1274.23	38 745.59	
2.1.1	地上建筑	24 804.77			m²	226 620.5	1094.55	24 804.77	
2.1.1.1	住宅楼	11 625.49			m²	105 686.3	1100	11 625.49	住宅1100元/m²
2.1.1.2	商业办公楼	13 031.10			m²	118 464.5	1100	13 031.10	商业办公楼1100元/m²
2.1.1.3	售楼处	148.18			m²	2469.7	600	148.18	售楼处600元/m²
2.1.2	地下室	13 940.82			m²	77 449	1800	13 940.82	地下室1800元/m²
2.2	安装工程		15 091.67		m²	348 969.5	432.46	15 091.67	
2.2.1	给排水工程		1824.42		m²	304 069.5	60	1824.42	建筑内给排水管道、给排水设备等
2.2.2	消防工程		2432.56		m²	304 069.5	80	2432.56	含室内消火栓、消防喷淋、消防器材等
2.2.3	变配电		1824.42		m²	304 069.5	60	1824.42	含变压器、配电设备等
2.2.4	电气照明工程		912.21		m²	304 069.5	30	912.21	含电气、照明、插座等
2.2.5	弱电系统		1216.28		m²	304 069.5	40	1216.28	含综合布线、智能化系统、有线电视等
2.2.6	暖通空调系统		5665.51		m²	226 620.5	250	5665.51	地源热泵
2.2.7	电梯		1216.28		m²	304 069.5	40	1216.28	
（二）	室外配套工程	1384.12						1384.12	
1	道路及室外场地	746.73			m²	37 336.44	200	746.73	按室外道路广场面积，200元/m²
2	景观绿化	113.93			m²	28 483.56	40	113.93	按绿化面积，40元/m²
3	室外管线工程及其他配套	523.45			m³	348 969.5	15	523.45	按建筑面积，15元/m²
	小计	45 877.71	18 356.97					64 234.67	

续表

序号	项目或费用名称	估算金额（万元）			技术经济指标				备注
		建筑工程费	设备购置及安装工程费	其他费用	单位	数量	单位价值（元）	合计（万元）	
二	工程建设其他费用								
1	土地费用			41 059.08				41 059.08	
1.1	土地使用权出让金			41 059.08	项	1	410 590 775.1	41 059.08	按出让合同金额
2	建设单位管理费			252.09	项			252.09	财建〔2002〕394号
3	工程建设监理费			523.69	项			523.69	发改价格〔2007〕670号
4	可行性研究费			21.06	项			21.06	计价格〔1999〕1283号
5	工程勘察费			28.38	项			28.38	计价格〔2002〕10号，建构筑物占地面积15元/m²
6	工程设计费			965.64	项			965.64	计价格〔2002〕10号
7	环境影响评价费			15.64	项			15.64	计价格〔2002〕125号，发改价格〔2011〕534号
8	场地准备及临时设施费			314.25	项			314.25	计标〔85〕352号
9	城市基础设施配套费			3186.25	项			3186.25	鄂价经字〔1999〕80号
10	白蚁防治费			53.10	项			53.10	鄂价费字〔1992〕232号
11	垃圾服务费			477.94	项			477.94	鄂价费字〔1992〕232号
12	招标代理服务费			35.73	项			35.73	发改价格〔2011〕534号
13	造价咨询服务费			66.03	项			66.03	鄂价工服规〔2011〕23号
	小计			46 998.88				46 998.88	
三	预备费			1927.04	项			1927.04	
1	基本预备费			1927.04	项	64 234.67	3.00%	1927.04	
	合计	45 877.71	18 356.97	48 925.92				113 160.60	

表8-6 项 目 总 投 资 估 算 表

序号	费 用 名 称	投资额（万元）	占项目投入总资金的比例（%）
1	建设投资	113 160.60	100.00
1.1	工程费用	64 234.67	56.76
1.2	工程建设其他费用	46 998.88	41.53
1.3	设备费用	4927.04	1.70
2	建设期借款利息	0.00	0.00
3	项目总投资（1+2）	113 160.60	100.00

七、某工程项目投资估算案例分析

拟建某项目建设前期年限为1年，建设期为2年。该项目的实施计划为：第一年完成项目全部投资的40%，第二年完成60%，第三年项目投产并且达到100%设计生产能力。

该项目建设投资中有2000万元来自银行贷款，其余为自有资金，借款和自有资金均按项目实施计划比例投入。根据借款协议，贷款年利率10%，按季计息。基本预备费为工程费用与其他工程费用合计的10%。建设期内涨价预备费平均费率为6%，该项目固定资产投资方向调节税率为5%。其他相关资料见表8-7。

表8-7 固 定 资 产 投 资 估 算 表 （单位：万元）

序号	工程费用名称	估 算 价 值					占固定资产投资比例（%）
		建筑工程	设备购置	安装工程	其他费用	合计	
1	工程费用	3600	900	500		6000	72.40
1.1	主要生产项目	1550	900	100		2550	
1.2	辅助生产项目	900	400	200		1500	
1.3	公用工程	400	300	100		800	
1.4	环保工程	300	200	100		600	
1.5	总图运输	200	100			300	
1.6	服务性工程	100				100	
1.7	生活福利工程	100				100	
1.8	厂外工程	50				50	
2	其他费用				200	200	2.41
	（1+2）	3600	1900	500	200	6200	
3	预备费				1510.86	1510.86	18.23
3.1	基本预备费				620	620	
3.2	涨价预备费				890.86	890.86	
4	投资方向调节税				385.54	385.54	
5	建设期贷款利息				191.15	191.15	
	合计（1+2+3+4+5）	3600	1900	500	2287.55	8287.55	

建设项目进入运营期后，全厂定员为 200 人，工资与福利费按照每人每年 1 万元估算，每年的其他费用为 180 万元（其中其他制造费用 120 万元），年外购原材料、燃料和动力费用估算为 1600 万元，年外购商品或服务费用 900 万元，年经营成本为 2400 万元，年修理费占年经营成本的 10%，年营业费用忽略不计，年预收营业收入为 1200 万元。各项流动资金的最低周转天数分别为：应收账款 30d，预付账款 20d，现金 25d，应付账款 45d，存货 40d，预收账款 35d。分析：

(1) 估算该项目的建设期贷款利息。

(2) 完成固定资产投资估算表的编制。

(3) 用分项详细估算法估算流动资金。

(4) 估算该项目的总投资。

注：计算结果保留两位有效数字。

解：问题 1：

$$年实际利率 = \left(1 + \frac{10\%}{4}\right)^4 - 1 = 10.38\%$$

$$第 1 年应计利息 = (0 + 2000 \times 40\%/2) \times 10.38\% = 41.52（万元）$$

$$第 2 年应计利息 = (2000 \times 40\% + 41.52 + 2000 \times 60\%/2) \times 10.38\% = 149.63（万元）$$

$$建设期贷款利息 = 41.52 + 149.63 = 191.15（万元）$$

问题 2：

计算涨价预备费

$$
\begin{aligned}
PF &= \sum_{t=1}^{n} I_t \left[(1+f)^m (1+f)^{0.5} (1+f)^{t-1} - 1 \right] \\
&= (6200 + 620) \times \{ 40\% \times [(1+6\%)^1 (1+6\%)^{0.5} (1+6\%)^{1-1} - 1] + \\
&\quad 60\% \times [(1+6\%)^1 (1+6\%)^{0.5} (1+6\%)^{2-1} - 1] \} \\
&= 890.86（万元）
\end{aligned}
$$

$$固定资产投资方向调节税 = (6200 + 1510.86) \times 5\% = 385.54（万元）$$

问题 3：

采用分项详细估算法估算流动资金

(1) 现金 = (年工资福利费 + 年其他费用)/现金年周转次数

$$= (200 \times 1 + 180)/(360/25) = 26.39（万元）$$

(2) 应收账款 = 年经营成本/应收账款年周转次数

$$= 2400/(360/30) = 200（万元）$$

(3) 预付账款 = 外购商品或服务年费用金额/预付账款年周转次数

$$= 900/(360/20) = 50（万元）$$

(4) 存货

外购原材料、燃料 = 年外购原材料、燃料费用/存货年周转次数

$$= 1600/(360/40) = 177.78（万元）$$

在产品 = (年工资福利费 + 年其他制造费 + 年外购原材料、燃料动力费 + 年修理费)/存货年周转次数

$$= (200 \times 1 + 120 + 1600 + 2400 \times 10\%)/(360/40) = 240（万元）$$

$$产成品＝(年经营成本－年营业费用)/存货年周转次数$$
$$＝2400/(360/40)＝266.67(万元)$$
$$存货＝外购原材料、燃料＋在产品＋产成品$$
$$＝177.78＋240＋266.67＝684.45(万元)$$

（5）流动资产＝现金＋应收账款＋预付账款＋存货
$$＝26.39＋200＋50＋684.45＝960.84(万元)$$

（6）流动负债
$$应付账款＝外购原材料、燃料动力及其他材料年费用/应付账款年周转次数$$
$$＝1600/(360/45)＝200(万元)$$
$$预收账款＝预收的营业收入年金额/预收账款年周转次数$$
$$＝1200/(360/35)＝116.67(万元)$$
$$流动负债＝应付账款＋预收账款＝200＋116.67＝316.67(万元)$$

（7）流动资金＝流动资产－流动负债＝960.84－316.67＝644.17(万元)

问题4：
$$项目总投资估算额＝固定资产投资估算额＋流动资金$$
$$＝8287.55＋644.17＝8931.72(万元)$$

八、某学院建设项目成本与费用的估算

1. 投资估算范围

某商学院建设项目以大学教学、科研、后勤生活配套为主体功能，辅以运动、休闲、景观设施，是一所功能完善具有国际水准的商学院。本报告投资估算范围包括征地拆迁费、全部房屋的建筑安装工程费、教学设施购置费以及与房屋配套的环境、绿化、给排水、电气和天然气、智能化等相关设备、设施的费用。

2. 投资估算编制依据

（1）2005年《全国统一建筑工程基础定额某市基价表》。
（2）2005年《××市市政工程预算定额》。
（3）2005年《××市建设工程费用定额》。
（4）2006年《××市安装工程单位基价表》。
（5）2006年《××市安装工程费用定额》。
（6）2006年《××市建筑工程造价信息》。
（7）建设工程配套使用的取费标准和相关文件。
（8）某市颁发的有关建设方面的税费文件。

3. 投资估算内容

（1）房屋及室外体育场地项目费用，具体包括土石方工程，道路、变压设施以及给排水工程项目等费用。

（2）其他费用包括征地拆迁费、建设单位管理费及供电贴费等，具体如勘察设计费、工程监理费、合同标书相关费用、工程质量监督费、城市建设配套费及其他税费等。

（3）预备费包括基本预备费和涨价预备费，本项目不考虑涨价预备费。

（4）建设期贷款利息。

4. 投资估算结果

项目拟建建筑面积 47 850m²，建设总投资 11 178.78 万元，见表 8 - 8。

表 8 - 8　　　　　　　　　　　　总 投 资 估 算 汇 总 表

序号	工程费用名称	工程量		估算造价（万元）	
		单位	数量	单价	金额
一	建安工程费				
（一）	教学用房				
	1. 教室	m²	10 140	0.08	811.2
	2. 试验及附属用房	m²	6000	0.07	420
	3. 院系办公用房	m²	3150	0.07	220.5
	小计		19 290		1451.7
（二）	后勤生活用房				
	1. 学生公寓	m²	21 000	0.065	1365
	2. 学生食堂	m²	3600	0.07	252
	3. 生活福利及其他附属商业用房	m²	3960	0.15	594
	小计		28 560		2211
合计		47 850			3662.7
二	市政设施与景观				
	1. 校区市政管网				584.24
	2. 校区景观估算				581.06
合计					1165.3
三	其他费用				
（一）	市政配套费				
	1. 城市配套建设费	m²			0
	2. 供电贴费				22.28
	3. 供水设施费				13.36
	4. 人防费	m²	47 850	0.001 5	71.775
	5. 消防费				15.56
	小计				122.975
（二）	工程其他费用				
	1. 征地、拆迁费				4180.81
	2. 设计费（含前期）	m²	47 850	0.001 5	171.775
	3. 质检费				10.98
	4. 环境评价费				0.46

序号	工程费用名称	工程量		估算造价（万元）	
		单位	数量	单价	金额
	5. 招投标管理费				1.7
	6. 监理费				43.95
	7. 白蚁防治费	m²	47 850	0.0001	4.785
	小计				4414.46
合计				4537.435	
四	基本预备费				574.19
五	贷款利息				1239.15
总计				11 178.78	

（1）工程费用 4824 万元。

（2）其他费用 4414.46 万元。

（3）预备费 574.19 万元。

（4）建设期利息 1239.15 万元。

问题与分析：

现行定价方法规定，建设工程造价计算必须以建筑安装工程概预算定额所规定的基本倾向指标进行。而工程概预算定额是由国家主管部门统一编制的，由于工程概预算定额的编制、研究、修改不能及时反映市场的变化，不能反映供求关系的变化，虽然各地区都设置了各种相关的调差系数，但"系数"从测定到执行仍远远滞后于市场的变化速度，不利于接收市场的调节，从而使现行的建设工程造价定价方法难以反映市场的供求关系，不能合理的确定建设工程造价。

该建设项目中投资估算编制所依据的都是几年前国家及地方政府所编制的工程概预算定额，而最近两年由于物价涨幅迅速，建造成本大幅上扬，有关规定已难以应对目前的价格，因此可能造成该投资估算严重偏离。

对于建设方来说，在目前无法通过相关文件获得准确造价信息的情况下，必须进行相应的市场调查，尽管估算数值误差大，准确度低，但是其是对项目是否可行的决定性因素，因此应给予相应重视，而在该案例中，建设项目投资估算编制依据只是有关文件，建设单位并未就实际价格与有关规定中的价格差异进行市场调查，这虽然降低了项目决策阶段的成本，但是其对项目之后的进行会产生急剧扩大的损失。

因此，建设单位在编制投资估算之前，应当适当提高项目决策阶段的预算，直接或间接地通过有关单位来获取近期完工或在建相近工程的工程量清单，以此来获悉近期的市场价格，提高投资估算的准确性。

九、某工程项目投资估算内容不全，参考指标不合理

1. 概况

某省大学附属医院建设了 21 层医疗大楼并投入使用，医院大楼地下 2 层，地上 19

层，采用挖空桩作为基坑支护，钢筋框架剪力墙结构，该项目建安经济指标详见表8-9。

表8-9　　　　　　　　　　　　医疗大楼建安经济指标

序号	工程及 费用名称	费用 （万元）	单方造价 （元/m²）	占投资百分比 （%）	备注
1	建筑工程费用	14 858.84	2131.58		
1.1	基础-结构-装饰工程	13 405.08	1923.03		
1.2	土方及基坑支护部分	1453.76	208.55		
2	水电安装工程费用	10 424.76	1495.48		
2.1	电气工程	2646.74	379.69		
2.2	通风空调工程	1791.29	256.97		
2.3	给排水工程	2078.95	298.24		
2.4	消防报警系统工程	437.57	62.75		
2.5	消防喷淋系统工程	739.92	106.1		
2.6	气体灭火系统工程	130.60	18.73		
2.7	弱电工程	839.18	120. 34		
2.8	电梯工程	1760.51	252. 56		
3	室外工程	1637.20	234.86		
4	合计	26 920.8	3861.92		

该项目完成2年后，医院决定再建一座19层医技综合楼（地下2层、地上17层），资金为医院自筹。医技综合楼与2年前所建医疗大楼相距60m，规模、功能及建设标准等与医疗大楼相近，该医院基建部门编制投资估算情况见表8-10。

表8-10　　　　　　　　　　　　医疗综合楼投资估算情况

序号	工程及费用名称	费用（万元）	单方造价 （元/m²）	占投资百分比（%）	备注
1	建筑工程费用	14 858.84	2131.58	49.82	
1.1	基础-结构-装饰工程	13 405.08	1923.03		
1.2	土方及基坑支护部分	1453.76	208.55		
2	水电安装工程费用	10 424.76	1495.48	34.95	
2.1	电气工程	2646.74	379.69		
2.2	通风空调工程	1791.29	256.97		
2.3	给排水工程	2078.95	298.24		
2.4	消防报警系统工程	437.57	62.75		
2.5	消防喷淋系统工程	739.92	106.1		
2.6	气体灭火系统工程	130.60	18.73		
2.7	弱电工程	839.18	120.34		
2.8	电梯工程	1760.51	252.56		

序号	工程及费用名称	费用（万元）	单方造价（元/m²）	占投资百分比（%）	备注
3	室外工程	1637.20	234.86	5.49	
4	工程建设其他费用	1484.55	212.97	4.98	
4.1	红线外市政工程费	253.53			暂估
4.2	场地准备费	402.67			暂估
4.3	建设单位临时设施费	53.38			
4.4	勘察设计费	622.24			
4.5	建筑物放线费	6.57			
4.6	白蚁防治费	20.75			
4.7	施工图审查费	22.64			
4.8	预算编制费	25.59			
4.9	竣工图编制费	23.75			
4.10	招投标代理服务费	37.63			
4.11	工程保险费	15.6			
5	预备费	1420.27	203.74	4.76	
6	建设期贷款利息	0		0	按自有资金计
7	总投资	29 825.62	4278.63	100	

该医院审核部门委托某造价咨询公司对该医院医疗综合楼投资估算进行了审核。

2. 存在问题

审计组在审核过程中发现以下问题：

（1）在医技综合楼投资估算中，原封不动地套用了医疗大楼的竣工结算建安指标不正确。

（2）在医技综合楼投资估算中，没有反映设备及工器具购置费、建设管理费、城市基础设施建设费、可行性研究等前期费用以及工程建设监理费。

3. 原因分析

（1）建设工程的造价具有单一性和动态性，即使是同一个设计方案或者同一份施工图纸，在不同的地点、不同的时间、不同的地区实施，其工程造价也会因此不一样。所以，在编制病房医技综合楼投资估算时直接使用医疗科研综合楼的竣工结算建安指标是不合适的，尽管两栋大楼在建设地点、基坑支护形式、基础形式、结构形式、建设规模、使用功能和建设标准等方面很相近，但是忽略了两栋大楼在人工、材料和设备、机械等因素的时间价格差异以及两栋大楼的设计差异。

（2）根据《建设项目投资估算编审规程》（CECA/GC1—2015）关于建设项目投资估算编制的有关规定，建设单位管理费、城市基础设施建设费、可行性研究等前期费用以及工程建设监理费等是建设项目投资估算不可缺少的组成部分，否则，必然会影响投资估算的准确性。

4. 总结

审计组根据该医院提供的医技综合楼方案设施图纸、医疗大楼竣工图纸及当地文件、资料，充分考虑两栋大楼在人工、材料、机械造价指数差异和设计差异，并按国家发展改革委与建设部工程服务及监理标准进行了修改，修正的估算情况见表 8 - 11。

表 8 - 11　　　　　　　　　修 正 估 算 表

序号	工程及费用名称	费用（万元）	单方造价（元/m²）	占投资百分比（%）	备注
1	建筑工程费用	16 695.33	2395.04	47.92	
1.1	基础 - 结构 - 装饰工程	15 061.89	2160.71		
1.2	土方及基坑支护部分	1633.44	234.33		
2	安装工程费用	11 713.21	1680.32	33.62	
2.1	电气工程	2973.86	426.62		
2.2	通风空调工程	2012.69	288.73		
2.3	给排水工程	2335.9	335.1		
2.4	消防报警系统工程	491.65	70.5		
2.5	消防喷淋系统工程	831.37	119.21		
2.6	气体灭火系统工程	146.74	21.04		
2.7	弱电工程	942.9	135.21		
2.8	电梯工程	1978.1	283.77		
3	室外工程	1839.55	263.89	5.28	
4	工程建设其他费用	3093.79	443.82	8.88	
4.1	建设单位管理费	560.24			
4.2	城市建设配套费	292.67			
4.3	红线外市政工程费	253.53			暂估
4.4	场地准备费	402.67			暂估
4.5	可行性研究等前期费用	103.65			
4.6	建设单位临时设施费	59.98			
4.7	勘察设计费	699.15			
4.8	建筑物放线费	6.92			
4.9	白蚁防治费	20.75			
4.10	预算编制费	25.59			
4.11	竣工图编制费	23.75			
4.12	工程建设监理费	628.47			
4.13	工程保险费	16.42			
5	预备费	1498.12	214.91	4.3	
6	建设期贷款利息			0	按自有资金计
7	总投资	34 840.00	4997.98	100	

在编制建设项目投资估算时，对选择或参考的类似工程技术经济指标，应充分考虑类似工程和拟建工程在影响造价主要因素方面的差异，并运用科学的方法加以修正和调整，确保技术经济指标的适应性和准确性。在编制建设项目投资估算时，投资估算的组成内容应完整，每项内容的费用计算应符合国家和地方的现行规定，以确保整个投资估算准确性和指导性。

第三部分 工程项目投资概算

第九章 工程项目投资概算概述

第一节 工程项目投资概算的概念及作用

一、工程项目投资概算的概念

建设项目概算是初步设计文件的重要组成部分，它是在投资估算的控制下由设计单位根据初步设计或扩大初步设计的图纸及说明，利用国家或地区颁发的概算指标、概算定额或综合指标预算定额、设备材料预算价格等资料，按照设计要求，概略地计算建筑物或构筑物造价的经济文件。其特点是编制工作较为简单，在精度上没有施工图预算准确。建设项目设计总概算投资额是工程项目建设投资的最高限额，未经按规定之程序批准，不能突破这个限额。同时投资概算是编制项目投资计划，签订工程承包合同，控制工程款，组织主要设备订货，进行施工前准备和控制施工图预算的依据。

二、工程项目投资概算的作用

（1）设计概算是编制建设计划的依据。建设工程项目年度计划的安排、其投资需求量的确定、建设物资供应计划和建筑安装施工计划等，都以主管部门批准的设计概算为依据。若实际投资超出了总概算，设计单位和建设单位需要共同提出追加投资的申请报告，经上级计划部门批准后，方能追加投资。

（2）设计概算是制定和控制建设投资的依据。对于使用政府资金的建设项目按照规定报请有关部门或单位批准初步设计及总概算，一经上级批准，总概算就是总造价的最高限额，不得任意突破，如有突破须报原审批部门批准。

（3）设计概算是进行贷款的依据。银行根据批准的设计概算和年度投资计划进行贷款，并严格监督控制。

（4）设计概算是签订工程总承包合同的依据。对于施工期限较长的大中型建设工程项目，可以根据批准的建设计划，初步设计和总概算文件确定工程项目的总承包价，采用工程总承包的方式进行建设。

（5）设计概算是考核设计方案的经济合理性和控制施工图预算和施工图设计的依据。

（6）设计概算是考核和评价建设工程项目成本和投资效果的依据。可以将以概算造价为基础计算的项目技术经济指标与以实际发生造价为基础计算的指标进行对比，从而对建设工程项目成本及投资效果进行评价。

三、工程项目投资概算的各阶段工作内容

实行工程总承包的工程建设组织方式以后，工程项目费用概算（估算）的作用随之发

生了变化，不仅在项目的可行性研究阶段进行投资费用的估算编制工作，而且在工程的招投标过程中，也必须进行投资费用的概算编制工作，在项目中标后，进入工程实施阶段，还要分阶段地进行深层次的费用概算编制工作。

（1）报价阶段编制费用概算是根据工程项目的询价要求，在确定的服务范围和深度条件下，确定合理的、能让业主接受的报价，力争使工程公司在项目抽标竞争中取胜。

（2）工程实施阶段（包括初步设计、施工图设计、施工），各阶段编制相应的概算，主要用于工程项目的费用控制，也是保证工程公司获得最佳效益所不可缺少的重要工作。对于以设备为主、工艺复杂的项目，针对项目的不同类型一般分为四个阶段。

1）第一阶段编制初期的控制概算，初期控制概算仅用于开口合同项目，即在工程项目设计阶段初期编制，作为项目实施最初阶段的费用控制基准。

2）第二阶段为批准的控制概算，以报价概算及用户变更为基础进行编制。

3）第三阶段为首次核定概算，在基础设计完成时进行编制，作为控制费用的最终概算，也作为详细工程设计阶段和施工阶段的费用控制基准。

4）第四阶段编制二次核定概算，在工程设计全部完成以后，设备、材料均已订货，并且开始交货到现场时开始编制，主要用来较为准确地分析和预测项目竣工时的最终费用，并可作为工程施工结算的基础。

对于以建筑工程为主，设备基本定型化及标准化的工程项目，应根据项目的性质和特点决定控制概算的编制阶段。在中标之后编制初期控制概算，以中标合同及用户变更为基础，作为初期控制的基准，用以限额设计及费用控制；在初步设计阶段编制控制概算，作为最终的控制概算；在施工图设计完成以后编制核定概算，用来分析和预测项目的最终费用，并作为工程施工结算的基础。

第二节　工程项目投资概算的编制依据、内容及表式

一、工程项目投资概算编制的依据

（1）国家、行业和地方政府有关法律法规、方针政策、规定等；批准的建设项目的设计任务书（或批准的可行性研究文件）和主管部门的有关规定。

（2）批准的可行性研究报告。

（3）有关文件、合同、协议等。

（4）项目所在地的经济、人文等社会条件。

（5）项目所在地的气候、人文、地质、地貌等自然条件。

（6）资金筹措方式。

（7）初步设计项目一览表。

（8）项目的技术复杂程度，以及新技术、专利使用情况。

（9）项目涉及的概算指标或定额。

（10）常规的施工组织设计。

（11）项目的管理（含监理）、施工条件。

（12）设计工程量。

（13）项目涉及的设备材料供应及是否合格。

（14）能满足编制设计概算的各专业经过校审并签字的设计图纸（或内部作业草图）、文字说明和主要设备表，其中包括以下三个方面。

1）土建工程中建筑专业提交建筑平、立、剖面图和初步设计文字说明（应说明或注明装修标准、门窗尺寸）；结构专业提交结构平面布置图、构件截面尺寸、特殊构件配筋率。

2）给水排水、电气、采暖通风、空气调节、动力等专业的平面布置图或文字说明和主要设备表。

3）室外工程有关各专业提交平面布置图；总图专业提交建设场地的地形图和场地设计标高及道路、排水沟、挡土墙、围墙等构筑物的断面尺寸。

（15）当地和主管部门的现行建筑工程和专业安装工程的概算定额（或预算定额、综合预算定额，本节下同）、单位估价表、材料及构配件预算价格、工程费用定额和有关费用规定的文件等资料。

（16）现行的有关设备原价及运杂费率。

（17）现行的有关其他费用定额、指标和价格。

（18）建设场地的自然条件和施工条件。

（19）类似工程的概、预算及技术经济指标。

（20）建设单位提供的有关工程造价的其他资料。

二、工程项目投资概算编制的内容及表式

建设工程项目设计概算是设计文件的重要组成部分，是确定和控制建设工程项目全部投资的文件，是编制固定资产投资计划、实行建设项目投资包干、签订承发包合同的依据，是签订贷款合同、项目实施全过程造价控制管理以及考核项目经济合理性的依据。设计概算投资一般应控制在立项批准的投资控制额以内；如果设计概算值超过控制额，必须修改设计或重新立项审批；设计概算批准后不得任意修改和调整；如需修改或调整时，须经原批准部门重新审批。设计概算应按编制时项目所在地的价格水平编制，总投资应完整地反映编制时建设项目的实际投资；设计概算应考虑建设项目施工条件等因素对投资的影响；还应按项目合理工期预测建设期价格水平，以及资产租赁和贷款的时间价值等动态因素对投资的影响；设计概算由项目设计单位负责编制，并对其编制质量负责。

1. 工程项目投资概算的内容

投资概算是设计文件的重要组成部分，是由设计单位根据初步设计（或技术设计）图纸及说明、概算定额（或概算指标）、各项费用定额或取费标准（指标）、设备、材料预算价格等资料或参照类似工程预决算文件，编制和确定的建设工程项目从筹建至竣工交付使用所需全部费用的文件。

投资概算可分为单位工程概算、单项工程综合概算和建设工程项目总概算三级。

（1）单位工程概算。单位工程概算是确定各单位工程建设费用的文件，它是根据初步设计或扩大初步设计图纸和概算定额或概算指标以及市场价格信息等资料编制而成的。

对于一般工业与民用建筑工程而言，单位工程概算按其工程性质分为建筑工程概算和

设备及安装工程概算两大类。建筑工程概算包括土建工程概算、给排水采暖燃气工程概算、通风空调工程概算、电气照明工程概算、弱电工程概算、特殊构筑物工程概算等；设备及安装工程概算包括机械设备及安装工程概算、电气设备及安装工程概算、热力设备及安装工程概算以及工器具及生产家具购置费概算等。

单位工程概算只包括单位工程的工程费用，由人、料、机费用和企业管理费、利润、规费、税金组成。

（2）单项工程综合概算。单项工程综合概算是确定一个单项工程所需建设费用的文件，是由单项工程中的各单位工程概算汇总编制而成的，是建设工程项目总概算的组成部分。对于一般工业与民用建筑工程而言，单项工程综合概算的组成内容如图9-1所示。

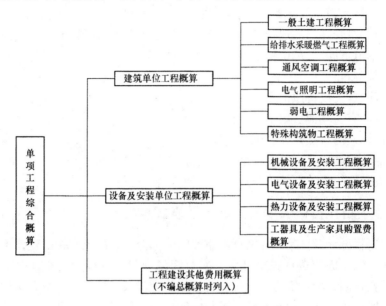

图9-1　单项工程综合概算的组成内容

（3）建设工程项目总概算。建设工程项目总概算是确定整个建设工程项目从筹建开始到竣工验收、交付使用所需的全部费用的文件，它由各单项工程综合概算、工程建设其他费用概算、预备费、建设期利息概算和经营性项目铺底流动资金概算等汇总编制而成，如图9-2所示。

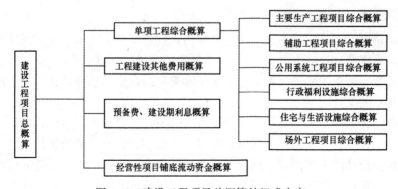

图9-2　建设工程项目总概算的组成内容

2. 工程项目投资概算表式（标准）

（1）设计概算封面式样见表 9-1。

表 9-1　　　　　　　　　　　设 计 概 算 封 面 式 样

（工程名称）

设 计 概 算

共　　册　　第　　册

（编制单位名称）
（工程造价咨询单位执业章）
年　　月　　日

（2）设计概算签署页式样见表 9-2。

表 9-2　　　　　　　　　　　设计概算签署页式样

（工程名称）

设 计 概 算

档 案 号：

共　　册　　第　　册

编　制　人：＿＿＿＿＿＿＿＿　［执业（从业）印章］＿＿＿＿＿＿＿＿

审　核　人：＿＿＿＿＿＿＿＿　［执业（从业）印章］＿＿＿＿＿＿＿＿

审　定　人：＿＿＿＿＿＿＿＿　［执业（从业）印章］＿＿＿＿＿＿＿＿

法定负责人：＿＿＿＿＿＿＿＿＿＿＿＿＿＿＿＿＿＿＿＿＿＿＿＿＿＿

（3）设计概算目录式样见表 9-3。

表 9-3 　　　　　　　　　　　设 计 概 算 目 录 式 样

序号	编号	名称	页次
1		编制说明	
2		总概算表	
3		其他费用表	
4		预备费计算表	
5		专项费用计算表	
6		××综合概算表	
7		××综合概算表	
⋮		……	
10		××单项工程概算表	
11		××单项工程概算表	
⋮		……	
15		补充单位估价表	
16		主要设备材料数量及价格表	
17		概算相关资料	

（4）编制说明式样见表 9-4。

表 9-4 　　　　　　　　　　　编 制 说 明 式 样

编制说明

1. 工程概况
2. 主要技术经济指标
3. 编制依据
4. 工程费用计算表
（1）建筑工程费用计算表
（2）工艺安装工程费用计算表
（3）配套工程费用计算表
（4）其他工程费用计算表
5. 引进设备材料有关费率取定及依据：国外运输费、国外运输保险费、海关税费、增值税、国内运杂费、其他有关税费
6. 其他有关说明的问题
7. 引进设备材料从属费用计算表

（5）总概算表见表 9-5。

表 9-5　　　　　　　　　　　　　总　概　算　表

总概算编号：_____　　工程名称：_____　　　　　　（单位：万元）

序号	概算编号	工程项目或费用名称	建筑工程费	设备购置费	安装工程费	其他费用	合计	其中：引进部分		占总投资比例（%）
								美元	折合人民币	
一		工程费用								
1		主要工程								
		×××××								
		×××××								
2		辅助工程								
		×××××								
3		配套工程								
		×××××								
二		其他费用								
1		×××××								
2		×××××								
三		预备费								
四		专项费用								
1		×××××								
2		×××××								
		建设项目概算总投资								

编制人：　　　　　　　审核人：　　　　　　　审定人：

某学校光明楼项目概算汇总表参考见表 9-6。

表 9 - 6　　　　　　某学校光明楼项目概算汇总表

序号	工程或费用名称	概算金额（万元）					技术经济指标			备注
		建筑工程	安装工程	设备及工器具购置费	其他费用	合计	单位	数量	综合单价（元）	
一	工程费用	828.27	0.00	0.00		828.27	m²	2416.35	3427.72	
1	体艺楼	806.27				806.27	m²	2416.35	3336.67	
1.1	一般土建	699.97				699.97	m²	2416.35	2896.81	
1.2	安装工程	106.30				106.30	m²	2416.35	439.92	
2	总平	22.00				22.00	m²	731.76	300.65	
二	工程建设其他费用		实际发生		75.79	75.79	m²	2416.35	313.68	
1	项目前期工作咨询费		计价格		6.00	6.00	m²	2416.35	24.83	
2	招标代理服务费		省价		4.48	4.48	m²	2416.35	18.56	
3	建设工程交易服务费		省价		0.35	0.35	m²	2416.35	1.45	
4	工程保险费		建标		2.48	2.48	m²	2416.35	10.28	
5	建设工程监理费		发改价格		20.34	20.34	m²	2416.35	84.19	
6	勘察费	建安工程费×0.8%			2.65	2.65	m²	2416.35	10.97	
7	设计费		计价格		26.12	26.12	m²	2416.35	108.10	
8	施工图审查费		省价服		1.84	1.84	m²	2416.35	7.59	
9	工程造价咨询费		省价		6.63	6.63	m²	2416.35	27.42	
10	场地准备费及临时设施费		建标		2.48	2.48	m²	2416.35	10.28	
11	城市基础设施配套费		省政		2.42	2.42	m²	2416.35	10.00	
三	基本预备费		（一+二）×3%		27.12	27.12	m²	2416.35	112.24	
四	总投资					931.18	m²	2416.35	3853.64	

（6）其他费用表见表9-7。

表9-7　　　　　　　　　**其他费用表**

工程名称：＿＿＿＿＿＿＿＿＿＿＿＿＿　　　　　　　　　　　（单位：万元）

序号	费用项目编号	费用项目名称	费用计算基数	费率（%）	金额	计算公式	备注
1							
2							

编制人：　　　　　　　　　　　审核人：

（7）综合概算表见表9-8。

表9-8　　　　　　　　　**综合概算表**

综合概算编号：＿＿＿＿＿＿　　工程名称（单项工程）＿＿＿＿＿＿＿＿＿＿＿　　（单位：万元）

共　页　第　页

序号	概算编号	工程项目或费用名称	设计规模或主要工程量	建筑工程费	设备购置费	安装工程费	合计	其中：引进部分	
								美元	折合人民币
一		主要工程							
1	×××	×××××							
2	×××	×××××							
二		辅助工程							
1	×××	×××××							
2	×××	×××××							
三		配套工程							
1	×××	×××××							

续表

序号	概算编号	工程项目或费用名称	设计规模或主要工程量	建筑工程费	设备购置费	安装工程费	合计	其中：引进部分	
								美元	折合人民币
2	×××	×××××							
		单项工程概算费用合计							

编制人：　　　　　　　　审核人：　　　　　　　　审定人：

（8）建筑工程概算表见表 9-9。

表 9-9　　　　　　　　　　　　**建 筑 工 程 概 算 表**

单位工程概算编号：＿＿＿＿＿＿＿　　工程名称（单位工程）：＿＿＿＿＿＿＿＿＿＿＿

共 页 第 页

序号	定额编号	工程项目或费用名称	单位	数量	单价（元）				合价（元）			
					定额基价	人工费	材料费	机械费	金额	人工费	材料费	机械费
一		土石方工程										
1	××	×××××										
2	××	×××××										
二		砌筑工程										
1	××	×××××										
三		楼地面工程										
1	××	×××××										
		小　计										
		工程综合取费										
		单位工程概算费用合计										

编制人：　　　　　　　　　　　　　审核人：

（9）设备及安装工程概算表见表9-10。

表 9-10 设备及安装工程概算表

单位工程概算编号：_____ 工程名称（单位工程）：_____

序号	定额编号	工程项目或费用名称	单位	数量	单价（元）					合价（元）				
					设备费	主材费	定额基价	其中：		设备费	主材费	定额费	·其中：	
								人工费	机械费				人工费	机械费
一		设备安装												
1	××	×××××												
2	××	×××××												
二		管道安装												
1	××	×××××												
三		防腐保温												
1	××	×××××												
		工程综合取费												
		合计（单位工程概算费用）												

编制人：　　　　　　　　　　　　　　　审核人：

（10）补充单位估价表见表 9 - 11。

表 9 - 11　　　　　　　　　　补 充 单 位 估 价 表

工作内容：　　　　　　　　　　　　　　　　　　　　　　　　共 页 第 页

补充单位估价表编号						
定额基价						
人工费						
材料费						
机械费						
名称		单位	单价	数量		
综合工日						
材料						
	其他材料费					
机械						

编制人：　　　　　　　　　　　　审核人：

（11）主要设备材料数量及价格表见表 9 - 12。

表 9 - 12　　　　　　　　　　主要设备材料数量及价格表

序号	设备材料名称	规格型号及材质	单位	数量	单价（元）	价格来源	备注

编制人：　　　　　　　　　　　　审核人：

（12）总概算对比表见表 9 - 13。

表 9 - 13　　　　　　　　　　　　总 概 算 对 比 表

总概算编号：_____　　　工程名称：_____　　　　（单位：万元）

序号	工程项目或费用名称	原批准概算					调整概算					差额（调整概算－原批准概算）	备注
		建筑工程费	设备购置费	安装工程费	其他费用	合计	建筑工程费	设备购置费	安装工程费	其他费用	合计		
一	工程费用												
1	主要工程												
(1)	×××××												
(2)	×××××												
2	辅助工程												
(1)	×××××												
3	配套工程												
(1)	×××××												
二	其他费用												
1	×××××												
2	×××××												
三	预备费												
四	专项费用												
1	×××××												
2	×××××												
	建设项目概算总投资												

编制人：　　　　　　　　　　　　　　审核人：

（13）综合概算对比表见表 9-14。

表 9-14　　　　　　　　　　　综 合 概 算 对 比 表

综合概算编号：_____　　工程名称：_____

（单位：万元）　　共　页　第　页

序号	工程项目或费用名称	原批准概算				调整概算				差额（调整概算－原批准概算）	调整的主要原因
		建筑工程费	设备购置费	安装工程费	合计	建筑工程费	设备购置费	安装工程费	合计		
一	主要工程										
1	×××××										
2	×××××										
二	辅助工程										
1	×××××										
2	×××××										
三	配套工程										
1	×××××										
2	×××××										
	单项工程概算费用合计										

编制人：　　　　　　　　　　　　　　审核人：

（14）进口设备材料货价及从属费用计算表见表 9-15。

表 9-15　　　　　　　　　进口设备材料货价及从属费用计算表

| 序号 | 设备材料规格名称及费用名称 | 单位 | 数量 | 单价(美元) | 外币金额（美元） | | | | | 折合人民币(元) | 人民币金额（元） | | | | | | 合计(元) |
					货价	运输费	保险费	其他费用	合计		关税	增值税	银行财务费	外贸手续费	国内运杂费	合计	

编制人：　　　　　　　　　　　　　　审核人：

（15）工程费用计算程序表见表 9-16。

表 9-16　　　　　　　　　工程费用计算程序表

序号	费用名称	取费基础	费率	计算公式

第三节　工程项目投资概算编制的程序及步骤

一、工程项目概算编制程序

工程项目概算编制程序如图 9-3 所示。

二、工程项目投资概算编制步骤

（1）熟悉招标文件。研究承包商的责任权限、项目范围、合同种类、工期要求、各类保函及有关的要求。

（2）现场调查。调查项目的自然条件和社会条件，包括地形、地貌、交通、水电、租赁市场、生活医疗条件、政治条件、民俗、各类法规和条例、建筑市场行情、建筑材料和

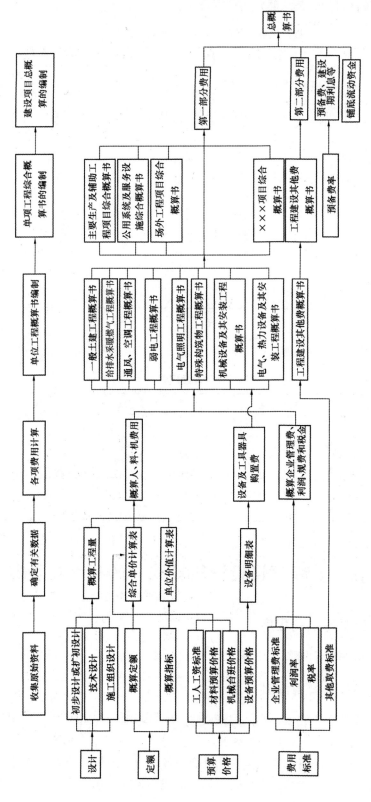

图 9-3 工程项目概算编制程序示意图

劳工的价格水平、进出口有关的费率、资金来源及支付能力等基础资料。

（3）核算工程数量，编制施工组织进度计划，制订主要工程的施工方案，计算所需的主要资源。

（4）根据工程的实际情况和自己的实际经验，选择相应的工料机消耗定额，并结合工程的特点和施工组织确定的机具性能，进行效率的调整。

（5）根据调查和掌握的有关资料，分析确定工料机的基价。

（6）根据自己的实际经验合理确定各项费用，主要包括材料管理费、现场管理费、施工机械管理费、施工用水用电费、临时设施费、监理费、保险费、公司管理费、设计费、保函手续费、税金、代理费、贷款利息、价格上涨费等。

（7）根据上述资料编制各类工程的费用并汇总。

（8）根据工程的规模和性质等进行风险分析，研究确定项目的不可预见费用和适当的利润。

（9）对编制的概算（估算），根据经验和有关资料进行横向、纵向的宏观比较分析，通过研究决策确定总价格。

第四节　工程项目投资概算编制存在的问题及原因分析

一、常见问题

（1）政府投资项目相关管理部门缺乏有效的监控手段。政府投资项目相关管理部门在项目初步设计审查时，普遍存在重设计审查、轻概算审核的现象，对设计概算的审核未严格把关，对报批的设计概算，不论其是否合理、准确，建设单位报多少就批多少，致使目前许多编制的概算脱离工程实际、子项偏粗，失去了设计概算在项目建设过程中对造价控制的作用，同时也给施工阶段的造价控制带来严重的不良影响。

（2）建设单位缺乏主动控制项目投资的意识。随着近年来政府项目投资主体多元化等情况的出现，建设单位往往认为概算仅是一个参考数，实施中肯定会调整，再加上设计单位编制的设计概算质量不高，难以成为指导资金合理安排及运用的依据，因而主观思想上不重视概算编制工作。许多建设单位（业主）把控制项目投资的工作重点放在施工阶段，即对施工图预算及工程竣工结（决）算的审核上。

（3）设计单位缺乏足够的编制力量。设计概算是设计文件的重要组成部分。随着设计单位内部工程造价工作分离脱钩改制后，工程造价编制方面的力量有所削弱，客观上造成许多设计院编制的设计概算质量不高，缺漏项或高估冒算现象较多。主要存在以下几方面的问题：一是设计图纸的深度不够，使概算编制人员无法详细、准确地编制设计概算；二是因设计单位轻视设计概算，使概算编制人员整体业务素质下降，编制人员也缺乏积极性和压力，敷衍了事，不认真按国家有关规定编制设计概算，少算或任意扩大概算造价等现象时有发生。对定额的理解模糊，工程量计算不准、定额错套、费率计取错误等问题比较严重，造成概算与设计脱节，与施工脱节。

二、常见问题原因分析

结合市政工程项目简要分析概算中常见的问题。

实际工作中经常听到有这样的反映：初步设计概算不准，与施工预算相比，差距很大；另外"三超"现象也很多。当前初步设计概算确实存在一些质量问题，造成其水平不高的主要原因包括以下几个方面。

（1）有些初步设计图纸的深度不够：有些设计人员由于在未拿到地勘资料时设计图纸中列地基处理一项，文本中又说明地基处理方式，导致地基处理费用控制较难；厂区平整中有设计挡土墙只列一项，未详细计算断面尺寸和施工组织方案；有水下施工的管道工程，未列施工方案和施工组织措施等。

（2）有些概算编制人员责任心不够强：设计与概算脱节，概算又与施工脱节。工程量算错，定额套错，间接费计取错误等都时有发生，甚至漏算现象也很多。

（3）概算编制人员职业素质不高：概预算人员大部分只会按图纸套定额进行概预算的编制，对工程涉及的有关专业技术知之甚少，或根本不懂，这样的概预算人员，在进行设计造价控制的过程中，无法为设计人员提供重要的可采纳的意见。

（4）专业人员配备不够：由于设计行业工程比较多，但概算人员编制不够，就会出现一个人同时交叉做几个工程的现象，对工程造价工作有一定的干扰，而且缺乏有效的审查机制。

（5）设计过程中技术经济协作不到位：经济技术人员与设计人员工作不能紧密相结合，各做各的事，缺乏必要的工作协调，涉及造价超标也没有采取相应措施，责、权、利不明晰，设计阶段的工程造价管理积极性不高。

（6）设计阶段缺乏设计招投标过程及管理操作模式混乱：技术设计没有引入竞争机制，设计单位在细节上不能够精益求精；管理过程中勘察、设计与施工脱节，人为地给设计阶段造价控制管理带来诸多不便。

三、工程项目投资概算超概算及其原因分析

工程建设项目概算是初步设计（基础设计）阶段，由设计单位按照设计要求编制拟建工程所需费用的文件。经批准的设计概算是确定建设项目总造价、编制固定资产投资计划、签订建设项目承包总合同和贷款总合同的依据。经批准的设计概算即为控制建设项目工程造价的最高限额。设计概算包括从筹建到竣工验收工程造价所花费的全部费用。

但由于各种原因，不论大中型建设项目，还是小型建设项目，超概现象仍然普遍存在。这不但给建设项目投资计划的安排造成困难，而且造成一些原本经济效益很好的项目，建成后面临困境，甚至成了亏损项目。因此，必须认真分析其原因，采取有效措施加以克服。

经验总结一：

1. 从主观原因

（1）"钓鱼"工程（人为压低立项投资）。估算偏低投资估算是指在整个投资决策过程中依据现有的资料和一定的方法，对建设项目的投资数额进行的估计。多数建设项目的投

资估算受项目建议书和可行性研究报告审批权限的约束，各地方各部门为了争项目，在可行性研究阶段人为地压低建设项目的投资估算，使之限定在本地区或本部门的审批权限之内。或者故意漏项少算，甚至把本来是准确的投资估算，因项目不可行或怕审批不了，就有意先砍投资，调到"可行"为止，形成拟建项目投资少效益高的假象，诱使主管部门批准立项。这就是所谓"钓鱼"工程。它给整个建设项目投资控制留下先天性隐患。

（2）"三边"工程，管理不力。投资估算一经有关部门或单位批准，即作为建设项目总投资的计划控制额，不得任意突破。目前，很少有单位会对工程建设实行全过程的管理和控制，投资估算，设计概算，施工图预算和竣工决算，分别由建设单位及其主管部门、设计单位、施工单位、建设银行等分段管理，各个环节互相脱节，互不通气，缺乏自我约束和相互约束的机制。大部分工程项目都是先设计再计算投资，有些工期要求紧的项目，就边设计边施工，技术与经济完全脱离，越来越多的建设单位不委托设计单位编制预算，造成设计过程没有算账，投资是否突破无法知道，只有投资审批的制度，没有控制投资的具体措施。大部分建设单位对基本建设缺乏管理经验，设计变更，现场签证等没有专业人员的审查和把关。设计、施工、结算，没有制约的制度，谁都可以行使决策权。这样，必然造成投资失控。

（3）扩大规模，提高标准。为了使投资估算真正起到控制作用，必须维护投资估算的严肃性。项目审批时规定的规模和标准，在设计和实施过程都要严格控制，才能保证设计概算和施工预算限制在投资估算的限额之内。可是，目前很多建设单位，在报批的时候担心造价高不易批准，就压这砍那，把投资估算得很低。而一旦项目抓到手，又嫌钱批得太少，总觉得规格、标准都不理想，要求变动。由于初步设计阶段还得由上级主管部门负责召开初步设计审查会，一般还不敢作大的投资变动，担心初步设计概算超估算太多，项目会被撤销。初步设计审批通过后，在施工图设计中就大做文章。某技改项目，初步设计审批时，还是保持扩建一条生产线，到施工图设计时，突然提出至少扩建两条生产线，效益才会明显提高，而且未经批准就擅自多购了一条生产线的全套设备，厂房面积也随之加大，投资一下子就超了一大截。另一工程，属扶贫项目，当时审批时，厂房的设计标准都不敢定得太高。可是，到了施工图设计时，建设单位就以一旦摘掉贫困的帽子，原定的设计标准会落后于社会发展为由，极力要求设计人员把钢门窗改为铝合金门窗，水泥砂浆地面改为水磨石地面，水泥砂浆外墙面改为贴面砖，其他装饰以及设备型号、规格等也要求提高档次，造成投资严重超概算。

（4）设计变更，错漏过多。在工程项目实施过程中，由于多方面情况的变更，经常出现工程量变化，施工进度变化，合同执行过程的意见分歧等问题。设计变更主要是因建设单位在实施过程又提出新的设计要求，或勘察设计本身工作粗糙，错漏严重，造成施工过程发现许多在图纸中尚未标注清楚，合同中没有考虑或投资估算不准确的工程量，不得不改变施工程序或增减工程量。设计变更所引起的工程量变化或工程返工或工期延误等，承包商必然提出索赔或追加投资的要求，从而使项目投资超过原批概算。

（5）概（预）算人员素质不高投资估算不足。在投资决策阶段，往往有许多的条件尚未具备，设计尚未委托，资料也不够齐全，仅以建设单位的设想作依据，以设计人员的草图作条件，可变性较大。有些项目仓促上马，收集资料的时间都没有，就赶着计算。这样编制的估算，有一定的局限性，错漏较多，容易把一些条件外但又必然发生或可能发生的工程投资漏列。因此，人员的素质和经验，资料的收集和积累，对能否算准算足投资起关键性作用。但是，目前设计单位普遍存在重技术轻经济的思想，设计人员经济观念淡薄，经济人员素质不高，从提供设计条件开始就东丢西漏，投资概算过低，使得投资估算从一开始就留有隐患，成为无法实现的空想，必然引起投资超概算。

2. 从客观原因分析

（1）定额调整。工程项目建设过程是一个周期长、数量大的生产消费过程。在建设期间，国家或地方对与定额有关的人工工资，机械台班费用或预算材料价格等进行定期或不定期调整，必然引起定额单价的变化。如福建省人工工资 1994 年定额为 15.5 元/工日，1996 年 7 月 1 日起调至 18.3 元/工日，零星工程点工签证每工日不低于 30 元，机械费和建安工程直接费价格指数也都进行过调整。定额单价一提高，工程总造价就直接受影响。

（2）利息增加。利息计算的基数主要是贷款数量、贷款期限和贷款期间银行规定的利率。项目在贷款期间利率调整、建设工期延长或因建设投资超过原批概算导致贷款数量增加等，项目向银行贷款的利息必然要增加，利息增加，扣息额增大，资金到位量减少，影响资金的足够使用，势必造成资金缺口。

（3）汇率变化。外汇汇率变化对需要使用外币的工程建设项目产生直接影响，特别是对借贷了外汇又没有生产出口产品的建设项目，外汇不能平衡，全部由人民币还贷，其影响就更大。某厂扩建时，为引进一套进口设备，向银行借贷了近 8000 万美元，当时的汇率是 3.70 元/美元，到调概时汇率涨到 5.38 元/美元，仅这一项就调增了 1.312 亿元。到工程建成投产，汇率又涨到 8.7 元/美元（1994 年 1 月 1 日起实行外汇汇率并轨制的定价），原定出口的产品因质量过不了关，检验不合格全部改为内销，借贷的外汇全部由人民币付出，企业为此增加了近 4 亿元的债务，建设总投资也因此增加了 4 亿元。

（4）设备材料涨价。在市场经济条件下，物资的采购和供应日趋市场化，市场价格放开以后，对各种生产资料价格与供需关系产生直接影响，在 20 世纪 90 年代初期，基本建设曾一度出现过热现象，设备、材料价格大幅度上涨。有些设备材料，虽签订了合同，规定了价格，但提货时又要求提价，否则拒绝供货。如福建炼油厂就是在那时建设的，在调概时，设备材料涨价占 48.2%，居调增原因之首。

（5）不可预见支出。建设项目施工作业基本在露天操作，环境因素影响较大，在建设项目实施过程中，经常会出现一些事先预测不到的工程量变化，施工进度变化，社会或自然原因引起的停工或工期拖延等，从而导致建设费用的增加。如合同规定条文与实际施工作业有矛盾需追补的工料费用，被自然灾害破坏的建筑物、施工机械设备等必须进行修复所需费用开支，地基开挖发现地质情况与原设计资料有矛盾，需重新设计加大或加深基础断面或开挖后发现文物等需采取保护措施而引起工期延误和费用损失等，都会使工程总投资发生变化。

由于政策性调整和客观因素引起的超概算，在建筑行业改革初期，占超概算的比例较大，特别在 1988—1993 年，增幅占概算调增总值的 60% 以上，是投资超概算的主要原因。随着经济体制改革的深化，建筑业在政策制定与管理上也逐步实现规范化和制度化，1994 年 1 月 1 日起实行外汇汇率并轨，汇率在当年的 8.7 元/美元下运作 3 年多来，没有大的变动，基本保持稳中有降的好势头。定额执行动态管理，各地级市每季度（有的地级市每个月）发布一期价格指数，全国各地对建安工程概（硬）算定额跟踪控制与调整，使得定额总价与市场差价的比率在逐步缩小。设备材料市场价格的定价也加强了管理，并上了轨道，近几年建筑三材和安装主材的市场价格也都保持相对平稳的好势头，基本建设的合理调整，使建筑业保持热而不过火，稳步健康发展。目前投资超概算的政策性原因已退居次要地位。

3. 改进措施

（1）为了加强对基本建设项目总投资的严格控制，设计单位应对总投资的编制质量负责，建设单位不得干涉，擅自更改设计。要提高可行性研究报告投资估算的准确性，坚决制止建设单位或某些管理人员有意压价搞工程或高估冒算造成浪费的错误做法。对建设项目超概算部分，建设主管部门要有明确的规定，追究责任者应承担的责任。

（2）国内已有的省份建委规定：初步设计总投资超计划控制额10%的，应修改设计或报请原计划控制额批准部门重新决策；初步设计投资超过计划控制额10%以内的（含10%），其超出部分应由有关部门增加投资或自筹资金解决，不得留有缺口。

（3）规定对不如实反映拟建项目建设内容、建设规模、建设条件的，不执行建设标准、强制性技术标准，设计质量低劣的；不执行国家有关工程造价管理规定，弄虚作假、有意少算或高估冒算，从而造成建设项目可行性研究报告投资估算、初步设计总投资编制质量低劣，造成经济损失的。

（4）违反批准的可行性研究报告、初步设计规定，未经有关部门批准在设计、施工过程中，擅自增加建设内容、扩大建设规模、提高建设标准，不执行国家总投资控制有关规定，任意突破可行性研究报告和初步设计规定的总投资，造成经济损失的；以及其他违法违规行为，建设主管部门或有关主管部门可根据情节，给予警告、通报批评、降低资质等级、提请工商行政管理局吊销执照等处罚和按照有关部门规定给予经济处罚。

（5）构成犯罪的，由司法机关追究其刑事责任。

当然，为适应建设领域深化改革的需要，要实行业主负责制，推行建设监理制度。对工程建设项目实行社会化、专业化、一体化的科学管理，对项目建设全过程的投资动态进行系统的监督和控制，保证建设项目的顺利进展，都是有效的措施。

经验总结二：

1. 设计变更

设计单位的最终产品是施工图设计，它是指导工程建设的主要文件。而作为施工图设计的最高限额工程量是初步设计工程量。但是，由于初步设计阶段毕竟受外部条件的限制，如地质报告、工程地质、设备材料的供应、协作条件、物资采购供应价格变化、局部设计方案改变等，以及人们的主观认识的局限性，往往会造成施工图设计阶段直至建设施工过程中的局部修改、变更。这是正常现象，也将使设计、建设更趋完善。这种变更在一定的范围内是允许的，也是超概的主要原因。当然产生变更的原因有设计原因，也有非设计原因。

（1）设计原因。设计变更中的典型问题和错误主要是两个方面：一是局部细节上的"错漏碰缺"，比如图纸上尺寸标注有误（钢筋尺寸、管线长度标注、管线定位、管线标高等），设计时遗漏灭火器设计、液位计设计等，管线、阀门等因与原有管线碰撞而改变安装布置等，此类变更单占 80% 以上，也是投资增加的主要原因；二是设计遗漏。设计时考虑不周，或建设单位提供的图纸与现场情况不同等设计遗漏现象比较普遍。如应有的技术数据不全，统计时漏材料。各专业之间对接条件遗漏，现场情况不清等。此类变更单占 20% 以上，也是投资增加的另一个主要原因。

（2）非设计原因。这类变更多为业主要求的设计范围、内容、深度的变化引起的变更，比如管线上多增加计量表，材料代用。设备平台由碳钢改为不锈钢，可利旧的阀门不能利旧，提供的公用工程接引点改变，以及提供给设计院的设计图纸未反映出的隐蔽工程等，这些变更在不同程度上都增加了投资，当然还有不少增加的工程内容属于业主的"搭车"建设。

某工程项目人防设计费计算示例：

1）工程设计收费计费额计算。

本工程的部分地下建筑属附建式人防工程，其中包括：甲类六级二等人员掩蔽部 $10\ 276.87\text{m}^2$；甲类六级医疗救护站 1000m^2；甲类六级物资库 $21\ 350.32\text{m}^2$ 和甲类五级医疗救护防空专业队 2178.31m^2。

附建式人防工程是在原有建筑、结构、暖通、电气、给排水等专业设计的基础上进行增量设计的，因此工程设计收费计费额应按人防工程造价增加部分计算。

六级人防工程和五级人防工程造价分别按比原民用建筑造价每平方米高出 200、300、400 元和 400、600、800 元计算投资增加部分（即工程设计计费额）。

六级人防和五级人防投资每平方米分别增加 200 元和 400 元计算：

工程设计计费额＝ $200 \times (10\ 276.87 + 1000 + 21\ 350.32) + 400 \times 2178.31 = 7\ 396\ 762 / 10\ 000 \approx 739.68$（万元）

六级人防和五级人防投资每平方米分别增加 300 元和 600 元计算：

工程设计计费额＝ $300 \times (10\ 276.87 + 1000 + 21\ 350.32) + 600 \times 2178.31 = 11\ 095\ 143 / 10\ 000 \approx 1109.51$（万元）

六级人防和五级人防投资每平方米分别增加 400 元和 800 元计算：

工程设计计费额＝ $400 \times (10\ 276.87 + 1000 + 21\ 350.32) + 800 \times 2178.31 = 14\ 793\ 524 / 10\ 000 \approx 1479.35$（万元）

2）附建式人防工程设计费计算。

根据当地工程收费标准及工程设计收费调整系数，建筑、市政、电信工程调整系数为 1.0，人防、绿化、广电、工艺工程专业调整系数为 1.1。

依据当地《收费标准》《建筑、人防工程复杂程度表》，本工程复杂程度等级为Ⅲ级，没有附加调整系数，其复杂程度调整系数为 1.15。

因此，工程基本设计收费＝工程设计收费基价×专业调整系数×工程复杂调整系数×附加调整系数＝工程设计收费基价 $\times 1.0 \times 1.15 \times 1.0$

工程设计费＝工程基本设计收费× $(1 \pm$ 浮动幅度值$)$（浮动幅度值暂按零计算）

六级人防和五级人防投资每平方米分别增加 200 元和 400 元计算：

工程设计收费基价＝ $(38.8 - 20.9) / (1000 - 500) \times (739.68 - 500) + 20.9 =$

29.48（万元）

工程设计费＝29.48×1.0×1.15×1.0×（1±0）＝33.9（万元）

六级人防和五级人防投资每平方米分别增加300元和600元计算：

工程设计收费基价＝（103.8－38.8）/（3000－1000）×（1109.51－1000）＋38.8＝42.36（万元）

工程设计费＝42.36×1.0×1.15×1.0×（1±0）＝48.71（万元）

六级人防和五级人防投资每平方米分别增加400元和800元计算：

工程设计收费基价＝（103.8－38.8）/（3000－1000）×（1479.35－1000）＋38.8＝54.38（万元）

工程设计费＝54.38×1.0×1.15×1.0×（1±0）＝62.54（万元）

3）人防工程设计施工图审查收费。

该项目施工图设计审查收费如果在本地建筑工程项目施工图设计审查收费标准规定的建筑工程收费的6%幅度内，须向建设单位收取建筑工程图设计审查费，具体收费额由双方协商确定。

根据本地降低标准的经营服务性收费项目规定，该项目建设工程施工图设计审查费由原来工程设计费的6%降为5%。

施工图设计收费＝工程设计费×5%

六级人防和五级人防投资每平方米分别增加200元和400元计算：

施工图设计收费＝工程设计费×5%＝33.9×5%＝1.70（万元）

六级人防和五级人防投资每平方米分别增加300元和600元计算：

施工图设计收费＝工程设计费×5%＝48.71×5%＝2.44（万元）

六级人防和五级人防投资每平方米分别增加400元和800元计算：

施工图设计收费＝工程设计费×5%＝62.54×5%＝3.13（万元）

（3）违规的变更。这方面变更主要是因为建设项目管理部门管理人员由于专业限制，对概算定额所包含的费用内容不是很清楚，如哪些费用定额里已包含，哪些费用不需单独列出。定额有明确规定，比如概算定额里的管道安装已含有管件的主材费、安装费，设备安装定额也包括设备的开箱检查、调试及监测等所有费用；再如有些管道安装还包括支吊架的制安及管道的刷油等。不能因为施工单位要变更、增加费用，就随意增加投资。这就要求工程管理人员分清情况，造价部门严格把关，控制因重复计算引起的工程投资超概。

2. 现场签证

现场签证是根据施工现场的实际情况，对工程设计及定额、费用范围以外的或不正确的，为顺利完成工程项目而必须发生的工程量和措施费用进行确认的文件。建设工程受勘探、设计、周边环境、施工条件等诸多因素的影响。现场签证发生的可能性很高，签证的及时性、真实性、准确性不但直接影响工程结算，而且极大影响投资控制。为了加强现场签证管理，建设单位在签证的内容和审批程序上都做出了相应规定和要求，但由于多种原因现场签证还存在很多问题。

（1）施工单位抓住建设单位工程管理人员对定额内容不熟悉的弱点，把已包含在定额取费内的费用办理签证（如临时设施费、二次搬运费、技术措施费等）。导致重复计费。

例如，比较常见的是施工企业为进行安装工程施工所必须搭设的生活和生产用的临时建筑物、构筑物和其他临时设施费用。这部分费用在定额取费率中的临时设施费中已包含，不应重复计费。

（2）建设单位把现场签证作为变通的手段，把无法正常进入工程结算的费用进入结算，或者建设单位临时安排施工单位完成设计内容以外的工程量等。

（3）建设单位通过招标选择的施工单位，虽然用承包合同的办法对工程质量、工期、费用加以限定，但在实际工作中，由于各种因素的影响，其费用很难按合同规定执行，多算工程量、高套定额和购置设备材料中的高估冒算的情况时有发生。

3. 设备材料价格

（1）由于项目审批部门有自己的一套价格体系，包括非标设备价格，电缆、工艺管道等主要材料价格，而实际物资采购部门的市场采购价格有时要高于审批价格，导致投资超概。

（2）设计询价时，造价人员要认真地询问价格中所包含的内容。比如，引进设备、材料价格是否包含"两税四费"、国内运费，国内设备、材料价格中是否含税及安装费等，尤其投资估算、初步设计概算阶段设备材料价格有时也是估算安装费的基数，这些因素对概算投资影响很大。

4. 其他原因

（1）客观原因设备材料价格大幅度上涨。

（2）由于非施工单位责任使工程延期，导致设备、材料、人工价格的上涨。比如某项目2006年批的初步设计。投资1100多万元，2007年年底开始施工，2008年年底才完工。这期间钢材价格上涨了20％左右，电缆价格因铜的价格上涨而大幅上涨，同时人工费用上涨了80％左右，预计将超概150多万元。

5. 改进措施

（1）重视设计人员的综合素质培养。一方面是责任心的培养，对设计项目要进行深入细致的调查研究，深入现场，尤其对甲方提供的公用工程接引点等隐蔽工程更应做到一一落实，减少设计中"错漏碰缺"现象；另一方面是加强专业知识的学习和积累，不断提高设计水平。

（2）积极推行限额设计。限额设计，就是按照批准的可行性研究报告和投资估算控制初步设计，按照批准的初步设计总概算控制施工图设计，同时各专业在保证达到实用功能的前提下，按分配的投资限额控制设计，严格控制技术设计和施工图设计的不合理变更。

1）要提高投资估算的准确性，合理确定设计限额。鉴于可行性研究报告一经批准。即作为下阶段进行限额设计控制投资的主要依据。为此。适应开展限额设计的要求，提高可行性研究报告的深度，投资估算实事求是，反对故意压低造价或有意抬高造价向投资者多收款的做法，树立限额设计观念。

2）设计单位搞限额设计必须承担超概的责任，如果因设计的责任必须修改、返工，要承担由此带来的损失。

3）给予设计单位充分的尊重和权利，鼓励其在确保工程质量和功能的前提下，精心比选设计方案，选择出"安全、可靠、经济、适用"的方案。因此，建设单位应加大工程设计咨询费，并在整个项目设计过程中不能凭自己的主观意识要求任意变动设计，搞"锦上添花"。据西方一些国家分析，设计费一般只相当于建设工程全寿命费用的1%以下，但正是这少于1%的费用对工程造价的影响度占75%以上。由此可见，设计对整个工程的效益是至关重要的。

（3）提高对设计概算的认识。设计概算，是在投资估算的控制下，由设计单位根据初步设计或扩大初步设计的图纸及说明，利用国家或地区颁布的概算指标、概算定额或综合指标、预算定额等资料，按照设计要求，概略地计算工程造价。设计概算，满足建设单位作为编制项目计划、确定和控制建设项目总投资的依据。

（4）重视现场签证管理人员的综合素质培养。一方面，要加强职业道德和法律法规教育，提高责任感和事业心，保证企业利益不受损失；另一方面，加强本专业和相关专业知识的学习，掌握有关的工程建设和工程造价管理知识。

（5）造价人员应提前参与签证管理。造价人员参与的现场签证，可以有效避免办理无用签证和漏办签证，可以帮助施工管理人员准确界定签证工作量，还可以为合同管理和计划部门提供比较准确的费用增减变动数据。

（6）工程造价实行动态估价。在工程造价的构成内容中有一笔费用为基本预备费，是指在设计的各个阶段难以预料的工程费用和其他费用，各行各业对此也有明确的取费规定。每个项目有其特殊性，尤其是改造项目受现场场地条件、项目管理方式、施工组织方案及复杂的隐蔽工程等的影响，难以预料的工程内容很多，基本预备费可根据项目未来存在的风险情况在一定范围内进行调整。

（7）加强信息管理。造价部门应加强已完工程数据资料的积累，重视各类数据的整理分析，加快典型工程造价数据库的建设。

1）这些数据不仅为测算各类工程的造价指数提供了具有说服力的基础，也为拟建工程或在建工程编制投资估算、初步设计概算、审查概算提供重要依据。

2）在作为建设单位制定标底或施工单位投标报价的工作中，无论是用工程量清单计价还是用定额计价法，工程造价资料都可以发挥重要作用。尤其是在工程量清单计价方式下，投标人自主报价，没有统一的参考标准，除了根据有关政府机构颁布的人工、材料、机械价格指数外，更大程度上依赖于企业已完工程的历史经验。

四、编制工程项目投资估算的改进

设计概算在工程造价控制中起着关键的作用，它的编制工作复杂而且难度大，提高概算编制的质量，加强设计阶段工程造价的控制，对于提高投资控制具有重要的现实意义。

1. 注重技术与经济结合

（1）提高初步设计深度和质量。初步设计图纸和说明是编制设计概算的基础和依据。由于目前设计市场的不规范和不成熟，设计周期缩短现象普遍存在。同时部分设计人员对初步设计的重要性认识不足，在工期紧迫时就认为有些技术问题可以留到施工图设计阶段解决。这就造成初步设计图纸的深度不够，使得概算编制人员无法详细、准确地编制设计概算、也为后续设计留下隐患。因此，设计单位落实设计质量管理制度，严格按照国家和有关部门颁布的初步设计编制深度规定进行设计，为设计概算提供较为完整和详细的依据。

（2）重视设计阶段工程造价管理的作用。由于种种历史原因，部分设计单位轻视设计概算。随着设计单位体制改革工作的进行，有些设计单位的工程造价专业脱钩改制与设计分离，设计概算编制方面的力量有所削弱，整体业务素质下降，概算编制人员也缺乏积极性和压力，客观上造成许多设计院编制的设计概算质量不高，概算与设计、施工脱节。当前随着限额设计的推行，设计单位首先要改变轻视设计概算的观念，重视工程造价专业在设计中的地位，加强培养造价人员，发挥造价人员的积极性和能动性，其次要树立技术与经济相结合的理念，造价人员要从经济角度参与设计阶段全过程管理，当好设计人员的经济参谋，为设计人员提供有关经济指标，准确测算和论证最节省投资的技术方案，使概算投资更加准确合理，达到控制工程投资，实行限额设计的目的。

2. 保证概算完整地反映工程项目内容和实际情况

（1）项目业主对项目的全过程负责，承担着项目决策、资金筹措、建设实施、生产经营、债务偿还、资产保值增值的责任，造价人员要主动加强与建设项目业主的联系，对概算进行动态控制。

（2）每个项目的建设，都有其自身的特点和要求。在进行设计概算前，造价人员必须及时从业主方面获得项目决策的相关资料，充分掌握建设工程的总体概况；充分了解建设工程的作用、目的；认真阅读项目建议书和可行性研究报告，充分了解设计意图。必要时需到工程现场实地勘察，了解工程所在地自然条件、施工条件等影响造价的各种因素。

（3）概算编制过程中，还必须和业主紧密联系、沟通，及时征求业主的意见，完成以下几项工作：在保证可研批复的投资规模和限额不突破的情况下，消化、补充和调整投资估算中错项漏项的费用，初步确定工程建设的标准；了解并结合业主的资金筹措情况。从专业角度合理确定建设周期，确定资金使用计划，尽可能减少建设期贷款利息，降低项目的资金成本；了解项目建设用地费用的情况，并纳入总概算，打足投资。

3. 加强工程造价资料积累的工作

概算编制的设计基础是概算定额、指标、材料、设备的预算单价，建设主管部门颁发的有关费用定额或取费标准等资料，这些都属于工程造价资料的范围和内容。为了保证概算编制的质量，就必须要加强工程造价资料积累的工作，保证工程造价资料真实性、合理性、适用性，使其充分发挥其应有的作用。

（1）及时编制和修订概算定额是搞好概算工作的重要环节。目前，概算的计算基础很混乱，各省工程造价计价依据体系的完善程度不一，有的只有预算定额，没有概算定额。编制概算时，只好使用预算定额，拉不开档次，分不清设计分阶段。另一种混乱现象是，在同一单位工程内，有的分部工程使用概算定额单价，有的分部工程使用预算定额单价，有的分部工程因初步设计深度不够，只好使用技术经济指标，口径不统一。技术经济指标的使用要根据项目结构和工艺特点合理选用，实际工作通常是生搬硬套，产生的幅度差很大，因此应该及时编制概算定额，使得概算的编制有一个统一的计算基础，概算定额是在预算定额的基础上进一步综合扩大形成的一种定额。要保证定额水平的科学和准确，必须加强工程造价资料积累的工作，在此基础上及时调整和修订概算定额。只有这样，才能确保概算的准确编制。

（2）对主要及重点材料和设备价格要严格执行询价制度。大中型建设项目涉及面广，建设标准高低不一，各专业之间交叉配合复杂，新材料、新工艺、新设备不断出现，造价人员特别要注意对投资有重大影响的因素，如贵重装修材料、智能化设备材料、空调设备、电梯设备等。这些因素应根据投资限额和设计要求进行多方询价，从中选取性价比高的报价。因此，概算人员要了解市场、熟悉市场，履行询价制度，积累有关设备价格资料并跟踪价格变化，把好估价关。

4. 提高自身业务素质

（1）项目的建设是一项系统性的工作，牵涉面广，设计专业多，反映到设计概算上就表现为费用内容多、项目杂。碰到大型建设项目且编制周期紧迫，造价人员就不可能单独完成，也不可能面面俱到。因此要加强专业内部的协调。首先要统一思路，专业负责人要对项目的总体概况，资金情况、编制依据、设计内容及其他需要说明的问题做出书面报告，并阐述清楚。其次对设计专业交叉的内容要加强衔接和统一，避免费用的重复或漏项导致概算投资的不准确。最后要结合概算的审查完善和调整设计概算，以完整地反映工程项目初步设计的内容。

（2）要不断提高造人员素质，工程造价各个环节的具体控制说到底还在于专业技术人员素质的提高。造价人员在工程造价控制中责任重大，思想素质和技术素质要不断提高。

1）要树立为国家为建设业主服务的宗旨，认真贯彻执行国家的建设方针政策及有关法规和规定，坚持科学态度、严格谨慎和实事求是的工作作风。

2）熟练准确掌握工程造价有关定额和标准，依法合理确定工程造价，把工作成果和提供的各项数据与维护国家和建设业主与建设者合法利益紧密联系起来。

3）要学习新的专业知识，更新旧知识，灵活掌握市场经济造价信息，不断提高自身的专业知识。

5. 经验总结

（1）加强设计人与概算编制人的交流与沟通，搞清楚图纸上交代不清的地方。

（2）提高概算编制人的素质，多深入实际，丰富自己的头脑，多了解设计和施工。

（3）概算人员应该加强自己的责任心，对完成的文件应该自审，尽量避免少算、误算、多算的现象，同时设计单位应该投入一定的人力进行严格的审核、审定。

（4）工程设计阶段做好招标工作。在设计招标工作中，不仅方案设计阶段通过招标完成，而且对技术设计和施工图设计也应引入竞争机制，使每个设计阶段均通过竞争完成。这样，会使设计单位在每一个细节上精益求精，通过技术经济比较，力求选择在技术先进条件下经济合理，在经济合理条件下确保技术先进，以最少的投入创造最大经济效益的设计投标单位为中标单位。项目业主单位也应该监督和力促中标单位，避免低价中标单位对设计不够重视而引发的一系列问题。

（5）设计阶段加强限额设计管理：限额设计是建设项目投资控制系统中的一项关键措施。所谓限额设计就是按照项目可行性研究报告批准的投资估算额进行初步设计，按照初步设计概算造价限额进行施工图设计，按施工图预算造价对施工图设计的各个专业设计文件做出决策。设计单位应该在做好投资估算编制同时，也应该考虑好与概算编制相结合与统一的问题，做到投资估算控制概算的效果。加强限额设计管理，使投资估算、设计概算真正起到控制投资的作用。在设计中，要使设计与概算形成有机的整体，避免相互脱节，防止漏项少算，为下一步的施工图设计提供依据，以保证限额设计工作的顺利开展。在初步设计阶段，各专业设计人员应掌握设计任务书的设计原则、建设方针、各项经济指标，搞好关键设备、工艺流程、总图方案的比选，把初步设计造价严格控制在限额内。

（6）设计阶段严格控制设计变更。每一个项目建设都会发生设计变更，但有些设计变更是完全可以避免的，这些也是要有一些前提条件的。由于一些市政建设项目当地主管部门要求很急，而留给设计单位设计的时间很少，设计单位前期准备工作不到位，设计人员积极性也不是很高，实地踏勘没有起到效果，从而严重影响了造价的可靠性程度。例如，设计人员在设计市政管网时，一条直线拉到头，或者是沿着道路走，管网选材没有结合实际情况进行经济技术综合比较，而选用常规管材，这类情况如果结合当地实际地面现状和当地实际操作经验应该可以减少甚至避免设计变更的。如果设计工程师在设计周期内将这些因素考虑周全，造价的大幅度变更就会得到控制，避免国家资金流失，同时改变设计跟着施工走的被动局面，使项目建设全过程有条不紊，使项目投资得到最好的落实，从而获得最大的回报。

第十章 工程项目投资概算编制的指标及其分析

概算指标是以每 $100m^2$ 建筑面积、每 $1000m^3$ 建筑体积或每座构筑物为计量单位，规定人工、材料、机械及造价的定额指标。

概算指标是概算定额的扩大与合并，它是以整个房屋或构筑物为对象，以更为扩大的计量单位来编制的，也包括劳动力、材料和机械台班定额三个基本部分。同时，还列出了各结构分部的工程量及单位工程（以体积计或以面积计）的造价。例如，每 $1000m^3$ 房屋或构筑物、每 $1000m$ 管道或道路、每座小型独立构筑物所需要的劳动力、材料和机械台班的消耗数量等。

概算指标的作用与概算定额类似，在设计深度不够的情况下，往往用概算指标来编制初步设计概算。

因为概算指标比概算定额进一步扩大与综合，所以依据概算指标来估算投资就更为简便，但精确度也随之降低。

由于各种性质建设工程项目所需要的劳动力、材料和机械台班的数量不同，概算指标通常按工业建筑和民用建筑分别编制。工业建筑中又按各工业部门类别、企业大小、车间结构编制，民用建筑中又按用途性质、建筑层高、结构类别编制。

单位工程概算指标，一般选择常见的工业建筑的辅助车间（如机修车间、金工车间、装配车间、锅炉房、变电站、空压机房、成品仓库、危险品仓库等）和一般民用建筑项目（如工房、单身宿舍、办公楼、教学楼、浴室、门卫室等）为编制对象，根据设计图纸和现行的概算定额等，测算出每 $100m^2$ 建筑面积或每 $1000m^3$ 建筑体积所需的人工、主要材料、机械台班的消耗量指标和相应的费用指标等。

概算指标的组成内容一般分为文字说明、指标列表和附录等几部分。

（1）文字说明部分。概算指标的文字说明，其内容通常包括概算指标的编制范围、编制依据、分册情况、指标包括的内容、指标未包括的内容、指标的使用范围、指标允许调整的范围及调整方法等。

（2）列表形式部分。建筑工程的列表形式中，房屋建筑、构筑物一般以建筑面积 $100m^2$、建筑体积 $1000m^3$、"座""个"等为计量单位，附以必要的示意图，给出建筑物的轮廓示意或单线平面图；列有自然条件、建筑物类型、结构形式、各部位中结构的主要特点、主要工程量；列出综合指标：人工、主要材料、机械台班的消耗量。建筑工程的列表形式中，设备以"吨"或"台"为计量单位，也有以设备购置费或设备的百分比表示；列出指标编号、项目名称、规格、综合指标等。

一、单位工程概算的编制方法

单位工程概算分建筑工程概算和设备及安装工程概算两大类。建筑工程概算的编制方法有概算定额法、概算指标法、类似工程预算法；设备及安装工程概算的编制方法有预算单价法、扩大单价法、设备价值百分比法和综合吨位指标法等。

1. 单位建筑工程概算编制方法

（1）概算定额法。概算定额法又叫扩大单价法或扩大结构定额法。它与利用预算定额编制单位建筑工程施工图预算的方法基本相同。其不同之处在于编制概算所采用的依据是概算定额，所采用的工程量计算规则是概算工程量计算规则。该方法要求初步设计达到一定深度，建筑结构比较明确时方可采用。

利用概算定额法编制设计概算的具体步骤如下。

1）按照概算定额分部分项顺序，列出各分项工程的名称。工程量计算应按概算定额中规定的工程量计算规则进行，并将计算所得各分项工程量按概算定额编号顺序，填入工程概算表内。

2）确定各分部分项工程项目的概算定额单价（基价）。工程量计算完毕后，逐项套用相应概算定额单价和人工、材料消耗指标，然后分别将其填入工程概算表和工料分析表中。如遇设计图中的分项工程项目名称、内容与采用的概算定额手册中相应的项目有某些不相符时，则按规定对定额进行换算后方可套用。

有些地区根据地区人工工资、物价水平和概算定额编制了与概算定额配合使用的扩大单位估价表，该表确定了概算定额中各扩大分部分项工程或扩大结构构件所需的全部人工费、材料费、机械台班使用费之和，即概算定额单价。在采用概算定额法编制概算时，可以将计算出的扩大分部分项工程的工程量，乘以扩大单位估价表中的概算定额单价进行人、料、机费用的计算。概算定额单价的计算公式为

$$概算定额单价 = 概算定额人工费 + 概算定额材料费$$
$$+ 概算定额机械台班使用费$$
$$= \sum (概算定额中人工消耗量 \times 人工单价)$$
$$+ \sum (概算定额中材料消耗量 \times 材料预算单价)$$
$$+ \sum (概算定额中机械台班消耗量 \times 机械台班单价)$$

3）计算单位工程的人、料、机费用。将已算出的各分部分项工程项目的工程量分别乘以概算定额单价、单位人工、材料消耗指标，即可得出各分项工程的人、料、机费用和人工、材料消耗量。再汇总各分项工程的人、料、机费用及人工、材料消耗量，即可得到该单位工程的人、料、机费用和工料总消耗量。如果有规定地区的人工、材料价差调整指标，计算人、料、机费用时，按规定的调整系数或其他调整方法进行调整计算。

4）根据人、料、机费用，结合其他各项取费标准，分别计算企业管理费、利润、规费和税金。

5）计算单位工程概算造价，其计算公式为

$$单位工程概算造价 = 人、料、机费用 + 企业管理费 + 利润 + 规费 + 税金$$

概算定额编制单位工程概算示例如下。

【**例 10 - 1**】　某市拟建一座 $7560 m^2$ 教学楼，请按给出的工程量和扩大单价表（见表 10 - 1）编制出该教学楼土建工程设计概算造价和平方米造价（见表 10 - 2）。按有关规

定标准计算得到措施费为 438 000 元，各项费率分别为：措施费费率为 4%，间接费费率为 5%，利润率为 7%，综合税率为 3.413%（以直接费为计算基础）。

表 10 - 1　　　　　　　　　　　某教学楼土建工程量和扩大单价

分部工程名称	单位	工程量	扩大单价（元）
基础工程	10m³	160	2500
混凝土及钢筋混凝土	10m³	150	6800
砌筑工程	10m³	280	3300
地面工程	100m²	40	1100
楼面工程	100m²	90	1800
卷材屋面	100m²	40	4500
门窗工程	100m²	35	5600
脚手架	100m²	180	600

表 10 - 2　　　　　　　　　某教学楼土建工程设计概算造价及平方米造价

序号	分部工程或费用名称	单位	工程量	单价（元）	合价（元）
1	基础工程	10m³	160	2500	400 000
2	混凝土及钢筋混凝土	10m³	150	6800	1 020 000
3	砌筑工程	10m³	280	3300	9 274 000
4	地面工程	100m²	40	1100	44 000
5	楼面工程	100m²	90	1800	162 000
6	卷材屋面	100m²	40	4500	180 000
7	门窗工程	100m²	35	5600	196 000
8	脚手架	100m²	180	600	10 8000
A	直接费工程小计	以上 8 项之和			3 034 000
B	措施费				438 000
C	直接费小计	A+B			3 472 000
D	间接费	C×5%			173 600
E	利润	(C+D)×7%			255 192
F	税金	(C+D+E)×3.413%			133 134
	概算造价	C+D+E+F			4 033 926
	平方米造价	4 033 926/7560			533.6

【例 10 - 2】 采用概算定额法编制的某楼土建单位工程概算书具体见表10 - 3。

表 10 - 3　　　　某中心医院急救中心病原实验楼土建单位工程概算书

工程定额编号	工程费用名称	计量单位	工程量	金额（元）	
				概算定额基价	合价
3-1	实心砖基础（含土方工程）	10m³	19.60	1722.55	33 761.98
3-27	多孔砖外墙	100m²	20.78	4048.42	84 126.17
3-29	多孔砖内墙	100m²	21.45	5021.47	107 710.53
4-21	无筋混凝土带基	m³	521.16	566.74	295 362.22
4-33	现浇混凝土矩形梁	m³	637.23	984.22	627 174.51
……	……	……	……		
（一）	项目人、料、机费用小计	元			7 893 244.79
（二）	项目定额人工费	元			1 973 311.20
（三）	企业管理费(一)×5%	元			394 662.24
（四）	利润[(一)+(三)]×8%	元			663 032.56
（五）	规费[(二)×38%]	元			749 858.26
（六）	税金[(一)+(三)+(四)+(五)]×3.41%	元			330 797.21
（七）	造价总计[(一)+(三)+(四)+(五)+(六)]	元			10 031 595.06

（2）概算指标法。当初步设计深度不够，不能准确地计算工程量，但工程设计采用的技术比较成熟而又有类似工程概算指标可以利用时，可以采用概算指标法编制工程概算。概算指标法将拟建厂房、住宅的建筑面积或体积乘以技术条件相同或基本相同的概算指标而得出人、料、机费用，然后按规定计算出企业管理费、利润、规费和税金等。概算指标法计算精度较低，但由于其编制速度快，因此对一般附属、辅助和服务工程等项目，以及住宅和文化福利工程项目或投资比较小、比较简单的工程项目投资概算有一定实用价值。

1）拟建工程结构特征与概算指标相同时的计算。在使用概算指标法时，如果拟建工程在建设地点、结构特征、地质及自然条件、建筑面积等方面与概算指标相同或相近，就可直接套用概算指标编制概算。根据选用的概算指标的内容，可选用两种套算方法。

一种方法是以指标中所规定的工程每 1m² 或 1m³ 的人、料、机费用单价，乘以拟建单位工程建筑面积或体积，得出单位工程的人、料、机费用，再计算其他费用，即可求出单位工程的概算造价。人、料、机费用计算公式为

人、料、机费用＝概算指标每 $1m^2$（$1m^3$）人、料、机费用单价×拟建工程建筑面积（体积）

这种简化方法的计算结果参照的是概算指标编制时期的价格标准，未考虑拟建工程建设时期与概算指标编制时期的价差，所以在计算人、料、机费用后还应用物价指数另行调整。

另一种方法是以概算指标中规定的每 $100m^2$ 建筑物面积（或 $1000m^3$ 建筑物体积）所耗人工工日数、主要材料数量为依据，首先计算拟建工程人工、主要材料消耗量，再计算人、料、机费用，并取费。在概算指标中，一般规定了每 $100m^2$ 建筑物面积（或 $1000m^3$ 建筑物体积）所耗工日数、主要材料数量，通过套用拟建地区当时的人工工资单价和主材预算价格，便可得到每 $100m^2$ 建筑物面积（或 $1000m^3$ 建筑物体积）所耗人工费和主材费而无须再作价差调整。计算公式为

每 $100m^2$ 建筑物面积的人工费＝指标规定的工日数×本地区人工工日单价

每 $100m^2$ 建筑物面积的主要材料费＝$\sum$（指标规定的主要材料数量×地区材料预算单价）

每 $100m^2$ 建筑物面积的其他材料费＝主要材料费×其他材料费占主要材料费的百分比

每 $100m^2$ 建筑物面积的机械使用费＝（人工费＋主要材料费＋其他材料费）×机械使用费所占百分比

每 $1m^2$ 建筑面积的人、料、机费用＝（人工费＋主要材料费＋其他材料费＋机械使用费）/100

根据人、料、机费用，结合其他各项取费方法，分别计算企业管理费、利润、规费和税金，得到每 $1m^2$ 建筑面积的概算单价，乘以拟建单位工程的建筑面积，即可得到单位工程概算造价。

2）拟建工程结构特征与概算指标有局部差异时的调整。

由于拟建工程往往与类似工程的概算指标的技术条件不尽相同，而且概算编制年份的设备、材料、人工等价格与拟建工程当时当地的价格也会不同，在实际工作中，还经常会遇到拟建对象的结构特征与概算指标中规定的结构特征有局部不同的情况，因此必须对概算指标进行调整后方可套用。调整方法如下所述。

第一种方法：调整概算指标中的每 $1m^2$（$1m^3$）造价。

当设计对象的结构特征与概算指标有局部差异时需要进行这种调整。这种调整方法是将原概算指标中的单位造价进行调整（仍使用人、料、机费用指标），扣除每 $1m^2$（$1m^3$）原概算指标中与拟建工程结构不同部分的造价，增加每 $1m^2$（$1m^3$）拟建工程与概算指标结构不同部分的造价，使其成为与拟建工程结构相同的工程单位人、料、机费用造价。计算公式为

$$结构变化修正概算指标（元/m^2）＝J＋Q_1P_1－Q_2P_2$$

式中　J——原概算指标；

　Q_1——概算指标中换入结构的工程量；

Q_2——概算指标中换出结构的工程量；

P_1——换入结构的人、料、机费用单价；

P_2——换出结构的人、料、机费用单价。

则拟建单位工程的人、料、机费用为

人、料、机费用＝修正后的概算指标×拟建工程建筑面积（或体积）

求出人、料、机费用后，再按照规定的取费方法计算其他费用，最终得到单位工程概算价值。

第二种方法：调整概算指标中的工、料、机数量。

这种方法是将原概算指标中每 $100m^2$ 建筑面积（$1000m^3$ 建筑体积）中的工、料、机数量进行调整，扣除原概算指标中与拟建工程结构不同部分的工、料、机消耗量，增加拟建工程与概算指标结构不同部分的工、料、机消耗量，使其成为与拟建工程结构相同的每 $100m^2$ 建筑面积（$1000m^3$ 建筑体积）工、料、机数量。计算公式为

结构变化修正概算指标的工、料、机数量＝原概算指标的工、料、机数量＋换入结构件工程量×相应定额工、料、机消耗量－换出结构件工程量×相应定额工、料、机消耗量

以上两种方法，前者是直接修正概算指标单价，后者是修正概算指标的工、料、机数量。修正之后，方可按上述第一种情况分别套用。

【例10-3】　某市一栋普通办公楼为框架结构 $2700m^2$，建筑工程直接工程费为 378 元/m^2，其中：毛石基础为 39 元/m^2，而今拟建一栋办公楼 $3000m^2$，采用钢筋混凝土结构，带型基础造价为 51 元/m^2，其他结构相同。试计算拟建新办公室建筑工程直接工程费造价。

解　　　　调整后的概算指标（元/m^2）＝37 839＋51＝390（元/m^2）

拟建新办公楼建筑工程直接工程费＝3000×390＝1 170 000（元）

然后按上述概算定额法计算程序和方法，计算出措施费、间接费、利润和税金，便可求出新建办公楼的建筑工程造价。

【例10-4】　某新建住宅的建筑面积为 $4000m^2$，按概算指标和地区材料预算价格等算出一般土建工程单位造价为 680.00 元/m^2（其中人、料、机费用为 480.00 元/m^2），采暖工程 34.00 元/m^2，给排水工程 38.00 元/m^2，照明工程 32.00 元/m^2。按照当地造价管理部门规定，企业管理费费率为 8%，利润率为 7%，按人、料、机费用计算的规费费率为 15%，税率为 3.4%。但新建住宅的设计资料与概算指标相比较，其结构构件有部分变更，设计资料表明外墙为 1 砖半外墙，而概算指标中外墙为 1 砖外墙，根据当地土建工程预算定额，外墙带形毛石基础的预算单价为 150 元/m^3，1 砖外墙的预算单价为 176 元/m^3，1 砖半外墙的预算单价为 178 元/m^3；概算指标中每 $100m^2$ 建筑面积中含外墙带型毛石基础为 $18m^3$，1 砖外墙为 $46.5m^3$，新建工程设计资料表明，每 $100m^2$ 建筑面积中含外墙带型毛石基础为 $19.6m^3$，1 砖半外墙为 $61.2m^3$。

请计算调整后的概算单价和新建宿舍的概算造价。

解　对土建工程中结构构件的变更和单价调整过程见表 10-4。

表 10 - 4　　　　　　　　　　　土建工程概算指标调整表

序号	结　构　名　称	单位	数量 （每 100m² 含量）	单价	合价 （元）
1	土建工程单位人、料、机费用造价换出部分： 　外墙带型毛石基础 　1 砖外墙 　　合计	 m³ m³ 元	 18.00 46.50	 150.00 177.00	480.00 2700.00 8230.50 10 930.50
2	换入部分： 　外墙带型毛石基础 　1 砖半外墙 　　合计	 m³ m³ 元	 19.60 61.20	 150.00 178.00	 2940.00 10 893.60 13 833.60
	结构变化修正指标		480.00－10 930.50/100＋13 833.60/100＝509.00（元）		

以上计算结果为人、料、机费用单价，需取费得到修正后的土建单位工程造价，即

$$509.00×(1+8\%)×(1+15\%)×(1+7\%)×(1+3.4\%)=699.43(元/m^2)$$

其余工程单位造价不变，因此经过调整后的概算单价为

$$699.43+34.00+38.00+32.00=803.43(元/m^2)$$

新建宿舍楼概算造价为

$$803.43×4000=3\ 213\ 720(元)$$

（3）类似工程预算法。类似工程预算法是利用技术条件与设计对象相类似的已完工程或在建工程的工程造价资料来编制拟建工程设计概算的方法。该方法适用于拟建工程初步设计与已完工程或在建工程的设计相类似且没有可用的概算指标的情况，但必须对建筑结构差异和价差进行调整。

2. 设备及安装工程概算编制方法

设备及安装工程概算费用由设备购置费和安装工程费组成。

（1）设备购置费概算。设备购置费是指为项目建设而购置或自制的达到固定资产标准的设备、工器具、交通运输设备、生产家具等及其运杂费用。

设备购置费由设备原价和运杂费两项组成。设备购置费是根据初步设计的设备清单计算出设备原价，并汇总求出设备总价，然后按有关规定的设备运杂费率乘以设备总价，两项相加即为设备购置费概算，计算公式为

$$设备购置费概算 = \sum（设备清单中的设备数量×设备原价）×(1+运杂费率)$$

或

$$设备购置费概算 = \sum（设备清单中的设备数量×设备预算价格）$$

国产标准设备原价可根据设备型号、规格、性能、材质、数量及附带的配件，向制造厂家询价或向设备、材料信息部门查询或按主管部门规定的现行价格逐项计算。

国产非标准设备原价在编制设计概算时可以根据非标准设备的类别、重量、性能、材质等情况，以每台设备规定的估价指标计算原价，也可以以某类设备所规定吨重估价指标计算。

工具、器具及生产家具购置费一般以设备购置费为计算基数，按照部门或行业规定的工具、器具及生产家具费率计算。

（2）设备安装工程概算的编制方法。设备安装工程费包括用于设备、工器具、交通运输设备、生产家具等的组装和安装，以及配套工程安装而发生的全部费用。

1）预算单价法。当初步设计有详细设备清单时，可直接按预算单价（预算定额单价）编制设备安装工程概算。根据计算的设备安装工程量，乘以安装工程预算单价，经汇总求得。

用预算单价法编制概算，计算比较具体，精确性较高。

2）扩大单价法。当初步设计的设备清单不完备，或仅有成套设备的重量时，可采用主体设备、成套设备或工艺线的综合扩大安装单价编制概算。

3）概算指标法。当初步设计的设备清单不完备，或安装预算单价及扩大综合单价不全，无法采用预算单价法和扩大单价法时，可采用概算指标编制概算。概算指标形式较多，概括起来主要可按以下几种指标进行计算。

第一，按占设备价值的百分比（安装费率）的概算指标计算。

$$设备安装费＝设备原价×设备安装费率$$

第二，按每吨设备安装费的概算指标计算。

$$设备安装费＝设备总吨数×每吨设备安装费(元/t)$$

第三，按座、台、套、组、根或功率等为计量单位的概算指标计算。如工业炉，按每台安装费指标计算；冷水箱，按每组安装费指标计算安装费等。

第四，按设备安装工程每 $1m^2$ 建筑面积的概算指标计算。设备安装工程有时可按不同的专业内容（如通风、动力、管道等）采用每 $1m^2$ 建筑面积的安装费用概算指标计算安装费。

二、单项工程综合概算的编制

单项工程综合概算是以其所包含的建筑工程概算表和设备及安装工程概算表为基础汇总编制的。当建设工程项目只有一个单项工程时，单项工程综合概算（实为总概算）还应包括工程建设其他费用概算（含建设期利息、预备费和固定资产投资方向调节税）。

单项工程综合概算文件一般包括编制说明和综合概算表两部分。

1. 编制说明

主要包括编制依据、编制方法、主要设备和材料的数量及其他有关问题。

2. 综合概算表

综合概算表是根据单项工程所辖范围内的各单位工程概算等基础资料，按照国家规定的统一表格进行编制。综合概算表见表10-5。

表 10 - 5　　　　　　　　　　　　　　综 合 概 算 表

建设工程项目名称：×××

单项工程名称：×××　　　　　　　　　　　　　　　　　　　　　　　概算价值：×××元

序号	综合概算编号	工程或费用名称	概算价值（万元）						技术经济指标			占投资总额（%）	备注
			建筑工程费	安装工程费	设备购置费	工器具及生产家具购置费	其他费用	合计	单位	数量	单位价值（元）		
1	2	3	4	5	6	7	8	9	10	11	12	13	14
		一、建筑工程											
1	6 - 1	土建工程											
2	6 - 2	给水工程											
3	6 - 3	排水工程											
4	6 - 4	采暖工程											
5	6 - 5	电气照明工程											
		……											
		小计											
		二、设备及安装工程											
6	6 - 6	机械设备及安装工程											
7	6 - 7	电气设备及安装工程											
8	6 - 8	热力设备及安装工程											
		小计											
9	6 - 9	三、工器具及生产家具购置费											
		总计											

审核：　　　　　　核对：　　　　　　编制：　　　　　　年　月　日

三、建设工程项目总概算的编制

总概算是以整个建设工程项目为对象，确定项目从立项开始，到竣工交付使用整个过程的全部建设费用的文件。

1. 总概算书的内容

建设项目总概算是设计文件的重要组成部分。它由各单项工程综合概算、工程建设其他费用、建设期利息、预备费和经营性项目的铺底流动资金组成，并按主管部门规定的统一表格编制而成。

设计概算文件一般应包括以下 7 部分。

（1）封面、签署页及目录。

（2）编制说明。编制说明应包括下列内容。

1）工程概况。简述建设项目性质、特点、生产规模、建设周期、建设地点等主要情况。对于引进项目要说明引进内容及与国内配套工程等主要情况。

2）资金来源及投资方式。

3）编制依据及编制原则。

4）编制方法。说明设计概算是采用概算定额法，还是采用概算指标法等。

5）投资分析。主要分析各项投资的比重、各专业投资的比重等经济指标。

6）其他需要说明的问题。

（3）总概算表。总概算表应反映静态投资和动态投资两个部分。静态投资是按设计概算编制期价格、费率、利率、汇率等因素确定的投资；动态投资则是指概算编制期到竣工验收前的工程和价格变化等多种因素所需的投资。

（4）工程建设其他费用概算表。工程建设其他费用概算按国家或地区或部委所规定的项目和标准确定，并按统一表式编制。

（5）单项工程综合概算表。

（6）单位工程概算表。

（7）附录：补充估价表。

2. 总概算表的编制方法

将各单项工程综合概算及其他工程和费用概算等汇总即为建设工程项目总概算。总概算由以下 4 部分组成：①工程费用；②其他费用；③预备费；④应列入项目概算总投资的其他费用，包括建设期利息和铺底流动资金。

编制总概算表的基本步骤如下。

（1）按总概算组成的顺序和各项费用的性质，将各个单项工程综合概算及其他工程和费用概算汇总列入总概算表，见表 10 - 6。

表 10 - 6　　　　　　　　　　　建 设 工 程 总 概 算 表

建设工程项目：

总概算价值：　　　　　　　　　　　其中回收金额：

序号	综合概算编号	工程或费用名称	概算价值（万元）						技术经济指标			占投资总额（%）	备注
			建筑工程费	安装工程费	设备购置费	工器具及生产家具购置费	其他费用	合计	单位	数量	单位价值（元）		
1	2	3	4	5	6	7	8	9	10	11	12	13	14
1 2		第一部分工程费用 一、主要生产工程项目 ×××厂房 ×××厂房 …… 小计											
3 4		二、辅助生产项目 机修车间 木工车间 …… 小计											

序号	综合概算编号	工程或费用名称	概算价值（万元）						技术经济指标			占投资总额（％）	备注
			建筑工程费	安装工程费	设备购置费	工器具及生产家具购置费	其他费用	合计	单位	数量	单位价值（元）		
1	2	3	4	5	6	7	8	9	10	11	12	13	14
5		三、公用设施工程项目 　变电所											
6		锅炉房											
		…… 　小计											
7		四、生活、福利、文化教育及服务项目 　职工住宅											
8		办公楼											
		…… 　小计											
		第一部分工程费用合计											
9		第二部分其他工程和费用项目 　土地使用费											
10		勘察设计费											
		…… 　第二部分其他工程和费用合计											
		第一、二部分工程费用总计											
11		预备费											
12		建设期利息											
13		铺底流动资金											
14		总概算价值											
15		其中：回收金额											
16		投资比例（％）											

审核：　　　　　　核对：　　　　　　编制：　　　　　　　　年　月　日

（2）将工程项目和费用名称及各项数值填入相应各栏内，然后按各栏分别汇总。

（3）以汇总后总额为基础，按取费标准计算预备费用、建设期利息、固定资产投资方向调节税、铺底流动资金。

（4）计算回收金额。回收金额是指在整个基本建设过程中所获得的各种收入。如原有房屋拆除所回收的材料和旧设备等的变现收入；试车收入大于支出部分的价值等。回收金额的计算方法，应按地区主管部门的规定执行。

（5）计算总概算价值。

总概算价值＝工程费用＋其他费用＋预备费＋建设期利息＋铺底流动资金－回收金额

（6）计算技术经济指标。整个项目的技术经济指标应选择有代表性和能说明投资效果的指标填列。

（7）投资分析。为对基本建设投资分配、构成等情况进行分析，应在总概算表中计算出各项工程和费用投资占总投资比例，在表 10 - 6 的末栏计算出每项费用的投资占总投资的比例。

第十一章 工程项目投资概算的审核

一、工程项目投资概算审核的必要性

项目投资控制是一个全过程的控制，同时又是一个动态的控制过程。从项目投资各阶段的作用和特点可以看出，只有设计概算比较全面、准确地反映整个工程建设的费用，才能使投资者真正做到"心中有数"。因此，在实际工作中，应该对设计单位编制的项目投资概算进行严格审核，对审核出问题的概算进行补充、调整和完善，使批准后的概算真正符合项目的实际情况，从而避免高估冒算或漏项少算的现象发生，使整个工程建设能够按照概算数进行控制，使建设项目达到预期的目标。可以看出，无论谁作为投资主体，都应该把设计概算作为控制投资的重要依据，而不能忽视这一重要环节，更不能将其作为"额外负担"。

从目前实际情况来看，加强政府投资项目设计概算审核是非常必要的。

（1）应严格要求设计单位根据拟建项目的实际情况编制设计概算。

（2）应建立严密有效的设计概算审核体系，通过对设计概算的审核，防止任意扩大投资或出现漏项少算等现象，减小概算与预算之间的差距，使设计概算能全面、准确地反映整个工程建设造价，进而使建设单位能根据设计概算合理筹措和安排资金，并根据设计概算与实际情况的差异，及时调整项目的建设内容，提高建设项目投资效益。

（3）建立动态控制机制。在项目设计概算批复后，在项目实施的过程中，严格按概算批复数额控制项目投资，不仅要控制总投资额，对概算中具体子项的重大调整也应建立相应的申报审批制度。

二、工程项目投资概算审核的意义及作用

（1）审核设计概算有助于促进概算编制人员严格执行国家有关概算的编制规定和费用标准，提高概算的编制质量。

（2）审核设计概算有利于合理分配投资资金、加强投资计划管理。设计概算编制得偏高或偏低，都会影响投资计划的真实性，影响投资资金的合理分配。进行设计概算审查是遵循客观经济规律的需要，通过审查可以提高投资的准确性与合理性。

（3）审核设计概算，有利于核定建设项目的投资规模，可以使建设项目总投资力求做到准确、完整，防止任意扩大投资规模或出现漏项，从而减少投资缺口、缩小概算与预算之间的差距，避免故意压低概算投资，搞"钓鱼"项目，最后导致实际造价大幅度地突破概算。

（4）审核设计概算，有助于促进设计的技术先进性与经济合理性的统一。概算中的技术经济指标，是概算水平的综合反映，合理、准确的设计概算是技术经济协调统一的具体体现，与同类工程对比，便可看出它的先进与合理程度。

（5）经审核的概算，有利于为建设项目投资的落实提供可靠的依据。打足投资，不留

缺口，有助于提高建设工程项目的投资效益。

三、工程项目投资概算审核要求

建设工程项目概算的评审包括以下内容：

（1）项目概算评审包括对项目建设程序、建筑安装工程概算、设备投资概算、待摊投资概算和其他投资概算等的评审。

（2）项目概算应由项目建设单位提供，项目建设单位委托其他单位编制项目概算的，由项目单位确认后报送评审机构进行评审。项目建设单位没有编制项目概算的，评审机构应督促项目建设单位尽快编制。

（3）项目建设程序评审包括对项目立项、项目可行性研究报告、项目初步设计概算、项目征地拆迁及开工报告等批准文件的程序性评审。

（4）建筑安装工程概算评审包括对工程量计算、概算定额选用、取费及材料价格等进行评审。

1）工程量计算的评审包括：审查工程量计算规则的选用是否正确；审查工程量的计算是否存在重复计算现象；审查工程量汇总计算是否正确；审查施工图设计中是否存在擅自扩大建设规模、提高建设标准等现象。

2）定额套用、取费和材料价格的评审包括：审查是否存在高套、错套定额现象；审查是否按照有关规定计取企业管理费、规费及税金；审查材料价格的计取是否正确。

（5）设备投资概算评审，主要对设备型号、规格、数量及价格进行评审。

（6）待摊投资概算和其他投资概算的评审，主要对项目概算中除建筑安装工程概算、设备投资概算之外的项目概算投资进行评审。评审内容包括以下两个方面。

1）建设单位管理费、勘察设计费、监理费、研究试验费、招投标费、贷款利息等待摊投资概算，按国家规定的标准和范围等进行评审；对土地使用权费用概算进行评审时，应在核定用地数量的基础上，区别土地使用权的不同取得方式进行评审。

2）其他投资的评审，主要评审项目建设单位按概算内容发生并构成基本建设实际支出的房屋购置和基本禽畜、林木等购置、饲养、培育支出以及取得各种无形资产和其他资产等发生的支出。

（7）部分项目发生的特殊费用，应视项目建设的具体情况和有关部门的批复意见进行评审。

（8）对已招投标或已签订相关合同的项目进行概算评审时，应对招投标文件、过程和相关合同的合法性进行评审，并据此核定项目概算。对已开工的项目进行概算评审时，应对截至评审日的项目建设实施情况，分别按已完、在建和未建工程进行评审。

（9）概算评审时需要对项目投资进行细化、分类，按财政细化基本建设投资项目概算的有关规定进行评审。

四、工程项目投资概算审核的内容

1. 审核性概算的编制依据

（1）合法性审查。采用的各种编制依据必须经过国家或授权机关的批准，符合国家的编制规定。未经过批准的不得采用，不得强调特殊理由擅自提高费用标准。

（2）时效性审核。对定额、指标、价格、取费标准等各种依据，都应根据国家有关部门的现行规定执行。对颁发时间较长、已不能全部适用的应按有关部门规定的调整系数执行。

（3）适用范围审核。各主管部门、各地区规定的各种定额及其取费标准均有其各自的适用范围，特别是各地区间的材料预算价格区域性差别较大，在审查时应给予高度重视。

2. 审核投资概算编制深度

（1）审查编制说明。审查编制说明可以检查概算的编制方法、深度和编制依据等重大原则问题，若编制说明有差错，具体概算必有差错。

（2）审查概算编制的完整性。一般大中型项目的设计概算，应有完整的编制说明和"三级概算"（即总概算表、单项工程综合概算表、单位工程概算表），并按有关规定的深度进行编制。审查是否有符合规定的"三级概算"，各级概算的编制、核对、审核是否按规定签署，有无随意简化，有无把"三级概算"简化为"二级概算"，甚至"一级概算"。

（3）审查概算的编制范围。审概算编制范围及具体内容是否与主管部门批准的建设项目范围及具体工程内容一致；审查分期建设项目的建筑范围及具体工程内容有无重复交叉，是否重复计算或漏算；审查其他费用应列的项目是否符合规定、静态投资、动态投资和经营性项目铺底流动资金是否分别列出等。

3. 审核工程概算的内容

（1）审核概算的编制是否符合党的方针、政策，是否是根据工程所在地的自然条件的编制。

（2）审查建设规模（投资规模、生产能力等）、建设标准（用地指标、建筑标准等）、配套工程、设计定员等是否符合原批准的可行性研究报告或立项批文的标准。

（3）审核编制方法、计价依据和程序是否符合现行规定。

（4）审核工程量是否正确。

（5）审核材料用量和价格。

（6）审核设备规格、数量和配置是否符合设计要求，是否与设备清单相一致，设备预算价格是否真实，设备原价和运杂费的计算是否正确，非标准设备原价的计价方法是否符合规定，进口设备的各项费用的组成及其计算程序、方法是否符合国家主管部门的规定。

（7）审核建筑安装工程的各项费用的计取是否符合国家或地方有关部门的现行规定，计算程序和取费标准是否正确。

（8）审核综合概算、总概算的编制内容、方法是否符合现行规定和设计文件的要求，有无设计文件外项目，有无将非生产性项目以生产性项目列入。

（9）审核总概算文件的组成内容，是否完整地包括了建设项目从筹建到竣工投产为止的全部费用组成。

（10）审核工程建设其他各项费用。

（11）审核项目的"三废"治理。

（12）审核技术经济指标。

（13）审核投资经济效果。

4. 按构成审核

（1）单位工程设计概算构成的审查。

1）建筑工程概算的审查。建筑工程概算的审查包括以下 4 个方面。

工程量审查。根据初步设计图纸、概算定额、工程量计算规则的要求进行审查。

采用的定额或指标的审查。审查定额或指标的使用范围、定额基价、指标的调整、定额或指标缺项的补充等。其中，审查补充的定额或指标时，其项目划分、内容组成、编制原则等须与现行定额水平相一致。

材料预算价格的审查。以耗用量最大的主要材料作为审查的重点，同时着重审查材料原价、运输费用及节约材料运输费用的措施。

各项费用的审查。审查各项费用所包含的具体内容是否重复计算或遗漏、取费标准是否符合国家有关部门或地方规定的标准。

2）设备及安装工程概算的审查。设备及安装工程概算审查的重点是设备清单与安装费用的计算。

标准设备原价，应根据设备被管辖的范围，审查各级规定的价格标准。

非标准设备原价，除审查价格的估算依据、估算方法外还要分析研究非标准设备估价准确度的有关因素及价格变动规律。

设备运杂费审查，需注意：①设备运杂费率应按主管部门或省、自治区、直辖市规定的标准执行；②若设备价格中已包括包装费和供销部门手续费时不应重复计算，应相应降低设备运杂费率。

进口设备费用的审查，应根据设备费用各组成部分及国家设备进口、外汇管理、海关、税务等有关部门不同时期的规定进行。

设备安装工程概算的审查，除编制方法、编制依据外，还应注意审查：①采用预算单价或扩大综合单价计算安装费时的各种单价是否合适、工程量计算是否符合规则要求、是否准确无误；②当采用概算指标计算安装费时采用的概算指标是否合理、计算结果是否达到精度要求；③审查所需计算安装费的设备数量及种类是否符合设计要求，避免某些不需安装的设备安装费计入在内。

（2）综合概算和总概算的审查。

1）审查概算的编制是否符合国家经济建设方针、政策的要求，根据当地自然条件、施工条件和影响造价的各种因素，实事求是地确定项目总投资。

2）审查概算的投资规模、生产能力、设计标准、建设用地、建筑面积、主要设备、配套工程、设计定员等是否符合原批准可行性研究报告或立项批文的标准。如概算总投资超过原批准投资估算 10% 以上，应进一步审查超估算的原因。

3）审查其他具体项目：①审查各项技术经济指标是否经济合理；②审查费用项目是否按国家统一规定计列，具体费率或计取标准是否按国家、行业或有关部门规定计算，有无随意列项，有无多列、交叉计列和漏项等。

五、工程项目投资概算审查的方法

（1）对比分析法。对比分析法主要是指通过建设规模、标准与立项批文对比，工程数量与设计图纸对比，综合范围、内容与编制方法、规定对比，各项取费与规定标准对比，材料、人工单价与统一信息对比，技术经济指标与同类工程对比等。通过以上对比分析，容易发现设计概算存在的主要问题和偏差。

（2）查询核实法。查询核实法是对一些关键设备和设施、重要装置、引进工程图纸不全、难以核算的较大投资进行多方查询核对，逐项落实的方法。主要设备的市场价向设备供应部门或招标公司查询核实；重要生产装置、设施向同类企业（工程）查询了解；进口设备价格及有关税费向进出口公司调查落实；复杂的建安工程向同类工程的建设、承包、施工单位征求意见；深度不够或不清楚的问题直接向原概算编制人员、设计者询问。

（3）联合会审法。联合会审前，可先采取多种形式分头审查，包括：设计单位自审，主管、建设、承包单位初审，工程造价咨询公司评审，邀请同行专家预审，审批部门复审等，经层层审查把关后，由有关单位和专家进行联合会审。在会审大会上，由设计单位介绍概算编制情况及有关问题，各有关单位、专家汇报初审及预审意见。然后进行认真分析、讨论，结合对各专业技术方案的审查意见所产生的投资增减，逐一核实原概算出现的问题。经过充分协商，认真听取设计单位意见后，实事求是地处理、调整。

六、工程项目投资概算审核注意事项及改善措施

1. 审核注意事项

（1）首先要充分掌握建设工程的总体概况。每个项目的建设，都有其自身的特点和要求。在进行设计概算审核前，要充分了解建设工程的作用、目的，根据项目的要求，初步掌握工程建设的标准。要了解建设工程的概况，就必须认真阅读设计说明书，充分了解设计意图，必要时需到工程现场实地勘察。

（2）重点加强对建安工程和设备及工器具造价的审核。建安工程和设备及工器具造价是整个建设工程造价的重要组成部分。由于多种原因，设计单位编制的设计概算中该项的错误也比较多，如不按规定套用定额、工程量多算、定额子目错套、漏项较多、安装工程中的设备及材料价格与市场价格偏离等。在审核中，要根据设计文件、图纸及国家有关工程造价的计算方法、定额所包含的工作内容、取费标准等，按不同专业分别进行计算。对图纸标注不清楚的和在设计阶段尚未明确的设备、材料的定位等问题，要及时与建设单位沟通，了解他们的要求，并根据有关部门发布的价格信息及价格调整指数，考虑建设期的价格变动因素等，对设计概算进行调整和修正，使审核后的设计概算尽可能真实地反映设计内容、施工条件和实际价格，也避免设计概算与工程预算严重脱节。

（3）严格按照国家及地方政府有关部门的相关规定计算工程建设其他费用。工程建设其他费用是指从工程筹建起到工程竣工验收交付使用的整个建设期间，除了建安工程费用和设备、工器具购置费以外，为保证工程建设顺利完成和交付后能正常发挥效用而发生的各项费用开支。由于部分设计单位相关从业人员对国家或地方政府有关收费规定不是很清楚，编制的设计概算往往出现漏算、少算，甚至不计工程建设其他费用，或者取费错误、

重复计算的问题也比较多。概算审核中，一定要严格按照国家和地方政府的有关规定计算，既要避免重复计算，又要防止少算、漏算，切实保证项目投资概算的完整、准确。

（4）设计概算应包含整个建设项目的投资。由于种种原因，有些设计单位在初步设计中不考虑某些分项工程的设计，如室外工程、安全监控系统、零星附属工程等，但这些分项又是整个建设项目不可或缺的。由于无设计图纸，所以概算编制人员通常也不将其考虑到总概算中去，无形中造成了概算漏项。为此，在概算审核中，要根据项目要求，将漏项部分计算到总概算中，使审核后的概算能充分反映项目的实际投资状况。

2. 审核改善措施

（1）严格要求设计单位根据拟建工程的实际情况编制好设计概算，同时应当建立起有效的设计概算审核体系，通过对设计概算的审核，防止任意扩大投资或出现漏项少算等，缩小概算与预算之间的差距，使设计概算能全面、准确地反映整个工程建设造价。比如某工程，经概算审核后，发现工程实际设计方案突破规模达 $2829m^2$ （原批复总建设面积为 1.6 万 m^2，送审方案的总建筑面积为 1.882 9 万 m^2），并存在消防、给水、喷淋等单项工程遗漏以及设计考虑不足事项。原概算为 6796 万元，经概算审核，减少到 6077 万元，核减 718 万元。

（2）做好现场踏勘，了解建设工程的概况。每个工程的建设，都有其自身的特点和要求，在进行设计概算审核前，必须到工程现场实地察看，了解建设工程的概况，进而充分了解建设工程的作用、目的，根据各个工程的要求，初步掌握工程建设的标准，认真阅读设计说明书，充分了解设计意图。

七、某工程项目投资概算审核案例及分析

1. 概况

某大学图书馆项目，建筑面积为 56 000 m^2，批复工程 22 081.3 万元，其中工程费用为 19 201.1 万元。工程招标文件中明确该项目采用限额设计，进行了初步设计，概算为 21 611.4 万元。受学校委托，某工程造价咨询公司对该项目进行了全过程审核。

2. 存在问题

审核组根据设计单位提供的初步设计图纸对初步设计概算进行审核，审核发现设计单位提交初步设计概算工程费用没有完全按初步设计图纸计算，如主体结构工程提交的初步设计概算为 871.2 元/m^2，而实际按初步设计图纸经审核计算后应为 1336 元/m^2，经过核实后的最终初步设计概算应为 25 568.06 万元，超出批复投资约 15.8%。

3. 原因分析

按照初步设计总概算控制技术设计和施工图设计，同时各专业在保证达到使用功能的前提下，按分配的投资限额控制设计，严格控制不合理变更，保证总投资额不被突破。该项目初步设计概算已超出批复投资 15.8%，且未重新报告项目审批部门，不符合现行《中央预算内直接投资项目管理办法》第二十条"投资概算超过可行性研究报告批准的投资估算百分之十的，或者项目单位、建设性质、建设地点、建设规模、技术方案等发生重大变更的，项目单位应当报告项目审批部门。项目审批部门可以要求项目单位重新组织编制和

报批可行性研究报告"的规定。

　　现阶段不管是建设单位，还是设计单位已经都能够认识到限额设计对投资控制的重要性，在设计招标时也都采用了限额设计，但设计概算超估算的现象还屡有发生。该案例中虽然采用了限额设计，但限额设计落实不到位，导致初步概算超出批复的投资估算，其主要原因如下：

　　（1）设计人员的投资控制观念淡薄，在设计中往往一味追求建筑效果，安全系数层层加大，未考虑对工程造价的影响。

　　（2）设计人员和造价人员没有形成有机整体，相互脱节，限额设计也就无从谈起。

　　（3）超出限额设计后的责任追究制度不明确，导致限额设计没有落到实处。

4. 总结

建设单位根据审核建议修改初步设计，保证初步设计概算在批复投资范围内。

　　（1）积极推行限额设计，保证总投资额不被突破。

　　（2）促使设计单位内部设计和造价形成有机整合，增强设计人员的经济观念，在设计各阶段设计人员要与工程造价人员密切联系，避免设计人员只管画图，造价人员只管算钱，投资多少与设计人员无关的现象。

　　（3）建立健全设计单位的经济责任制，约定限额设计奖惩条款，实行"节奖超罚"。

　　（4）加强对设计概算的审查，保证设计概算的准确性，避免设计概算与设计图纸脱节。

参 考 文 献

［1］中国建设工程造价管理协会．建设项目设计概算编审规程（CECA/GC2—2015）［S］．北京：中国计划出版社，2016.

［2］中国建设工程造价管理协会．建设项目投资估算编审规程（CECA/GC1—/GC2—2015）［S］．北京：中国计划出版社，2016.

［3］中国建设工程造价管理协会．建设项目全过程造价咨询规程（CECA/GC 4－2017）［S］．北京：中国计划出版社，2017.

［4］中国建设工程造价管理协会．中国工程造价咨询行业发展报告（2017 版）［M］．北京：中国建筑工业出版社，2018.

［5］中国建设工程造价管理协会．建设工程造价管理理论与实务［M］．北京：中国计划出版社，2018.

［6］上海市建设协会．建设工程造价管理基础知识［M］．北京：中国建材工业出版社，2021.

［7］李海凌．建设项目全过程造价管理［M］．北京：机械工业出版社，2021.

［8］四川省造价工程师协会．建设项目投资管控全过程咨询应用指南［M］．北京：中国计划出版社，2022.

［9］柯红，杨红雄．工程造价计价与控制［M］．北京：中国计划出版社，2012.

［10］陈六方，顾祥柏．EPC 项目费用估算方法与应用实例［M］．北京：中国建筑工业出版社，2022.